公元787年，唐封疆大吏马总集诸子精华，编著成《意林》一书6卷，流传至今
意林：始于公元787年，距今1200余年

一则故事　改变一生

意林青年励志馆

总说梦想遥不可及，可是你却从不早起

《意林》图书部　编

吉林摄影出版社

·长春·

青年励志馆系列

图书在版编目（CIP）数据

总说梦想遥不可及，可是你却从不早起 /《意林》图书部编. -- 长春：吉林摄影出版社，2023.6
（意林青年励志馆）
ISBN 978-7-5498-5791-3

Ⅰ．①总… Ⅱ．①意… Ⅲ．①成功心理－青少年读物 Ⅳ．①B848.4-49

中国国家版本馆CIP数据核字(2023)第075906号

总说梦想遥不可及，可是你却从不早起
ZONG SHUO MENGXIANG YAOBUKEJI, KESHI NI QUE CONGBU ZAOQI

出 版 人	车　强
主　　编	杜普洲
责任编辑	吴　晶
总 策 划	徐　晶
策划编辑	张　娟
封面设计	资　源
封面供图	我的宗介
美术编辑	刘海燕
发行总监	王俊杰
开　　本	889mm×1194mm 1/16
字　　数	350千字
印　　张	11
版　　次	2023年6月第1版
印　　次	2023年6月第1次印刷
出　　版	吉林摄影出版社
发　　行	吉林摄影出版社
地　　址	长春市净月高新技术开发区福祉大路5788号
	邮　编：130118
电　　话	总编办：0431-81629821
	发行科：0431-81629829
网　　址	www.jlsycbs.net
经　　销	全国各地新华书店
印　　刷	天津泰宇印务有限公司
书　　号	ISBN 978-7-5498-5791-3　　　　定价　36.00元

启　事

本书编选时参阅了部分报刊和著作，我们未能与部分作品的文字作者、漫画作者以及插画作者取得联系，在此深表歉意。请各位作者见到本书后及时与我们联系，以便按国家相关规定支付稿酬及赠送样书。

地址：北京市朝阳区南磨房路37号华腾北塘商务大厦1501室《意林》图书部（100022）
电话：010-51908630转8013

版权所有翻印必究

（如发现印装质量问题，请与承印厂联系退换）

目 录

每个人心中都有一把尺，想从自己的角度看世界

002 | "摸鱼"理论　青　丝
003 | 心累型职业和心流型职业　何　帆
004 | 海外新华书店的跨界经营　发财金刚
005 | 自拍杆，延长的是孤独　张　丰
006 | 年纪轻轻，说话怎么"乙里乙气"　白简简
007 | "没网不行"的年轻人不能忍受"网不行"　杨绿珞
008 | 顺着IP地址，他们能找到我家吗　睿　悦　biu
009 | 事情往往是这样　[南斯拉夫]伊沃·安德里奇　译/薛　菲
010 | 不吃碳水就能减肥？你的神经递质不同意　杜佳冰
011 | 忍　性　徐竞草
012 | 法国人绞尽脑汁与狗屎作战　赵风英
013 | 刘姥姥和"缺口理论"　岑　嵘
014 | 骑行，中国人的"速度与激情"　良　豪
015 | 远　亲　舒　州
016 | 手机后置、前置摄像头和镜子里的你，哪个才最真实　井今贝
017 | 让人忽视的"次能力"　良大师
018 | 为什么言情剧里的主角，大多姓林、苏、顾、沈　潇湘水冷
019 | 眼界带来成就　河中渔
020 | 新三大件打造这届年轻人的精致生活　陈　斯
021 | 想到与做到　乔凯凯
022 | 看过因纽特人的耳朵拔河后，我现在天天都觉得耳鸣　小　伟
023 | 阅读，是一种打开　孙　藜
024 | 愚，是一种高级情商　宋清辞
025 | 我是父亲的一只雄鹰　[伊拉克]伊曼
026 | 为什么无人零售柜里的东西不怕丢呢　Owl
027 | 世俗豆腐　刘文波
028 | 北京的胡同名，听起来就很好吃　饱　弟
029 | "从众"与"逆众"　胡建新
030 | 螺蛳粉，现象级的走红"臭食"　丹　若

2 每颗种子都有自己的成长，无须凭借谁的光

032 | 灵活就业：大学生就业新形态　樊未晨　叶雨婷　张茜
033 | 消　失　卢丽娟
034 | 承认吧！我们都是"手机废人"　林杨攀
035 | 高价值淘汰　赤壁
036 | 高考之后，人生就没有标准答案了　刘旭
037 | 朱自清求"真"　王剑
038 | "包装"里的文字花招　丁小海
038 | 荷　花　宫白云
039 | 图书馆是西南联大的心脏　龙美光
039 | 春　近　陈默
040 | 没有一个中国人能够拒绝数学　指听
041 | 一个社恐的入职第一周　人比小虫闲
042 | 人类高质量考试，从一千多年前就开始了　金陵小岱
044 | 考试焦虑会影响记忆力吗　吴嘉欣
045 | 独　白　张牧宇
046 | 年轻人找工作，开始"反向调查"公司了　唐亚华　黎明
047 | 得寸好进尺　梁明书
048 | 求职前的性格测试真的有必要吗　沈杰群　李舟萍
049 | 难走的路，从不拥挤　刘润
050 | 你要允许自己的冰激凌融化　欧阳晨煜
051 | "耗点钱"与"费些时间"　张珠容
052 | 在便利店找回生活　白露
053 | 犯错的好处　吕广英
054 | 用读书打造竞争力　冯仑
055 | 猫咪是水做的？怪不得这么软　于梅君
056 | 这届年轻人的"上岸学"　阿瑞
057 | 老梨树　雷焕春
058 | 整不整理书桌，是个大问题　欧阳晨煜
059 | 航天中的"归零法"　张拯宁
060 | 在古诗词中纳凉　金陵小岱

不必行色匆匆，不必光芒四射，不必成为别人

062	不想被手机困住的Z世代　安之若树
063	可以复制的，都是刻意的　借山而居
064	相比天气潮，我更害怕路人"潮"　余　音
065	东方的星空　王　童
066	CEO和清洁工的区别在哪里　[美]莉尔·朗兹　译/曹　蔓
067	发什么朋友圈容易获赞　张天骄
068	不要再把"爱自己"浪漫化了　Toffy Char　译/郑佳琳
069	人心一旦猛如虎　余　弓
070	钱流向不缺钱的人，爱流向不缺爱的人　南小希
071	生活也包括沉默　苏　童
072	网络杀死小情思　杨　杰
073	黑名单里，总有故人　大象小姐
074	松弛感　槽值小妹
075	你被网络夺走的100种事物　贝小戎
076	你的每条朋友圈，都在"出卖"你　瑾山月
077	你有"黑马气质"吗　万维钢
078	点一万个赞不如见一次面　流　沙
078	绝　句　迟　钝
079	高级脸，到底何为高级　骆　驼
079	桃　花　宫白云
080	想要废掉一个年轻人，就让他加入打卡群　郑依妮
081	底　片　雅　各
082	这不是单身，是"自我陪伴"　顾　堪
083	别为庶务"瘫痪"　木　方
084	当时愿意，就是值得　马　德
085	爱自黑的人，人缘都不会太差　大将军郭
086	独居年轻人，是主动选择，还是被动寂寞　莫　莫
087	广袤的心　胡　澄
088	你的缺点在别人看来可能是优点　Renee_1221

4 再好的情感，也要记得时常温习

- 090 | 为什么我们总是觉得愧对父母　张宇琦
- 091 | 月食钱　桂　涛
- 092 | "我不够好"，是一种瘾　丛非从
- 093 | 别人家的　林　蔚
- 094 | 普通力，也是一种能力　时间君
- 095 | 不必"伪合群"　针未尖
- 096 | 为什么我们总是在等别人主动　Milo
- 097 | 山巅的那块石头　任万杰
- 098 | "90后"的头发保卫战　糸　微
- 099 | 再亲密的人也没有义务去懂你　聂　侬
- 100 | 爱自己更多　出云破月
- 101 | 相见欢　伽　蓝
- 102 | 再笃定的友谊，也需要时常温习　轻　浊
- 103 | 偶尔不秒回，真的没关系　谭　檬
- 104 | 在二手平台上，我交换了自己的人生　贾　辉
- 105 | 洁盘净碗　草　予
- 106 | 我的"伪极简生活"　马　俊
- 107 | 要多少爱才能换回安全感　陈艳涛
- 108 | 父母与子女，总是要耗费很多年才能真正认识对方　May与五月
- 109 | 渐入佳境　晨　曦
- 110 | 为什么我们害怕跟朋友分享负能量信息　大头童
- 111 | 大　街　帕　斯
- 112 | 留条缝隙让别人爱你　远　近
- 113 | 习惯性差评是一种慢性毒药　陈　武
- 114 | 人均社恐，我们还有爱的能力吗　王一平
- 115 | 思　南　拓　野
- 116 | 一个人的安全感藏在餐桌上　甘蓝蓝
- 117 | 放不进去第二枝花　谁最中国
- 118 | 以爱为名的隐形枷锁——软控制　唐　婧
- 119 | 我，仪式感的受害者　哈　欠
- 120 | 我们为什么会嫉妒好朋友　牛裴麟

颠覆认知，在知识的海洋里开快艇

122 | 你的苟且，正在成为别人的红利　洞见ciyu
123 | 茶　叶　小红北
124 | 鲈鱼解馋，还能保命　彭　敏
125 | 为什么是"上厕所"和"下厨房"　黄春凯
126 | 为什么机票要提前买，演出票要现场买　朱七七
126 | 如此或如彼　付　炜
127 | 败北？为何不败南　洛小宸
127 | "种瓜得瓜"与"种瓜得豆"　邓　迪
128 | 为什么我们总是很容易撞到小脚趾　[日]坂井建雄
129 | 为何钱的密码只有六位数　谭保罗
130 | 人能不能躲开子弹　张智慧
131 | 碰钉子　苏　童
132 | 马赛克为什么通常打在眼睛上　李　雷
133 | 手机一万步≠运动一万步　张　辉
134 | 猫狗为什么爱看电视，它们真的能看懂吗　陈五花
135 | 你情绪不好，是因为读书太少　洞见ciyu
136 | 谁是中国古代好爸爸　小　谢
137 | 拔河比赛背后的秘密　龙学锋
138 | 你对小拇指的力量一无所知　家　宁
139 | "等待"是个动词　石　兵
140 | "截止日期压力"竟然对大脑有益　译/绿　洲
141 | "三更""半夜"原是两个人　刘绍义
141 | 曲线甜，直线咸　草　予
142 | 蜜蜂蜇人后会死，马蜂呢？可以再蜇100次　晓　风
143 | 找到自己的"齐马蓝"　语　凝
144 | 丈、仞、寻，谁最长　平　野
145 | 苦过才是生活，熬过才是日子　洞见Allergy
146 | 一见钟情其实是一"闻"钟情　于梅君
147 | 有网线真的比无网线快吗　A　君
148 | 胖会传染，是真的　罗小西　八　尺

圣人言：
知人者智，自知者明

- 150 | 失而复得的达尔文笔记本　吕　品
- 151 | 欲念与反噬　寒庐氏
- 152 | 遇见自己的管仲　陈思呈
- 153 | 女孩们，请勇敢离开钝刀割肉的关系　陈大力
- 153 | 人生有很多姿势　曹　林
- 154 | 皇帝与医生之间两败俱伤的"攻防游戏"　隋　林
- 155 | 向学生请教的数学家　宋春丹
- 156 | 点赞之交　王国梁
- 157 | 霍金的笑容　路　明
- 157 | 聪明不值钱　田晓菲
- 158 | 《红楼梦》里的穷亲戚：所有的识趣，底色都是善良　瑾山月
- 159 | 推窗见雪　付　炜
- 160 | 学着成为一个有趣的人　刘　润
- 161 | 安慰是个铜瓷匠　李柏林
- 162 | 如何卖掉一头大象　祁萝江
- 162 | 最深的恐惧，是自己吓自己　马　德
- 163 | 卖辣椒者的智慧　鸥　鸟
- 163 | 意大利的"奇葩"规定　高荣伟
- 164 | 瓦伦达心态与蜥蜴　齐世明
- 164 | 牵　引　李松山
- 165 | 往里"装"还是往外"装"　米丽宏
- 165 | 铜钱草　柳　柳
- 166 | 一分钟与一辈子　吴礼鑫
- 166 | 欢喜易，不厌难　郭华悦

1

每个人心中都有一把尺,想从自己的角度看世界

"摸鱼"理论

□青 丝

"摸鱼"是一个意蕴风雅的词，会让人想起在家乡小河中摸鱼捞虾的童年快乐时光，或由词牌名想到写"更能消、几番风雨"的辛弃疾，"问世间，情为何物，直教生死相许"的元好问。可是到了现代，却成了工作偷懒、不肯勤力做事的隐喻，也令其原有的雅意和旨趣逊色不少。

不过，"摸鱼"倒是以一种诙谐的方式，道出了人类需要从更积极的角度看待自身懒惰的那一面。有经济学家发现，人与生俱来的懒惰习性很难被改变，想要始终保持专注的工作状态，只有两种结果，一是短时间内实现，二是没有任何功效。

包括许多非常理性的人，都是"摸鱼"高手。被赞誉为"美国契诃夫"的雷蒙德·卡佛，就坦承从没喜欢过工作，人生目标永远是得过且过。马克思也曾以自谑的口吻承认，大部分工作时间都被他用来"摸鱼"了，经常到了必须完成的最后时刻，才"眼前咣当一黑"。

于是问题也随之而来，如何才能激活人的工作动力，同时与懒惰的天性共处？经济学家总结出了一个"诱惑捆绑"理论，建议通过增加活动乐趣使人更享受活动。如健身时，一边运动一边听有声书，人们坚持的概率就会更大。用到工作上，就是让人适当"摸鱼"，劳逸结合。

就像港剧中，那些大公司总有下午茶时间，让员工喝茶吃点心，平时也让员工到茶水间喝杯咖啡小憩。过去我很羡慕这样的人性化管理，却不知道其意义。反倒是古人更懂得让人适当"摸鱼"的道理。据《清稗类钞》记载，清代武将李某积军功转任巡抚，因整天看戏被谏官弹劾。

李某上书解释，自己是一介武夫，没读过书，看戏可学到很多礼节和历史知识，看到好人就学习，看到坏人就警诫自己，到任后也没有因为看戏耽误过公务。雍正看到思路如此清奇的"摸鱼"理由，知道没必要过于求全责备，遂下旨特批他看戏。

但是，人只要有退路，就很容易为自己的行为找借口，如何调和"摸鱼"与尽职之间的矛盾冲突，还得看当事人的内心有没有上进的真实意愿。

心理学家荣格从小在瑞士乡村长大，11岁的时候，第一次去到大城市巴塞尔读书，同学大多来自有钱家庭，吃的穿的玩的，都是他之前从没见过的，荣格既羡慕又自卑，心气一下子就颓了。恰好有一次他与同学吵闹，被对方推倒，头撞在了石头上，受了点小伤，于是借机"摸鱼"不上课。此后，他凡是想要"摸鱼"，就假装晕病发作。荣格做牧师的父亲非常担心，请了很多医生来给他治病，自然都治不好。直到有一天他无意中听到父亲与人聊天。父亲叹息说，也不知道儿子得的是什么病，仅有的积蓄为了给他治病都花光了，如果他因为这个病以后不能自己谋生，余生就很艰难了。原本冥顽不灵的荣格听了，顿时一激灵，彻底醒悟过来，明白了自己的处境。从此他不敢再"摸鱼"，晕病再也没有发作过。至于后来的故事，大家都知道了。

数年前，一个移居美国的朋友返乡探亲，邀约众人叙谈。他供职于一家全球500强企业，公司的电脑每隔30分钟就会自动重启一次，让员工起身活动一下，伸伸懒腰，透过窗户看看远处的风景。上班时间健身也是受公司鼓励的，只要完成工作，玩多久都没人管。这就是运用了"诱惑捆绑"的管理方式：公开鼓励"摸鱼"，员工身心愉快，既能为公司省下可观的医疗费用支出，也大大提高了工作效率，同时也让那些低尽责性的员工在这样的环境中更容易被甄别出来。

不过说一千道一万，"摸鱼"最重要的一点，就是只有在成功的情况下才为人们所称许，失败了则一无是处。就像马克思，若不是写出《资本论》广为人知，人们就会用他"摸鱼"的经历作为反面教材，教育那些"不够努力"的人：Look（看）！这就是你们的前车之鉴。

心累型职业和心流型职业

□ 何　帆

有两种职业类型：心累型和心流型。心累型职业的特点是：人被困在系统之中，无法把握事情的发展，无法预测最终的结果，也无法度量自己的贡献，这就会让人产生无力感；心流型职业的特点是：人们可以自我掌控、自我表达、自我创造、自我实现，可以不受名利束缚，只关注内心的满足。

世俗眼中社会地位更高的职业，有可能是心累型职业。很多看似不起眼的职业，反而是心流型职业。

投资银行经理和木匠，哪个职业更容易带来幸福感？

前者的收入水平不算低但他要四处奔波，觥筹交错，做PPT（幻灯片）、做Excel（表格），一个都不能少。但是，项目能不能赚钱，行情会不会好转，他心里是没数的。

相反，一名熟练的木匠，能从不同的木料看出可以创造的新事物。打家具也好，做木雕也好，他能享受到完成一件作品的乐趣。每一步都在掌握之中，整个过程让人陶醉。这种发自内心的愉悦感，难以用言语描述，只能用心灵感受。

木匠的体验，就是心理学家米哈里·契克森米哈赖所说的"心流"。心流就是"一个人完全沉浸在某种活动当中，无视其他事物存在的状态"。这种体验能带来莫大的喜悦，使人愿意付出巨大的代价。一般人认为，无所事事，优哉游哉，那才叫快乐，其实，最愉悦的时候通常都需要一个人为了某项艰巨的任务而辛苦付出，把体能与智力都发挥到极致。所以，想要体验到真正的快乐，就要"有所事事"。

这个"有所事事"，跟工作内容的关系也非常紧密。

比如，外科医生的工作很累，可是，很多外科医生会对工作上瘾。他们当然很珍视这份工作带来的收入和名望，也有治病救人的理想，但真正让他们乐在其中的反而是手术带给他们的独特体验。手术需要经验和知识，也需要技巧和天赋。精密的手术，犹如一种艺术。做手术的时候全神贯注，做完手术心满意足。

那还是这份外科工作，如果把工作内容改变一下呢？比如，有的外科医生专门割盲肠或扁桃腺，有些甚至只负责帮人穿耳洞。虽然一样是外科医生，但重复这种单调乏味的工作，会让人感到疲惫无聊。

因此，工作也许重要，但工作中要做的事更重要。

海外新华书店的跨界经营

□发财金刚

新华书店在海外开张之前，没人知道传统书店的边界在哪儿。

破壁的方法十分简单，想留住读者，至少要先拴住他的胃。

作为跨界营销的典范，国外的新华书店，在拿捏读者这方面，知识储备的丰富程度堪比它们的书库。

每到饭点，书店门口总是聚满了前来朝圣的异乡游子，他们像当地公园里抱团的无家海鸥一样目标坚定，又挥之不去。

这并不是经营不善或开业酬宾时的促销赠送，新华书店的顶级食材，在整条唐人街，就像那块红白相间的招牌一样醒目。

"我来这里只有一个原因：他们的饺子，我喜欢韭菜猪肉馅的。"

"店员很友好、博学，当然，对火候的掌控也十分令人信服。"

"我来这里主要是为了速冻饺子。它们很好吃，价格也很合理。我把这叫作'紧急食物'，当我懒得做饭，或妻子不在家、不愿意做饭的时候就去新华书店。"

有的顾客去的次数多了，还能摸清店内的补货规律，比如"他们在周四进货，想吃新鲜的得赶上午去，会有很多新的口味"。

在与书店管理员的攀谈中，有顾客甚至得知了饺子将要涨价到18美元一份的内幕消息，这样的价格，已足够在国内坐高铁往返一次京津，外加一次核酸混检，但即便如此，一些顾客还是向书店建议最好能提供送餐服务，钱不是问题。

"我通常先找书，再去99牧场买东西……书店里的饺子很棒，比99牧场的还要好，因为不是用的机器，都是手工做的，再冻到冰箱里。"

位于海外的新华书店，最初都建在了人口稠密的唐人街区附近，初心是为华人服务。

早期唐人街内的华人商贩很多是靠餐饮起家，能在这样卧虎藏龙的"内卷"环境中脱颖而出，你该对新华书店的调馅功力有点数。

位于美国圣地亚哥市的新华书店，服务对象的范围明显突破了传统意义上的华人群体，各种肤色的读者像水蒸气一样，经常紧密缭绕在店内锅的四周。

有一点可以肯定，经营美食，不是新华书店唯一的大胆尝试。

有的店内，传统的文房四宝、字画装裱、印章篆刻都不在话下，有人还能买到茶叶和中式服装，如果衣服不合身，新华书店的员工还能帮你修改。

位于纽约市布鲁克林街头的新华书店，功能早已从传统书店重新定位到了社区服务中心。

有人还拍到了美国的一家新华书店疑似可以举办婚礼。

现场的隆重气氛，让人瞬间回忆起《父母爱情》中那个年代的某个多情下午，而店内还藏着一家"顶好西药房"。

也有人分析，可能是房源紧张导致的当地民间商业高度浓缩在了一起，每一家看似正经的店铺内部，其实都是一个个微观社会的造景。

曾有经营者表示，当地的治安在许多年前比较混乱，沿街店铺经常会受到当地不法分子的洗劫，有一些游行队伍，游着游着就进店抢劫，当地的华裔商人们为了安全，和亲朋好友与街坊，把不同种类的商铺聚集到了一起，以便互相照应。

"书店相对安全，一个是书店流水单薄，没什么现金，还有就是，那帮子玩枪的，抢什么也不会抢。"

一座座海外新华书店的原址，如同福建土楼一样，构建了民间自治自防的坚实防御，而如今的新华书店，也正在全球构建起一个庞大的物流王国，把一本本承载着人类社会的知识精华，安全运输到千家万户。

很多家海外的新华书店，都会提供"新华快递"的服务。

新华快递成立于2008年，主要服务于中国大陆之外的读者，主要目的就是运书，一些读者在海外的新华书店内，可以预订店内没有的中国书籍，通过新华快递的专线物流，书籍很快就能送到读者手中。

图书是国与国之间文化交流的重要媒介，从这个意义上说，海外的新华书店是向外国介绍中华文化的一个窗口。

自拍杆，延长的是孤独

□张 丰

去一位教授家聚餐。大家聊得非常开心，最后有人提议拍一张合影，"把所有人都拍进来"。

这当然是一个难题，参加聚会的有七个人，即便是胳膊最长的人用手机自拍，还是非常困难。

这时候教授从书架的角落拿出了一根自拍杆，几个人摆弄一番，竟然成功完成了自拍，大家不由自主地发出一阵欢呼。这毕竟是不易掌握的技能。

在旅游景点经常能看到很多使用自拍杆的游客。

看上去她们是在直播，这是自拍杆的最新应用。自拍杆是手臂的延伸。它甚至具备手臂所没有的优点，那就是稳定性。用手拿着手机，时间一长就会抖动，影响画面的稳定。但自拍杆不会，它拉远了人与环境的距离，为拍摄者提供了更好的视野，它甚至给人一种幻觉，这不是"自拍"，而是"他拍"，这无疑是自拍的最高境界。

自从有了相机，拍照就成为一种互动行为。人与景物的互动，人与人的互动。这种互动的重点，并不在于被拍者，而在于拍摄者，摄影艺术的价值和意义就在这里。人们也一直都有"自拍"的冲动，相机有了定时功能，摄影师取好景后，赶紧走进风景，等着"咔嚓"一声。等到手机有了自拍功能，这种拍摄的互动就慢慢消失了，人们越来越习惯把镜头对准自己，而不是世界。

这种行为背后的孤独是显而易见的。人与人离得并不远，却都沉默不语。自拍只能算是与自我的对话，它让自己感动，也使心灵走向封闭。自拍杆这种利器，又延长和强化了孤独感。那些在直播的女孩，可能想让全世界看到自己，但是她们自己看不见眼前的大好风景，她们的旅行，展示的又是什么？

在九寨沟旅行的时候，我看到一对中年夫妻，他们找路人帮忙拍了一张合照，之后他们为这次小小的援手向对方道了谢。妻子拿着手机快步赶上丈夫："快看，真好看啊！"两人一起盯着屏幕，丈夫矜持，而妻子则掩藏不住地开心。

我被他们感动了。这才是人与风景相遇的正确姿势，这种欣喜我们多久没注意到了？我们自拍，我们美图，时间久了，我们都忘记了自己身在何方，甚至忘记了自己的真实模样。

年纪轻轻，说话怎么"乙里乙气"

□白简简

如果打开微信，输入"收到""麻烦""拜托""打扰"等词，蹦出来几百条聊天记录，那么你一定是一个资深职场人。

在合同术语中，甲方是提出目标的一方，往往也是出资方，乙方是完成目标的一方，从甲方获取收益。在一个甲方市场中，乙方为了收益，只能尽己所能满足甲方的需求，这在语言的表现上，就是过分恭敬。

首先要声明，人与人之间的交流，无论在工作还是生活中，当然需要互相尊重。然而身处职场，清晰的层级，让初来乍到的年轻人不由得谨小慎微，抱着"恭敬总不会错"的心态，让自己坐稳了"乙方"。

互联网上的交流，一定程度上加剧了"乙里乙气"。屏幕上的对话，屏蔽了除却回复时间和文字之外的所有表达因素。互相看不见表情、听不到语气，那些人与人交往中最微妙的信息，被一刀切除。这时候，只能在文字上加大投入，从而导致语言的"通货膨胀"。

最简单的例子，网上聊天，你说"哈哈"，那不是真的笑，甚至已被定义为漠然的冷嘲，只有打出一串"哈哈哈哈哈哈哈"，才能表达你真的在笑，这个"哈"字的数量，据说起步是7个，有时候可多达刷一屏。

语言通货膨胀的另一种现象，就是"大词""谦辞"的滥用，也就是我们说的"乙里乙气"。其实设想，两个人面对面交流时，如果一方猛然"啪"地90度鞠躬，说"拜托了""辛苦了"，而所"拜托"之事只是帮忙掩上办公室门，那双方估计都要跌入尴尬的深渊。但这样的对话，在网上聊天时，却司空见惯。

自从微信让职场人的工作和生活再也分不开后，微信群里的工作任务，就成了大型花式敬语展览现场，而"排队"这一现实中的规则，在微信中竟得到了贯彻。

有人发布一条并无特定指向的日常通知，一群人一模一样地回复"收到"，往往还得加上"辛苦了"，尽管可能这件事既是分内也并不辛苦。当然，其实大家也许都默认了一个规则，那句"辛苦"背后并无多少真情实意，功能约等于一个标点符号。

一些原本明确的下级对上级的术语，也被泛滥到日常交流中，比如，"安排""落实"，好好说话，有这么难？也许有人辩驳，这只是一种戏谑的说法，但潜意识里，这些"乙里乙气"是否就是一种言不由衷的自我矮化呢？

更不应该的是，"乙里乙气"还可能从职场蔓延到其他场景，比如大学校园等。

"乙里乙气"带来的并非礼貌，而是双方关系的不对等。在契约社会，在一个健康的职场，你真的需要给自己找那么多"甲方"吗？

一个团队若以共同目标为导向，那么每一个成员都应该各司其职、守土有责，且发挥自己的主观能动性。如果人人只会"收到"，团队的活力将大打折扣。而一件日常的分内之事，也要"辛苦"，人都未免过于脆弱。大量的无效客气，会让团队卷入内耗的旋涡。

当我们有求于人、需要找人合作，自然要表现出足够的礼貌。但"乙里乙气"的泛滥，并不能让人感受到礼貌，只是一种规训。真正的礼貌，应该是无论何时何地的平视与真诚。

年轻人啊，咱们不妨摆脱"乙里乙气"，最大的"甲方"当是对美好生活的向往。

"没网不行"的年轻人不能忍受"网不行"

□杨绿珞

这届年轻人已经慢不下来了。一个周末刷一部热播剧,全程2倍速播放,就为了赶上朋友们的话题;一个月学一种技能,视频剪辑、Java(一种计算机语言)、Python(计算机编程语言)……全靠各种速成教学。在互联网时代,人们对"快"最核心的诉求,是在网速上。

中国民用互联网的发展,不过30余年。30多年前,当我们用一指禅敲出拨号上网的密码时,怎么也想不到今天5G的广泛应用以及千兆宽带的普及。

20世纪90年代,电脑是个奢侈品,网络更是。那时的国人想要上网,得专门去电信局申请一个服务号,然后在家用电话线+"猫"(调制解调器Modem)连接到电脑。网速更是又慢又贵,带宽范围只有14.4K~56K,下载速度约每秒7KB,这意味着网速甚至不如现在的2G网络,还时不时断网。在这样的网速下,如果不计后果地用家里的电话线上网,不过看了几个网页,下载了几首歌,那么交电话费的日子,或许就是被老爸揍一顿的日子。

千禧年后,拨号上网逐渐被淘汰,取而代之的是ADSL宽带。它允许高达8Mbps的下行速度和1Mbps的上行速度。随着宽带速度的不断提升,互联网才真正热闹起来,电脑上网也开始真正普及。那个时候的年轻人,讨论得最多的话题,就是谁有1开头的QQ号。

21世纪第二个十年到来,ADSL宽带逐渐升级为光纤宽带。光纤,只凭"光"这个字就承载了发明者以及人们对网速的追求!多年来,光纤宽带的速度从100M提升到500M,甚至是今日的千兆光纤、光组网,我们终于可以随时随地高速连接互联网。

水是生命之源,网速则是互联网的生命之源。30多年来,我们用几十千节的网速申请了MSN账号,用几十兆的网速申请了QQ号、网购了第一件商品,用几百兆的网速追着热播剧和综艺,互联网的发展大大地丰富了我们的生活。

即使是这样的传输速度,在追求品质生活的消费者眼中仍然存在着优化空间。与其说现在的年轻人"没网不行",不如说现在的年轻人,不能忍受"网不行"。

当今的年轻人上网,总会遇到几个抓狂时刻,过年过节抢红包时,明明第一时间点击了"抢",打开之后却显示没抢到;看卖货直播的时候,明明第一时间下单,却显示没货了;在客厅上网好好的,回到卧室立马卡住不动……

从"网不行"的根本原因来看,一方面是网速不够,或许有人会问,我的宽带套餐里"千兆宽带"四个大字写得明明白白,怎么还会不够呢?那是因为现在的宽带都是光纤入户,网线入屋,光纤和网线在路由器里转换的时候,就像变压器卡电压一样,会损失掉部分网速。

另一方面,由于墙壁遮挡等原因,难以做到一个路由器覆盖全屋,家中总有些房间的Wi-Fi信号很弱,这种情况在大户型家庭尤为明显,即使是穿墙能力强的路由器,在面临承重墙"拦路"的时候,也很难保证信号强度。

此外,同时在线设备多少,也在影响你的网速。网速就那么大,某个设备占用了较大的带宽,其他设备的网速就会受到影响,有时候还会出现同时在线设备过多,某些设备被挤掉线的情况。

顺着IP地址，他们能找到我家吗

□睿 悦 biu

近期，各大互联网平台陆续显示用户IP（网际互联协议）属地，而用户方则无法选择开启或关闭这一功能。

最先被发现的，是不少认证为"本地资讯博主"和"海外资讯博主"的账号，IP属地与资料地址并不吻合。

一些人支持平台强制在前台显示用户IP属地，他们认为有人会因此收敛，至少无法假装在某地，假冒他人也多了一个辨别要素，在"伪现场"发生的新闻也会不攻自破。也有不少质疑，认为自己现在就相当于在大街上裸奔，个人隐私将会继续被蚕食。

需要注意的是，用户和平台建立连接的基础就是IP，收发双方的IP地址都必须公开，用户的IP信息都会被平台服务器记录下来。这也是即使用户关闭设备的定位，平台还是能获知IP属地信息的原因。

目前，这些平台公开的是用户IP地址归属地，而非IP地址，一般只标注到省一级范围。

人们担心IP地址会泄露自己的隐私，担心有人通过这个信息精准定位到个人，或者顺着它撬动自己更多的信息。

IP地址，网络世界的门牌号

在现实中，人们用经度和纬度标记地理位置；在网络空间里，人们依靠的是IP地址。IP地址，就是IP协议所定义的地址。这里的IP协议，就是TCP/IP通信协议。

20世纪七八十年代，人们刚开始尝试网络连接时，万维网一家独大。那时出现了计算机科学研究网络、ALOHA网、因时网、阿帕网等不同类型的网络，彼此之间的信息互通成了难题。

于是，有人开始研究计算机网络共同遵守的"语言"。终于在1978年，斯坦福大学的教授温顿·瑟夫和项目经理罗伯·卡恩开发出了TCP/IP通信协议。这下，所有网络下的计算机就都能"对话"了。

其中，IP地址确定了寻址方法、数据包的封装结构，最终让数据从源头主机传输到目的主机。人们经常把IP地址比作互联网中的门牌号，例如A在这间屋子里，只有在知道B的"门牌号"的前提下，才能去"串门"。

可以说，互联网本质上就是一个IP地址对另一个IP地址的访问的总和。在这里，IP地址是基础单位，每个联网的设备都有。

IP地址往往是被分配的，某种意义上，用户并不拥有它。

具体而言，当你使用家中的宽带联网时，运营商会给这条宽带分配一个IP地址，连接在其上的任何设备，都共享这个IP地址。而当你使用移动信号访问网络时，则由附近的移动基站分配IP地址，随着你的移动，你获得的基站IP也会不断变化。

无论运营商、基站还是数据中心，都有真实存在的地理归属，因此其发放的IP地址也如电话区号一般，标示出了这些属地。如220.181.22.1为电信在北京的IP地址，210.22.84.3为联通在上海的IP地址。这些IP地址的属地，很容易通过搜索得知。

总结一下，在现实里，只要人们知道了你家的门牌号，就可以直接找到你家去，但在网络空间，知道了你的IP地址，并不一定能找到这台设备的具体位置。因为IP地址是可以移动和变化的。

"暴露"的信息，又多了一个

人们在网上暴露的信息太多了，现在又多了IP属地这一个。

此次各网络平台公开IP属地，大家的担忧之一源于对隐私的侵犯。如一个流行的评论所称，从IP地址开始，之后是区域、街道、小区、楼栋号、门牌号、身份证，人们担忧隐私被一步步蚕食。

如果仅看IP地址，这个担心可能是多余的。即便知道具体的地址，查询时也主要显示的是国家、地区、城市、经纬度、IP主机名称、互联网服务供应商等信息。使用者姓名、准确地址、电话号码等可直接定位到个人的信息，仅靠IP地址难以获得。

但平台不仅仅掌握IP信息，它们获得的多种数据，依旧可以还原一个人的大部分信息。

以某主流平台为例，其用户协定中显示，其获取用户的信息包括用户身份与鉴权信息（如自然人身份、账号、基本资料）、使用过程信息（如位置、联系人）及设备属性信息。如果用户使用了特定服务，还会相应收集身份证号、面部识别特征、支付账号等更进一步的信息。

此外，个人在该平台发布的内容、好友关系、活动痕迹等，也属于平台信息采集范围。

社交平台通常是前台匿名，后台实名。中国科学技术大学公共事务学院教授左晓栋在接受《南方都市报》采访时表示："由于我国实行网络实名制，每位网民都可能被精确追溯——这也意味着，倘若出现问题，可通过事后行政层面的监管手段来采取措施，而无须事前公开地理位置。"

实际上，除了隐私，人们担忧的是属地信息加上其他信息，会为显示IP属地增加其他含义。

比如助长"地域黑"，经由属地信息预设发言立场等。更何况此次公开IP属地并没有经过用户同意，可秉承的法律依据也未正式生效。

我们该怎么保护自己

今天，人们在互联网上的表达欲望和发布量级与往日不可同日而语。某种意义上，IP并非一个能完全独立的数据，它往往还和人们的生活信息有着强绑定。

在一些介绍"人肉"的教程中，心怀恶意之人只要用一个抓包工具，再给对方打一个电话，后者的IP信息就被"钓鱼"了。接着，他们就会用IP查询网站对IP进行大致的定位，然后导入经纬度解析网站，再到相关网站查询受害者注册过哪些平台，继续在各个平台搜集对方的信息。

相比IP暴露受害者的真实方位，人们有时分享出来的照片就带有精确的位置信息。因为他们在用手机拍照时，相机往往都是默认开启地理位置的。

所以，在分享照片时隐藏位置信息，在设置里关闭"精确位置"选项，避免不怀好意的人仅从一张照片就得知了你的具体位置。

另外，在搜索引擎和网络平台上先"人肉"自己，留意自己的哪些信息已经暴露，尝试删去不想暴露的信息；在各个平台上，可以用不同的用户名和个人资料，密码避免都设置成相同的格式和内容。

最后，提防来源未知的软件，避免安装恶意软件，一旦被入侵，包括个人账号、密码、照片、购物记录、行程记录等个人隐私都会被窃取。

事情往往是这样

□ [南斯拉夫] 伊沃·安德里奇　译/薛 菲

事情往往是这样：当我在享受生活乐趣的时候，我的创造力沉睡着，只是偶尔吐出几句梦呓；而当我痛苦得无法活下去的时候，我的创造力却苏醒了，日渐活跃，从我的痛苦中成长起来，就像从黑黝黝的沃土中探出头来，蓬勃成长一样。

不吃碳水就能减肥？
你的神经递质不同意

□杜佳冰

不吃碳水就能减肥？吃辣和跑步为什么让人觉得很爽？多巴胺能让人更快乐吗？戒烟为什么这么难？这些问题看起来风马牛不相及，但实际上都与同一种物质相关——我们大脑中的神经递质。

你可能并不熟悉这个词，但一定听过多巴胺和肾上腺素。我们生活中常见的阿尔茨海默病、帕金森病、多动症等疾病，都与各种神经递质有关。抗抑郁药、抗焦虑药、安眠药，还有生活中常接触的烟、酒、咖啡，也都是通过影响神经递质来起作用的。

"没有神经递质，我们的记忆、快乐、欲望、学习能力等都不可能以现在的形式存在。"在《大脑通信员：认识你的神经递质》里，牛津大学神经科学博士后赵思家系统地、生活化地将神经递质正式介绍给了读者。

简单来说，神经递质就像大脑的信使——大脑里的细胞用它与其他细胞进行沟通和信息交换。这本书讨论了7种常见的神经递质，包括多巴胺、血清素、去甲肾上腺素、乙酰胆碱、谷氨酸等。

在赵思家看来，每一种神经递质都充满个性。她分别设计了不同的"纸片人"形象：多巴胺是一个金发蓝眼的矮子，血清素是一个温柔稳重的知心大姐姐，去甲肾上腺素是一个总穿着运动服的热血男孩，乙酰胆碱是个记忆力超好的学霸。

如果将爱情视为一场奇妙的化学反应，神经递质们的出场顺序可能是这样的："去甲肾上腺素决定出不出手，多巴胺决定天长地久，血清素决定谁先开口。"

当你遇到喜欢的人，难以抑制地脸红心跳时，正是与冲动、觉醒有关的去甲肾上腺素在起作用；陷入热恋后，大脑中的多巴胺含量升高，使得"大脑原本的动机和奖赏机制发生变化"，你可能无法像原来一样专心工作和学习，满脑子都是对方，收到一条普通的关心信息也会兴奋半天。同时，恋爱时，大脑中的血清素含量较低，你可能会变得冲动、失去理性——血清素具有让人冷静、放松的效果。市面上常见的抗抑郁药大多也都是致力于维持和提高大脑中血清素的含量。

许多人一知半解地将多巴胺视为"快乐物质"，实际上，多巴胺并不直接产生主观的愉悦感，而是通过"奖励预测误差"来参与愉悦感产生的过程。多巴胺也不是越多越好，它的水平越高，人的冲动性行为就越多，"想要"的欲望也会越强烈。

抽烟会令人上瘾，就是与此有关。吸入一口烟后，尼古丁会在10秒之内快速通过血脑屏障进入大脑，间接地刺激负责管理奖励系统的神经细胞，让它们分泌多巴胺，进而产生愉悦感。但是，大脑会逐渐适应这样的信号，停止吸烟后，相关区域的神经细胞会难以适应这种低水平的激活状态，人会出现种种戒断带来的不适，这也解释了为什么戒烟这么难。

相比多巴胺，内啡肽才更接近真正的快乐物质。它是一种"大脑自产自销的止痛药"。

为什么运动后虽然大汗淋漓，心里却会感到很爽？赵思家解释道："当你开始运动的时候，大脑将其看成一种小小的压力。面对压力时，大脑会自动生成内啡肽。而运动能够在短时间内促进内啡肽的产生，是因为高运动量会将你身体肌肉里的糖原耗尽，这会使你感受到肌肉疼痛,为了让你的身体继续运动下去,大脑会释放内啡肽进入身体,给身体止痛。"此外,摄入辣椒素也能刺激内啡肽分泌,这也是吃麻辣火锅会让人感觉很爽的原因。

即便麻辣火锅再诱人,许多致力于控制热量的减肥人士也是避而远之。近几年来,米饭、面条等碳水化合物又被列入了减肥禁区。赵思家认为,低碳水或无碳水饮食,可能确实对减少热量摄入有帮助,但从神经科学的角度来看不一定是好事。

这个问题的关键就在于具有放松和冷静功能的血清素。血清素的多少与大脑中的色氨酸有关。

只有当血液中的碳水化合物含量高时,胰腺才会产生较多的胰岛素,帮助色氨酸尽可能多地进入大脑,提高血清素的产量。无碳水化合物的极端饮食,可能会因为低水平的血清素而导致焦虑、失眠和"特别想吃碳水化合物"的冲动。

"现在信息流庞大,观点很多,知识储备却很难与时俱进,因此我们很容易被信息流牵着鼻子走。"赵思家说,"有人曾问我一个问题,既然多巴胺能给人带来快乐,那我直接吃多巴胺是不是就会快乐呢?能不能像打胰岛素那样,按需供应快乐呢?"如果你明白多巴胺不等于快乐,多巴胺的不平衡会导致上瘾这些基本的概念,你就会明白这样的问题从方向上就有问题。

世上没有"聪明药",但还是有很多人希望通过吃药提高学习能力。赵思家认为,"如果稍微了解一点大脑,了解大脑里那些负责控制我们的记忆力、学习能力的神经递质是如何工作的,就能明白就算有这样的药,效果大概也不会比咖啡有用到哪里去。咖啡是世界上使用最广泛的认知增强剂。大脑中有种神经递质叫作腺苷,腺苷越多,人越想睡觉。咖啡里的咖啡因可以抑制腺苷,就是因为这样,喝咖啡才有令人维持不睡的功效"。

只有掌握了足够的知识,对一个领域有了基本的认识,才能知道一个问题的"好坏"与"边界",进而形成自己的独立观点。这也是赵思家认为科普作品具有的独特魅力,即不输出观点,只传播知识。"我的目标是,至少读者对相关问题的合理性有基本的判断。这一点,大概对普通读者更实际,也更有价值。"赵思家说。

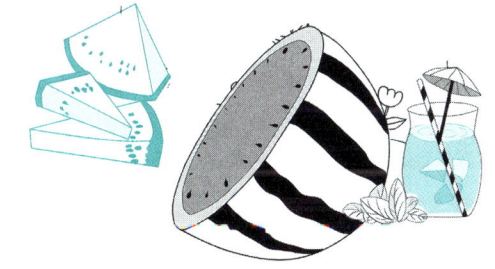

忍 性

□ 徐竞草

那些年,西瓜成熟待摘时,亦是"防卫工作"最吃紧之时。每晚,父亲都要带着我,在瓜田里看瓜。

被父亲统称为"害物"的野猪、獾子、老鼠等,会在夜色的掩护下,来瓜田里偷食西瓜。它们只要朝瓜上咬几口,这个瓜就算破相了。

为了阻止这些"害物"偷吃瓜,每隔半小时,我跟父亲就要打着手电筒,绕着瓜田巡逻一次,一旦发现"害物",就立即驱赶。

这是一项非常容易令人犯困的工作。上半夜,我还能强打精神,但到下半夜,我就不行了,睡在瓜棚里不想出去。巡逻的任务,只能由父亲独自完成。

但父亲没法坚持太久,他也想躺下睡会儿。于是,他想出一个办法:买来一串串鞭炮放在瓜棚里,在下半夜时不时点燃一串,用力扔出去,接着便是噼里啪啦一阵响。

鞭炮声的确能吓走"害物",但也会吵醒我,我就会气呼呼地责怪父亲。父亲听后从不生气,但也不会因此停止放鞭炮。

这是为什么呢?这个疑问曾一度困扰我。

后来,我才理解了父亲。这是他能想到的最好的办法了,他无法做到两全其美,只能对我抱有愧疚,即便我对他有大不敬,他也不生气,忍了。

我做了父亲之后才明白,每一位好父亲都有忍性。

法国人绞尽脑汁与狗屎作战

□赵风英

造型拉风的狗屎清理摩托车队

"不捡狗屎罚750欧元!"法国小城贝尔热拉克的"史上最贵狗屎罚单"让网友们津津乐道。其实,贝尔热拉克市将不捡狗屎的罚金从35欧元提高到750欧元并非为了博取眼球,法国人虽然爱狗,却不爱履行"铲屎官"的职责,市容受到严重影响,整治狗屎的奇招因此层出不穷。

法国人爱狗有目共睹,有统计显示,全法国有近700万只宠物狗,平均每4户家庭就有1只狗,以至于有人形容称:马路上的法国人有1/3在跑步,1/3在遛娃,剩下的1/3在遛狗。作家冯骥才在散文《爱犬的天堂》中这样描述他对巴黎的印象:"巴黎有四多,第一是书店多,第二是药店多,第三是眼镜店多,至于第四……狗屎多!刚才我还踩了一脚!"法国人自己也承认,狗屎太多影响市容,更糟的是如果一不留神踩在上面,心情瞬间就会一落千丈,没人相信"左脚踩到狗屎会走运"的俗语。

法国《解放报》称,在20世纪末的巴黎人行道上,每年约有两万公斤狗屎,每年有650人因不慎踩到狗屎摔跤而被送往医院,而处理一公斤狗屎的成本为37法郎。于是,巴黎在2001年申办2008年奥运会的努力因为"狗屎之都"的称号而大打折扣,有日本官员直接提出"巴黎要举办奥运会应先解决狗屎问题"。

狗屎不仅使大城市成为"重灾区",也在逐渐入侵法国乡村。一名农场主抱怨"经常有狗来田地里随地大小便,导致客户拒绝购买我们的草料,他们说'混合着粪便的味道太难闻'"。

狗屎受到各界口诛笔伐已经30多年,法国为清理狗屎,教育并劝说众"铲屎官"妥善处理爱狗的排泄物想出了很多奇招。

巴黎和佩皮尼昂两市成立了"狗屎清理摩托车队"。清洁员骑着配备长吸筒和狗屎箱的专用摩托,深入街头巷尾"吸狗屎"。不过,巴黎的车队因被批效率低且工作模式太滑稽,于2004年被淘汰。贝济耶市则制定法令,对全市的狗狗进行DNA(脱氧核糖核酸)登记,在发生不捡狗屎的情形下使用基因检测找到肇事狗的主人。该法令引发多方争议,经数年司法诉讼最终于去年被叫停。

前些年,为解决狗屎难题,香槟沙隆市还在数个公园故意"撒钱",不明真相的遛狗者捡起地上的10欧元纸币,随后惊讶地发现它原来是一张假钞,背面印着宣传语——"如果你能弯腰捡起纸币,那也一定能捡起你家狗狗的便便"。

法国有规定"遛狗者有义务立即用适当方式收集宠物粪便",然而处罚远比说服有效,各地不断抬高罚金正是法国人面对狗屎成灾的无奈之举。

刘姥姥和"缺口理论"

□ 岑 嵘

在《红楼梦》中,刘姥姥为讨贾府的哥儿姐儿高兴,便编了一个故事:"去年冬天,接连下了几天雪,地下压了三四尺深。我那日起得早,还没出房门,只听外头柴草响,我想着必定有人偷柴草来了。我扒着窗户眼儿一瞧,不是我们村庄上的人……原来是一个十七八岁极标致的小姑娘,梳着溜油光的头,穿着大红袄儿,白绫裙子……"

刘姥姥并没有把这个故事讲完,而是留下了一个悬念,于是宝玉好奇心大起,不停地问刘姥姥:"那女孩儿大雪地里做什么抽柴草?倘或冻出病来呢?"等散了,他还拉住刘姥姥,细问那女孩儿是谁。

美国卡内基梅隆大学的行为经济学家乔治·洛温施坦提出过一个"缺口理论"。他说,当我们感觉自己的知识出现缺口时,好奇心就产生了。

洛温施坦的观点是知识缺口导致痛苦。当我们想知道一些事却无法实现的时候,就会觉得身上像长了很痒的疮,不得不抓。要想消除这种痛苦,我们就得把知识缺口填满。

缺口理论的一个重要要求是在关闭缺口前必须先把它们打开。利用对方知识中的缺口,提出一些他们不知道的事,或者向他们展现他们不知道怎么应付的情境。刘姥姥就是用一些深宅大院内的公子哥儿不知道的事情打开了宝玉知识上的一个缺口,激起了宝玉的好奇心,让他心头发痒。

洛温施坦说:"如果人们喜欢好奇心,他们为什么还会千方百计地想解决它呢?他们为什么不在看最后一章前把侦探小说放一放呢?"他的答案是,重要的知识缺口会让人很痛苦。

美国心理学家南希·劳里和戴维·约翰逊曾做过一个实验,他们将学生分成两组对一个论题进行互动讨论。其中一组鼓励学生与标准答案一致;而另一组则让学生提出与标准答案不同的见解。

一下子就同意标准答案的学生对这个论题的兴趣显然没那么强烈,相比而言,答案不同的一组则更可能去图书馆查找资料,他们渴望填补知识的缺口,找出正确的那个。因此,存在知识缺口并不一定是件坏事,它能激起人们学习的欲望。

缺口理论还有一个有趣的地方:知识越丰富的人缺口越多,好奇心也更强烈。在我们的生活中,那些知识渊博的人常常会对普通的事物也表现出很强的好奇心,而那些知识贫乏的人,则习惯一副见怪不怪的样子。

事实上,在积累信息的过程中,我们的注意力会越来越集中在不知道的东西上。一个人如果说得出《水浒传》108将中的20个好汉的名字,他可能会感到自豪,而一个说得出90个好汉的名字的人却更有可能觉得不满足,因为他还不知道剩下的那18个好汉的名字。

骑行，中国人的"速度与激情"

□ 良 豪

骑行，玩的就是"上瘾"

尽管自行车早已退出了城市主力交通工具的行列，但人们对骑自行车的热情并没有因此消散。但凡走在大城市的马路上，你总能看到几个装备齐全，骑着自行车"扫街"的年轻人。

如果说露营有助于充实朋友圈展示面，那么选择骑行，大概率就是因为爽。

此外，骑行的人通常都会设置一个目标，这个目标可能是某个终点站、某个速度，或者是挑战一条比之前的骑行难度更大的路径。尽管实现目标的过程并不容易，却总能撩拨起每个骑行者的心弦、激起他们的斗志。

当烦闷的情绪得以转移、发泄，骑自行车也便成了快节奏生活之下年轻人"精神放松"的出口。

动辄上千元一辆的山地车、公路车都"一车难求"，热门款的车辆即便价格猛涨也能卖断货。甚至那些鲜有人问津的普通车型，都成了不愿"躺平"的年轻人们青睐的对象。某电商平台公布的数据显示，2022年3月以来，"山地车""骑行"等关键词的搜索热度居高不下，自行车销量大涨，其中儿童自行车的销量同比增长近50%。此外，头盔、手套、骑行护具等配件的销售也十分火爆，同比大涨70%。线下实体店的生意也十分红火。无论品牌单车旗下的直营店，还是运动界的"免费游乐场"迪卡侬，山地车和公路车不是摆在C位，就是摆在顾客的必经之处。

为什么被选中的是骑行

且看同一时期火起来的飞盘和腰旗橄榄球，玩之前还得先社交。想尝试室内健身，光是想到各种办卡套路就心生退意。相比之下，骑行并没有太高的门槛，只要有一辆差不多的自行车，就能享受骑行带来的速度与激情。

与此同时，城市里的共享单车在经历迭代升级后，开始步入规范化管理，骑行这项运动也随之变得更为普遍。

2022年五一期间，备受本地骑行爱好者喜爱的成都绕城绿道，吸引了不少普通市民骑着共享单车前来"画圈"，途中的"网红"打卡点更是热闹非凡。

从前车马很慢，全靠自行车提速，骑行一时间成为热门的潮流户外运动，并非一夜火爆，而是"厚积薄发"。

毕竟中国人对骑行本来就不陌生。在很长一段时间里，中国人的日常生活都被自行车串联起来，不少国人的青春岁月和生活琐碎，都留在了自行车的那块坐垫上。甚至不少"80后""90后"学会骑自行车的方式，就是通过父亲在"二八大杠"上的一次次示范。

和当下的很多新鲜事物一样，从欧洲引进的自行车最初就是一款潮品。

民国初年，北京就出现了最早的"玩车一族"，他们把买来的自行车进行改装，再骑到胡同大街上兜风。即便在黑灯瞎火的夜间，也能利用车轮转动产生的摩擦，给车前灯供电以照明。

这群"玩车一族"里，最出名的当数"末代皇帝"溥仪。其回忆录《我的前半生》中记载，溥仪1922年大婚之时，其堂弟溥佳送的贺礼便是一辆三枪牌自行车。当时还身在紫禁城中的溥仪，得到自行车后很快着了迷，开始收藏各式各样的自行车。为了方便骑车，他甚至做了一个"违背祖宗的决定"——把宫门的门槛统统锯掉，一时间闹得沸沸扬扬。

在汽车尚未普及、城市公共交通尚不完善的年代，自行车便成了人们出行的必备工具，无论上下班、买菜还是外出溜达，都离不开自行车。

毕竟当时的城市并不大，人们的生活节奏远不如今天这样快，这也完美地契合了自行车的出行特点。

《三联生活周刊》前主编朱伟在《重读八十年代》中，写过他记忆中的"一辆自行车骑遍北京城"："郑万隆住东四四条，史铁生住雍和宫大街，阿城住厂桥，在一个城市里，彼此距离都很近，骑着一辆自行车，说到就到的了。"

特别是上学放学都要骑车的中学生，为了上课不迟到，几乎不用大人那套慢慢"遛车"的起步方式，而是左脚踏地后，右脚直接跨过车座一踩就走。用作家萧乾的话来讲，便是"只要登上车，便飞下去了"。

快时代的慢进键

当城市以快速路和立交桥为骨架开始无限扩张，汽车成了城市里占绝对优势的主角，自行车则被束之高阁，数量开始锐减。

北京曾是全国自行车数量最多的城市。1995年的统计数据显示，当年已登记的自行车就有831万辆。20年后，小汽车一辆接着一辆飞驰而过，曾经的自行车道无一例外都让位给了机动车道。

当年人手一辆的"街头霸王"自行车，一度沦为贫穷的象征。电影《十七岁的单车》片尾，农村出身的小贵扛起自行车走在城市的马路上，在川流不息的车龙里显得格格不入。

曾经有人猜测，自行车会不会被送进博物馆，成为历史的过客。但共享单车出现后，被贴"穷人乐"标签多时的自行车开始摆脱尴尬的地位，赤橙黄绿青蓝紫的配色组成一道彩虹，吸引不少年轻人争相尝鲜。

尽管和专业的公路车、山地车相比，共享单车终究只是"纯粹的应急需求"，但还是能让想骑车的城市人心潮澎湃起来，有了自行车，似乎就必须出发了。

如果说旧时的自行车记载的是一代人的情感和中国城市的发展，那么现在的自行车，则是见证快时代之下中国人对慢生活的体验和思考。

骑上心爱的自行车去给城市"刷街"，一遍遍重走当年"自行车大军"走过的路线，微风拂过脸颊和汗水带来畅快淋漓的感受，比起困在高楼大厦、坐在十点半的地铁里的单调生活，都要惬意得多。

骑行一直都在，只不过随着时间的变化和城市的发展，换了一种方式重新回到人们的日常生活之中而已。这也是在快速发展的时代之下，人们重新体验慢生活、认识城市本来模样的最好方式——两个轮子加上一步步踏进，才是我们拥抱生活的最佳姿态。

远 亲

□ 舒 州

世界有时看似陌生，因着某种关联，人与人却能深交熟识：同爱运动之人，只觉相见恨晚；皆通笔墨之人，也会相谈甚欢；都爱侍弄花木的人，总有无数的养护经验，故而滔滔不绝；共同推崇某部著作、某位古人，也会感到彼此亲近……

志同道合的相遇，总会让人觉得不再孤寂。曾读到这样的诗句："世上如果有人，碰巧和我在差不多的时刻，读了同样的书，那你就是我的远亲。"

手机后置、前置摄像头和镜子里的你，哪个才最真实

□井今贝

一年四季，每个季节都是拍照的旺季。

无论主动寻拍，还是被迫营业，看到大合照中的自己，不少人都会受到一点点伤害，这都是什么丑东西？照片中张牙舞爪的人是谁？镜子里那个人见人爱的帅哥/美女去哪儿了？

那么问题来了，自拍、他拍、镜子里，到底哪个才是真实的自己？或者说，你真的知道自己长什么样吗？今天，咱就来好好聊聊这个话题。

1.人眼、相机怎么看世界

自拍最丑？他拍随缘？照镜子最美？到底哪个还原度更高，还得从人眼如何看世界讲起。

从本质上讲，人眼接受并传递给大脑的其实是一个倒的二维图像，这与照相机的原理是一样的。但是，我们聪明的大脑会自行处理信息，将看到的二维图像深度脑补成一个"三维世界"，而照相机成像还停留在"被动"记录的二维平面，这不，视觉差距就形成了嘛！

人眼的色彩感是由视网膜上混合在一起的三种不同感色的细胞产生的，又经过大脑皮质的处理呈现出我们看到的颜色，相机则是彩色感光片利用三层感光乳剂记录与表现色彩，无法拟合人眼的光谱特性。

造成相机与人眼看世界差异的影响因素远不止焦距、色彩。可见，拍照对人眼可见事物的诠释大概率是个随机事件。

2.论还原度，还得是镜子

再来说说手机前置摄像头与照镜子的效果。

为了让消费者自拍时，能够在较小的环境、较近的距离里拍出更多的景物，许多手机的前置摄像头都采用了广角镜头。的确，广角镜头拍摄时可以尽可能地拍到更多的背景，但它的致命bug（漏洞）就是会夸大前景，造成比较严重的透视畸变，越接近被拍摄对象，失真越严重，而这个前景往往就是举起手机，摆好姿势，满怀期待自拍的你……

发生广角畸变后是什么样子呢？可不仅仅是我们所知的"在前面的举相机的人脸最大"哦。

在自拍时，人的鼻尖和照相机的距离比面部的其他部分大约近2.5厘米，越近就会越大，所以被拍摄对象的鼻子与面部的其他器官相比就会出奇地大。近距离拍照，窄脸变宽脸，眼间距、鼻子都会被拉宽，这就合理解释了为什么大家用原相机自拍后都沉默了。

再加上前置摄像头都是镜像设置，拍出来的照片将我们的左右脸翻转了，而大多数人的左右脸都是不对称的，照片跟我们的视觉习惯反过来了，自然是怎么看都怪怪的。

总结下来，科学论还原度，镜子>相机（手机后置摄像头）>手机前置摄像头。

3.但，镜子就不会说谎吗

回想一下，有时候看镜子里的自己，是不是越看

越帅，越看越美？这其实是大脑自动设置了"美颜"功能。

这种现象在心理学上被称为"曝光效应"，表现为人们会更偏好自己熟悉的事物，事物在我们眼前出现的频率越高，我们就会越喜欢它们！所以，当你看自己时，会越看越好看，当你看颜值不高的物件时，看多了好像也没那么丑了。说来说去，大脑才是糊弄学鼻祖！

除了大脑主动"糊弄"我们之外，照镜子的环境也会影响我们对镜子中自己形象的判断。大伙在商场试衣服时，肯定个个都是身材纤瘦、靓丽多姿；在洗手间补妆时，谁不是皮肤细腻又光滑？更别提刚洗完澡，那真是清水出芙蓉，天然去雕饰。其实这就是环境作祟啦。

仔细回想一下，商场里是不是更多见长条状的试衣镜，店员常常将镜子斜靠在墙上，再在镜子面前装一个白色或黄色灯光的射灯。正是在这样的环境下，照出来的人会更加光鲜亮丽。

而浴室的灯光配合上雾蒙蒙的镜子，也是最自然的磨皮美颜神器，再加上洗完澡后血液循环，照镜子时必然白里透红，楚楚动人。

让人忽视的"次能力"

□良大师

大家都说现在竞争很激烈。确实，无论你从事什么行业，本行业内都一定有比你强的人。但是，那些真正厉害的人，在专业能力之外往往还拥有一种"次能力"，这会让他们在原本旗鼓相当的竞争中胜过其他对手。

我曾看过毕加索的传记。毕加索除了画画好，口才也好。他开画展时，会先把画都蒙上，然后给观众们讲述关于这张画的故事，讲得跌宕起伏，把众人的胃口都吊起来了，再揭开画布，这时，大家往往都愿意出高价来买。

泰格·伍兹是成绩最牛的高尔夫球员。但是，他的比赛数据很奇怪：开球距离不是最远的，果岭推杆不是最好的，铁杆击球也不是最准的。但是，人家的成绩偏偏就是第一。

因为泰格·伍兹的救球能力是最强的。一般球员打坏一个球，心情就会沮丧万分，之后会发挥不好；但是泰格·伍兹总能把坏球救回来，这需要强大的心理素质。这也是一种"次能力"，这种能力没有数据统计和硬性指标。

还有罗翔老师。他是最懂法律的人吗？一定不是。但是，为什么就他这么火呢？因为除了专业能力之外，他还拥有一种演绎能力，把枯燥刻板的法律条款，变成"法外狂徒张三"的冒险之旅。这个能力大学不会教，也不是法律人士必须学的，但能让他脱颖而出。

我家楼下的美发店里生意最好的理发师，不是做发型最牛的，却是最会拿捏人心思的。每每来了女顾客，他都会分析一下人家的脸型，再说说现在的潮流，最后提供两个发型让客户选。他做发型时好像在打理一件国宝级文物，总之让客户感觉特舒坦。

其实，你只要观察一下就能发现，一个行业的红利，不见得是被这个行业的顶尖技术高手拿走的，往往是被这个行业里最会沟通的人拿走的。这是一种"次能力"，关键时能一剑封喉，平时却容易被人忽视。

说"次能力"有多强，并不是让你放弃专业能力的打造。恰恰相反，专业能力是一切的基础。但是，你也要明白，如果在此之外，你还拥有另一种能力，你才能领先其他竞争对手。你的"次能力"是什么呢？好好思考一下吧。

为什么言情剧里的主角，大多姓林、苏、顾、沈

□潇湘水冷

曾有网友对言情小说中主角的姓氏做过统计，林、苏、顾、沈皆是榜上有名，且数量遥遥领先，堪称言情小说世界中的"世家大族"。反倒是张、王、刘、陈这样身边常见的人口大姓，不是特别受言情小说青睐。

究竟是什么让言情作家们对这些姓氏情有独钟？这些"言情大姓"，又有怎样的魅力呢？

大姓发展史：谁祖上没阔过

细究这些言情大姓就会发现，抛开"言情大姓"的身份，它们本身的家族发展史便足够精彩。

据统计结果显示，林姓是毫无疑问的言情第一大姓，尤其以女主姓氏居多。这很难说与曹公无关，毕竟作为《红楼梦》的女主角，林黛玉大概是林家最为出名的人了。事实上，林家的女性也确实优秀。我国东南沿海及东南亚地区信奉的海神妈祖，原名便叫林默。在传说故事中，这位温柔而勇敢的女性通晓水文、熟识地理，常常运用自己的知识帮助船队逃离险境；她还精通医学，时常为海边的渔民们治疗疾病。

除了妈祖，民国时期著名的建筑学家、作家林徽因，"中国半导体材料之母"林兰英，中国妇产科学的开拓者林巧稚，都是林氏家族的佼佼者。这些女性虽为女儿身，却凭借自己的努力，在各自领域做出了与男性比肩的成就，这也在无形中赋予了林姓女子一种特质：博学多识、坚韧不拔，是美丽、温柔和力量的综合。

排在第二位的苏氏，历史也十分独特。与林姓的书香气不同，苏姓似乎天生带点红颜祸水的味道。这种印象多半来自著名的祸国妖妃妲己。在历史记载中，这位"妖妃界祖师爷"是有苏氏部落之女，因此后世传说中多将其唤为"苏妲己"。虽然古人的姓氏并不能这样简单地做加法，但有苏氏在商朝灭亡后，一部分族人归顺周朝，成为苏姓最早的起源，因此倘使在现代给妲己做身份证，确实也只能写成"苏妲己"。

苏姓不只出美女。从周代开始，苏姓的名人便与中华历史共生。如战国时期著名的纵横家苏秦、西汉时忠贞不屈的使臣苏武。至宋代，更是出现了中华文学史上不朽的明珠"三苏"父子：苏洵、苏轼、苏辙。再加上一位几乎与三苏同时的文学大家苏舜钦，在已经不崇尚世家的宋代拥有这样数量和质量的诗文大家，苏家的文气可以说充沛到爆棚。到近代，还有"民国奇僧"、革命家、翻译家、精通日语、梵语等多种语言的苏曼殊。自古以来，才子佳人都是爱情小说中的标配，苏姓名人偏巧将这两项都占到顶峰。再加上苏姓本身还代表一种叫"苏草"的中草药，也是一种常见的香料。以苏为姓氏的人物，便总带着一阵若有若无的香气，萦绕在小说的字里行间。

排在第三和第四位的顾姓和沈姓，其家族历史更为辉煌。三国时期，顾便是"江东四姓"之一，名人辈出。孙权的丞相顾雍、西晋名臣顾荣、东晋著名画家顾恺之，都出身于江东顾氏。经过隋唐宋元的沉寂后，至明末，顾氏再次在江南兴起。东林党创始人顾宪成、被魏忠贤迫害下狱的"六君子"之一顾大章、明末著名思想家顾炎武，都是江苏地区顾氏的著名人物。至近代，顾姓人物风采依旧，如民国时期的外交

家顾维钧、历史学家顾颉刚,现代著名朦胧派诗人顾城,皆为一时风流。

在顾姓已经是公认的"江东四姓"时,南梁开国名臣、文学家沈约还在因自己不够显赫的家族出身而感到不适。但进入科举时代,沈氏可谓厚积薄发、如鱼得水。唐代沈佺期定鼎七言诗之作,婉转靡丽;北宋沈括写下《梦溪笔谈》,成为一代风俗与科学名著。至明代,南方尤其江浙一带的沈氏更是人才济济:论科举做官,有内阁首辅沈一贯(浙江鄞县人);论文学艺术,有"江南四才子"之一、著名画家沈周(江苏长洲人);论君子风骨,有不畏权势、勇于弹劾严嵩的青霞先生沈炼(浙江会稽人)。至近代,还有文学家沈从文(湖南凤凰县人)、教育家沈尹默(祖籍浙江湖州)等。在沈氏家族的历史中,似乎很少见到扭转历史的人物,但他们如繁星一般散落在历史的每一个角落,发挥着自己的重要作用。

姓氏IP化:如何成为"言情大姓"

在排名靠前的姓氏中,从聚集于东南沿海的"言情第一大姓"林姓,到历史上"江东四姓"的顾姓,还有明清时期兴盛于江浙的沈姓,无一不是集中分布于江南、闽广地区的"南方姓"。苏姓虽在河南省集中分布,但更多地集中于江南。除去全国大姓李和陈,前十中只有白姓主要聚居于北方。但白姓毫无疑问是胜在美感,不会有其他姓氏比它更适合纯净无瑕的人物了。

这一点,其实早有眼尖的知乎网友"陆土根"发现了其中的奥秘:言情小说中"南方姓"扎堆,与言情小说的发展有关。

明清时期小说兴起,便主要在经济更为发达的江南地区创作和传播。这些出身江南的作者,自然更习惯于选择身边经常出现的姓氏为人物取名。民国时期,诞生于上海地区的"鸳鸯蝴蝶派",将言情小说的创作推上一个高潮。这一流派中的作者,大部分都出生或生活于江南地区,笔下的故事也多集中在江南城市,少部分故事以北京城为背景。时至近代,言情大家也多出身江南。我们所熟悉的琼瑶,祖籍湖南,出生于四川,后随家人迁居上海,又迁居中国台湾。终其人生轨迹,都不出于长江以南。可以说,是江南的山水孕育了中华文学中的言情因子。

在一代代言情作家的勾勒下,这些不断出现的言情姓氏,便拥有了属于自身的"言情气质"。如此一来,使用这些姓氏的作者会越来越多。像这样循环往复,一些姓氏在言情小说中的出场频率便越来越高,其印象的固化也越来越深。原本普通的姓氏,无形中完成了自身的"IP化"。

眼界带来成就

□ 河中渔

人最大的清醒就是认识到自己的局限性。

"红顶商人"胡雪岩曾对经商伙伴这样讲:"如果你拥有一县的眼光,那么你可以做一县的生意;如果你拥有一省的眼光,那么你可以做一省的生意;如果你拥有天下的眼光,那么你可以做天下的生意。"

英国有个饭店老板叫艾文森,在2005年,听说教育部门发下新规:"让孩子从小学就开始学做菜。"艾文森认为这是一个送上门的大商机。在短短半年内,艾文森就给学校提供了数以千计的初级烹饪老师,帮助学生学习烹饪技巧和知识,而他自己也赚得盆满钵满。

这个世界上努力的人很多,聪明的人也不少,但只有把聪明和眼光结合起来,才能获得更大的成功。

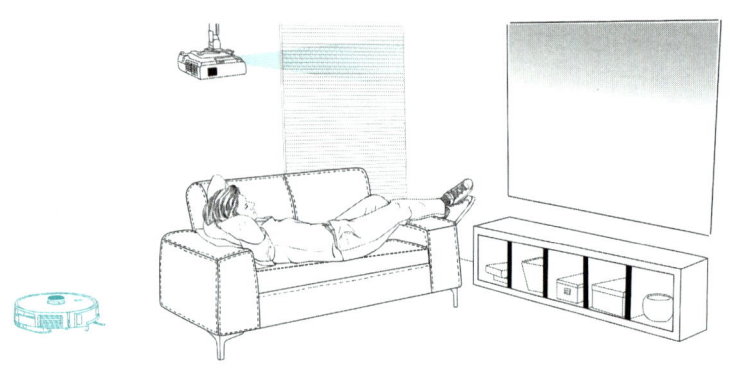

新三大件
打造这届年轻人的精致生活

□陈 斯

从繁重的家务劳动中解放双手,用投影仪将电影院"搬"回家度过休闲时光,手中的折叠屏手机多变形态满足工作、娱乐双面需求——扫地机器人、投影仪、折叠屏手机,正在成为当代年轻人中呼声最高的"新三大件"。

不过,在追求精致生活的过程中,理性、实用和绿色,才是这届年轻人选购新家电的关键词,延保、换新等售后服务是他们"有底气"尝新的动力来源。

拒绝过度消费,选家电实用兼顾环保

随着科技的进步和消费需求的升级,近年来电器品类更加多样化,消费者的选择也越来越多。

时下的年轻人,都在买哪些电器产品?电器消费又呈现哪些潮流趋势?近日,京东电器联合后浪研究所发布《年轻人潮流电器新品报告》(以下简称《报告》),通过对近千位"90后""00后"受访者的调查分析,深入探索年轻人的电器消费爱好和习惯。

在很多人的印象中,年轻人的消费观总是和"过度消费""超前消费"等联系在一起。根据《报告》,理性、实用和绿色,才是年轻人消费的关键词。其中,42.2%的受访者表示,在购买电器新品时会优先考虑"是否实用",近半数会"有所规划"地安排消费需求。看到周围有人买自己就想买的"从众消费"和喜欢或想要就出手的"冲动消费",在年轻一代消费者中的占比不到10%。

即使遇到必须更新换代的情况,年轻人也更愿意选择"以旧换新"等绿色低碳服务。以京东平台为例,2022年一季度,手机通讯、电脑数码、家电以旧换新成交额翻了六倍以上。

扫拖机器人解放双手,
"神灯"投影在家看大片

时代不同,人们的生活必需品也各有差异。"三大件"是中国人都熟悉的词语,它随着时代的变迁,也代表着不同的生活用品。

扫地机器人已成为"智能家庭"的标配家电。如今不仅集扫地、拖地、自清洁等功能于一体,还能承担家中的视频监控、语音助手等功能。如果在洗手间等空间预留了上下水位置,甚至可以免除拖地换水这一烦琐步骤,同时,超大集尘盒能够储存更长时间的地面垃圾。人们离彻底解放双手的那天更近了。

把电影院搬到家中已不是难事。如今,将投影与吸顶灯合二为一的"神灯"投影,不仅能够取代室内空间必备的吸顶灯,还"内藏"一台智能投影仪,无须单独占用空间,1.5米的距离即可向墙面投射出100英寸的巨幅画面。并且,高处投影光线解决了"晃眼"的难题,有人在室内起身、走动,都不会遮挡投影画面。同时,机器配置了2.1声道音响,在头顶营造360度环绕声场,将看大片的氛围感拉满。

近年来,三星、摩托罗拉、华为、小米等品牌陆续推出折叠屏手机,在市场对其实用性、显示效果等的一片质疑声中,年轻人"率先"接纳了这一"新物种"。不同折叠方式为千篇一律的智能手机带来多变形态,既有可"变大"的产品满足人们对大屏的需

求，也有可"变小"的产品能随手装进口袋，吸引喜欢尝鲜的潮流达人，电子产品爱好者不断"入坑"。

抽油烟机、空气炸锅"上榜"，"00后"向厨房"大举进攻"

简单操作即可做出一道兼顾颜值和口味，并且低油健康的食物，这让空气炸锅菜谱风靡社交网络，白色的抽油烟机一改往日沉闷的黑灰色系，和现代家庭装修的奶油色系、原木色系成为"绝配"。"00后"已经向厨房"大举进攻"——在《不同年龄段喜爱的家电》的调查中，去除稳居前两名的空调和冰箱，"00后"最爱的家电中还有抽油烟机、空气炸锅等。

休闲时光，在家玩玩游戏、开投影仪看看电影，对年轻人来说无疑是莫大的享受。调查显示，投影仪、相机和游戏机，分别以25%、25%和22%的占比，成为年轻人"最想入手的电子产品"的TOP3（前三名）。暑期销售数据显示，近期最火热的数码品类分别为投影仪、游戏机、音频设备、智能手表和相机，其中游戏机的成交额同比增长超50%，游戏投影成交额同比增长更是超100%。

在野外，也能实现"用电自由"。随着自驾、露营等新潮运动的兴起，储能、户外电源等冷门电器跻身"新热门"，可为电风扇、制冰机、投影仪甚至便携空调提供充足电力。2022年"6·18"，户外电源的成交额同比增长超10倍。

随着居家健身需求逐渐成为刚需，还有不少年轻人对健身镜这一新兴电器品类产生了兴趣。其中，"95后"男生占比达13%，高于"95后"女生的12%。在追求健康生活方式的道路上，"刘畊宏男孩"也绝不认输。

偏爱延保服务，价保也必不可少

除了产品本身，还有两大影响年轻消费人群购物选择的因素。首先是优惠力度，七成以上年轻人会关注优惠福利；其次是服务、售前、售中、售后的全套服务和权益保障，一个都不能少。超过一半的受访者认为，延保服务、价保服务和以旧换新，对消费体验的提升最大。的确，购买手机、电脑、大家电等高价商品时，这类服务会让人买得更安心、用得更放心。"00后"对延保服务尤为在意，61.4%的受访者会注重购物时是否提供这项服务。

眼下，人们对电器产品的追求，逐渐从生活必需品转变为时尚消费品。年轻人希望，电器不但能满足功能上的需求，还能让自己在精致潮流生活方面不处于下风。让人欣喜的是，在追求新潮的同时，这届年轻人并没有掉进盲目消费的陷阱，而是站在拒绝过度消费的一线，不仅要买到性价比超高的产品，相应的权益保障一个也不能少。可见，对年轻人的新需求，商家需要在服务和体验方面下更多功夫。

想到与做到

□乔凯凯

朋友搬新家，说从此要好好生活。他添置了破壁机和早餐机，"好好吃饭才有力气工作哦"；添置了跑步机，想要练就八块腹肌的健美身材，一系列类似筋膜枪的配套产品也不能少；当然，学习也不能忘，专门买了电子阅读器，方便随时随地阅读……

一段时间后，我问朋友有什么心得。朋友笑言收获挺大："破壁机太难清洗，早餐机更是用不上，不如买俩包子省事儿。跑步机的使用我倒是挺有心得，要买就买大一点的，晾的衣服多。电子阅读器没必要买，盖泡面用一本杂志就足够了。"朋友调侃着，语气中充满无奈。最后，他叹了口气，说果真应验了别人的预言：买前雄心壮志，买后日渐积灰。

是的，想象总是很美好，但做到很难，因为中间还有一个词叫"坚持"，这才是最难的事情。

看过因纽特人的耳朵拔河后，我现在天天都觉得耳鸣

□ 小 伟

人类的竞争意识存在于根性之中，只要是能分出高低的地方，人就喜欢较量，这种行为的表现形式包括但不限于体育竞赛、职场风云、战争以及一些日常微观化的攀比。

像因纽特人的耳朵拔河大赛，就属于人类在听觉器官的硬度上的纷争。

这个比赛几乎没有门槛，任何双耳健全的人士都可以参加。用蜡渍过一圈的细绳缠绕选手的外耳底，通过绳圈的掉落判定，谁输了谁丢脸，谁赢了谁耳骨畸变。感受过耳朵被拉扯的人应该都明白这些参赛选手的痛楚。

在医学上，耳朵有24000根纤维，能承受的拉力不超过0.4帕，7磅，3公斤，等量代算之后也就仅约等于你在拉屎时所产生的下压力的一半不到。

每一只参加这项赛事的耳朵都处于极大的危险当中。而这也确实是这项赛事被官方承认的常态，除了选手跟裁判，场内的医疗人员同样时刻关注着选手的运动器材损耗程度。

事后缝针很平常，最要紧的是如何对掉落的耳体组织进行保鲜，以保证让选手还能拥有明年再战的可能。每年的优胜者都在更替，没有一只战损过的耳朵能在这样激烈的撕扯中保持卫冕。

而这个世界每天都有新的耳朵出生，世界上也不会有完全相同的两只耳朵，在这个比赛中，先天的优势会比后天的练习更大，从娘胎中带出来的外耳刚性和耳廓的韧度，都决定了你将会赢得怎样的成绩。

2019年的冠军得主老印第安人奥斯汀就是仗着妈妈赐给他的肥厚双耳笑到了最后，"当时我的耳朵已经濒临撕裂，但我内心深处黑暗的家伙又在鼓励我继续用力，直到对方先放弃了荣耀。"医生在他的耳瓣上穿针引线，他的神色中透出自豪。

根据官方发布的数据，耳朵拔河大赛每年造成的受伤选手都在两位数以上。而他们已经坚持举办这项赛事超过了60年。每年报名的人数都在增加，最多的一场，在2016年，在场边等着扯烂别人耳朵或被别人扯烂耳朵的人达到了743位。有男有女，有老有少。

从格陵兰到西伯利亚，从阿拉斯加到温哥华，整个爱斯基摩生活区的居民在每年7月13日都向往着成为那个北极圈内最扛拽的铁耳战士。

请不要认为这又是另一种民间自发的赛事。这项运动的主体全称为WEIO——世界爱斯基摩印第安奥林匹克运动会，得到了联合国的认可，在国际奥委会也有备案。是北极圈群众自古以来彰显寒地精神的体育盛事。耳朵拔河只是这个奥运会的二十个项目之一。

其他的还包括用拳头和脚趾支撑前行的"海豹跳",四个大汉挂在一个大汉身上的四人携带耐力走,海豹皮速剥比赛以及数十人共同完成的正宗毯上飞人等充满戏剧性,又同时与爱斯基摩生活生产有极大相关的竞技项目。

这个运动会中没有任何无的放矢的比赛。就以耳朵拔河来讲,其目的是考验选手在严寒的北极圈内是否拥有着一双能够抵御零下三四十摄氏度冰霜的耳朵,与此目的相同的还有一项耳朵举重比赛,选手用耳朵提起的重量数值越高也就代表了他在严寒中越有可能保住自己的听力。

同理,四人耐力走是考验携带大型猎物的能力,润滑油木棒互拔是为了考验你对渔获的抓取能力,单脚蹬高是传统爱斯基摩猎人用来和村子传递信号的肢体动作,"海豹跳"则是人在遇到破冰时最稳妥的逃生办法。居安思危,比赛只是娱乐方式的一种,但生活从不开玩笑。

阅读,是一种打开

□孙 蘩

看书、看电影和看短视频都是"看",但差别极大。这句看似常识般的废话,其实揭示出媒介对我们的"阅读"有着深刻影响。因为"字书"不是脸书,它总是在一定厚度中按照某种线性秩序得以展开。一行行,一页页,我们的眼睛、心灵和思维随之流动,这种流动要奏效,一定也是读者在与作者的对话中,主动地重建一个世界、一种秩序。

这与刷抖音时对流动影像自然而然地接受有着极大的不同。当然,正像"字书"中也有"寻常"的泛滥,影像也不仅仅流动在抖音里,我们还有那么多伟大的影视剧。比如,曾经追过一部德剧《巴比伦柏林》,那种以影像方式对极为复杂叙事的从容驾驭,是多少写书的作家难以企及的啊!因而,接下来说的"读书"体会,并没有厚此薄彼的意思。

读书是一种翻译。翻译不仅仅发生在不同的语种之间。我更倾向于接受沃尔特·本雅明对"翻译"的理解,即它是以一种敬畏、尊重、谨慎、细致的方式,将隐身在文本中的事物本身的存在显现出来。

毋庸置疑,事物原本就在宇宙中与我们共存,但人拥有一种独特的语言能力。动植物也有语言,但它们永远无法以"出声"的方式进入,比如文本。它们的语言就像密码,比如枝叶的婆娑、喉咙深处的吼叫。只有人拥有一种去记录、描述并且重建一个世界的能力,这就是在文本中重建一个世界。而阅读就是让它的原本,连同它被编织的方式静静地显现出来。

人在建立这样一个世界秩序的过程中,无论作者还是读者,都无法避免自身视眼的介入。其中存在着可能的"扭曲",但也是一种积极的揭示。一朵野花可以是原始逍遥般的摇曳,也可以是人以喜悦或悲伤之眼与之的重逢。阅读,就是如此这般对"自然",对"自然"人化编织的双重接近。

说到底,阅读是一种对作者、对世界也是对自我的打开。只有我们铭记着自然的多彩、人之复杂,才知道自身的限度,才能切近打开之后的豁然。不仅仅"物之不齐,物之性也",而是物之"不齐"本身也是多样的"不齐"。穿越文本的丛障,心灵在澄明之前,必得先经过一番迷雾的浸润。字句如山峰,攀缘遍布险阻。

真正的阅读,绝不是一种简单的快乐。那是关于郑重生活的郑重承诺。

愚，是一种高级情商

□宋清辞

明末清初文学家李渔的《闲情偶寄》中有这样一首小诗："略带三分拙，兼存一线痴。微聋与暂哑，均是寿身资。"

我们每天都会见到许多人，经历很多事，都希望自己再聪明一点儿，能多得的利绝不少拿，能走捷径的绝不走原路。结果，人们却发现生活似乎并没有因此而变好，反而每天抱怨压力太大、生活太苦，亲友太恶、命运不公。

其实，太聪明的人终会被聪明所误，真正的聪明人从来都懂得：笨，才是一种高级的智慧。

交友笨一点，不要有分别心。

清代文学家蒲松龄曾经写过一个《陆判》的有趣故事，其中就有一个笨人。此人名叫朱尔旦，河南陵阳人。这个名字听起来就不太聪明，事实上也确实如此。书中说他"性豪放，然素钝，学虽笃，尚未知名"。意思就是：朱尔旦性格豪放，但是十分迟钝，学习虽然刻苦，但是什么都记不住。这样一个人，自然会被朋友们嘲笑打趣。

有一天，朋友们又拿他寻开心，几杯酒下肚，朋友们开玩笑说："尔旦兄，你的豪放远近闻名。我们跟你打个赌，如果你敢去十王殿，把左廊下的判官背回来，我们就请你喝酒。"十王庙供奉的都是鬼神雕像，尤其是左廊下的那个判官，青面獠牙，相貌狰狞，人们见到都会毛骨悚然。朋友们打趣朱尔旦，想骗骗他这个"傻子"。没想到朱尔旦一笑而起，径直而去，不多时便搬回了判官雕像。

刚才还在取笑他的朋友们都惊慌失措，唯有朱尔旦淡定自若，对雕像十分尊敬，敬了雕像两杯水酒，然后送还庙中。没想到，这份痴傻反倒换回了他与这位判官的深厚友谊。

这位来自阴间的判官，本事不得了。他先是为朱尔旦换了心，让朱尔旦不再愚笨；又为朱尔旦的妻子换了面容，使其拥有花容月貌。

《道德经》中说："大智若愚，大巧若拙。"看起来聪明的人，将朋友分成了三六九等，要有钱、要有势、要聪明、要漂亮，这种人才配做自己的朋友；看起来愚笨的人，对所有人都没有分别心，任你穷、任你困、任你笨、任你丑，我都能真心对你。但这个世界就是这样，你如何对别人，别人就会如何对待你。

前一种人，若是风光正好时，或许有人跟随，可一旦落魄，必定门庭冷落；而后一种人，无论身处顺境还是逆境，总会有几个真朋友紧紧跟随。对待朋友笨一点，不要有分别心，唯有如此，才会有挚友陪你共渡难关，历经悲喜。

做事笨一点，不要斤斤计较。

朱尔旦换心之后，文思大进，过目不忘，先是考中了头名秀才，而后考中了头名举人。之前那些看不起他的人十分惊异，重新围在他的身边问东问西。朱尔旦没有因为曾经遭受的冷遇和羞辱而对他们嗤之以鼻，相反，依旧怀着赤诚之心将陆判官帮他的事情和盘托出。朋友们听说后，私心又犯了，心想"这么一个傻子换了心肝都能考中举人，自己一定在他之上"，于是，试探着问朱尔旦能否将陆判官介绍给他们结交。朱尔旦同意了，陆判官答应了，宴席也摆上了，只等陆判官到场了。

时至一更，陆判官如约到场，"赤髯生动，目炯炯如电"。陆判官红色的胡子在风中飘动，目光炯炯如同闪电。看到这样的场景，在座的朋友们一个个都吓傻了，他们再也想不起来约陆判官前来的目的，一个个悄悄溜走了。朱尔旦却丝毫不在意，若有求于我，我尽可能帮忙；若不尽如人意，我也不会放在心上。

这个世界上不缺聪明人。

有些人会仗着自己的小聪明，在考试的时候找到各种"捷径"；有些人会利用商场服务，将买回来的化妆品摔碎，然后寻求双倍赔偿。这些人真的聪明吗？他们整日汲汲营营，吃肥丢瘦，却终是"聪明反被聪明误"。

王阳明说："成大事者，都是笨人。"聪明人太在乎一时的得失，往往难以坚持；而笨人能够脚踏实地，埋头苦干，坚持到底。

做人笨一点，不要忘记初心。

看起来朱尔旦的运气很好，因为他遇到了陆判官；实际上他的运气很差，上天似乎并不怎么喜欢他。陆判官说他："君福薄，不能大显贵。"

他的官运不通，虽是头名举人，可朱尔旦三次考进士都失败了，一生与做官无缘。他的寿命不长。儿子五岁的时候，陆判官告诉他，他仅仅剩下五天的生命了。然而，朱尔旦十分通透，他明白生死为一物，不必为此悲伤不已。

在阳间与官爵无缘，可到了阴间，朱尔旦却被封了官爵。他能够时常来往于阴阳之间，亲自教导儿子的学问和品德。可天下没有不散的宴席，朱尔旦来看望家人的次数越来越少，直到离别的那一天，他拉着儿子的手说："好为人，勿堕父志。十年后一相见耳。"

"好为人，勿堕父志"，这七个字写尽了朱尔旦一生的为人原则。做人永远排在第一位，只要把"人"做好了，万事自然就顺了。果然，朱尔旦生前实现不了的愿望，被儿子实现了。儿子9岁能作文，15岁考进县学，25岁考中进士，当上了大官，一生荣耀显贵。

作家刘瑜曾说过"笨是一种人品"，深以为然。笨人看似不通人情世故，他们却在生活中保持着真心和赤诚，老话常说"傻人有傻福"。这份福气来自在困难时的不忘初心，在痛苦中的不失希望，在黑暗中的不忘光明。

"傻人"或许无法获得一时的利益，却能够拥有长久的人脉，不仅自己受益，还能惠及子孙。

笨，才是真正的大智慧。在儿子考中进士，受命祭祀华山的途中，朱尔旦再一次出现了。见到儿子长大成人，朱尔旦说："你做官声誉颇好，我终于可以瞑目了。"而后，他解下佩刀，递给儿子，扬长而去。儿子抽出佩刀，只见上面写着一行字："胆欲大而心欲小，智欲圆而行欲方。"这是他留给儿子的无价之宝：做事要果决，而思虑要周密；智谋要圆通，而行为要方正。

这句话，是好人品，更是大智慧。那些笨人并不是真的痴傻，而是知道原则不能践踏，生活却需要随缘。曾国藩曾说过："天道忌巧，天道忌盈，天道忌贰。"不要投机取巧，不要钻营牟利，不要三心二意。

人可以聪明，但不要过分精明；可以有心眼，但不要有心机。要知道，上天终会垂怜那些正直、善良、慈悲之人。你不用太着急，只需要在尘世中做最好的自己。

我是父亲的一只雄鹰

□［伊拉克］伊曼

我的父亲，曾说
我是他的一只雄鹰。
离开了他温暖的怀抱，
飞翔在高空——
一路上怀揣着他的梦想，
不懈地追求——
他的目光托起我的远方。
他说过一个道理：
当雄鹰站在树枝上，
不要惧怕寒流、雷电和风霜，
要相信和依靠自己的翅膀，
用尾翼平衡自己，
就能飞得更远更长。

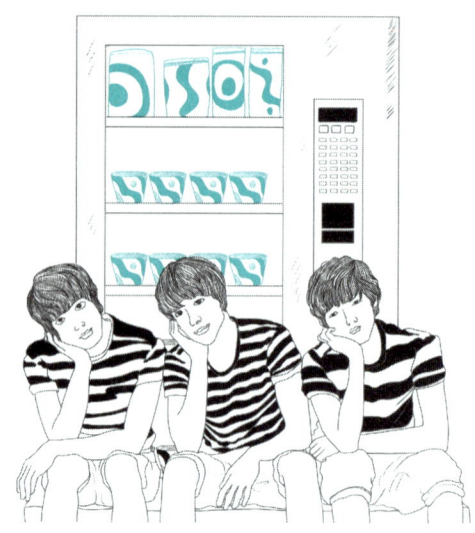

为什么无人零售柜里的东西不怕丢呢

□ Owl

你用过无人零售柜吗？相比古早的无人贩售机，无人零售柜再也不会出现"钱付了没出货"的尴尬。使用新型无人零售柜，你只需扫码开门，拿出东西，再关上柜门，系统就会自动结算。

一个无人零售柜（也叫无人小卖柜吧）里，会有20盒牛奶、20瓶果汁、25罐咖啡和40罐汽水，或许还可以再加上5盒泡面和10袋蛋糕。这些加起来粗略地一算也价值七八百元了，维护人员却可以放心大胆，让小卖柜独自"管理"这些商品。

有没有什么方法，可以"骗"过无人小卖柜，免费拿走柜子里的商品呢？

1.直接拿？每个商品都有"身份证"

当你从无人零售柜里拿出商品的时候，会发现物品上都贴了一个长条标签；透过光线看，这个标签里面仿佛还有着绕来绕去的"线路"。这正是每一个物品的"身份证"。

这个标签叫作无线射频识别标签（RFID），你或许第一次听说这个名称，但RFID技术很早就出现在我们的生活中。公交卡、门禁卡、食堂餐卡……它们都使用了RFID技术。

通常的RFID系统包含阅读器、电子标签和应用系统。当你拿走商品时，无人零售柜柜体中的RFID阅读器就会发出特定频率的信号，各个商品上的标签接收到信号，其中一部分转化成直流电激活标签，随后标签将自身的数据信息反馈给阅读器，从而完成商品的统计。系统通过计算减少的标签数目，得知你拿走了什么。

随着RFID系统成本的降低，这种识别方法逐渐被运用到零售商品中来，相比二维码扫描，RFID有着明显的优点：速度更快、操作更简单。在结算时，只需要将所有的商品标签放置在阅读器上，系统就能快速识别。你下一次去买衣服的时候，不妨看看衣服的标签上是不是印上了RFID的字样。

RFID正在代替二维码，成为更有效率的结算方式。很多高校在食堂里也用上了这种结算方式：使用带有RFID标签的餐具，结算时系统直接识别不同价格的盘子，能快速读取用餐价格，实现快速结算。

无人零售柜进一步拓展了RFID的这一优势：不需要手动对准商品进行扫描，只要电子标签在阅读范围之内，就可以快速识别。

2.撕标签？让我算算有多重

RFID标签虽然方便，但要是撕下商品上的RFID标签放回零售柜，零售柜不就啥也查不出来了吗？

使用RFID标签的这种方式并不是在检测物体，而是在判断标签。因此在早期仅使用RFID标签的无人零售柜惨遭多次盗窃，部分零售柜货物损失率更是居高不下。

除了容易被人撕掉，RFID设备成本也比较高。虽然RFID标签的价格已经降到每个0.4元，但每一个物品都需要贴RFID标签，多出来的成本不是笔小数目。

为了解决RFID存在的问题，实现对柜内物体的直接判断，一种新方法出现在了零售柜之中——重量检测。每次拿走物品关闭柜门，零售柜中的重量传感器会检测当前物品的重量，并计算和开门前重量的差别，从而实现对拿走物品的判断。

显而易见，一旦柜子里有多种商品重量相近，或者组合的重量类似，这种单纯测量重量的方法就很难奏效了，因此也有很多零售柜使用了RFID+重量检测的双重检测方式，以确保判断的准确性。

3.盯着看呢，别乱拿

如果你拿了一袋300克的石子，打开柜门，拿出一瓶肥宅快乐水，撕下标签，再贴到石子袋子上放入柜子，那你就免费拥有了一瓶肥宅快乐水……

即使用上了RFID标签+重量传感器，依然会有丢失商品的风险，那为什么不直接使用摄像头对物品进行图像识别呢？

现在市面上已经出现了不少"没有标签"的零售柜，它们的原理正是使用加装摄像头，直接对拍摄到的图像进行识别。

这种零售柜一般会在每一层的顶部加装一个广角摄像头，通过对比打开柜门前和关闭柜门后的照片，对每一件物品进行识别，从而得出拿走的商品。

使用这种方式，零售柜内的处理器需要处理多张照片，对系统的处理速度有着更高的要求，因此往往会出现买完后手机一直在结算页面等待的情况。

同时受限于光线、物品摆放等问题，使用图像识别的零售柜在柜体设计上，也需要更多的考量。

4.扫了码，还想跑

不管零售柜使用哪种商品识别方式，一般都会有一个专用的监控摄像头，监测使用者的购买行为。同时在扫码打开柜门的时候，零售柜的相关服务都会要求获取一部分个人信息。当订单出现异常时，管理人员可以快速锁定问题订单，并调取相关监控。所以，还是别想从零售柜里免费薅走点东西了。

有人吐槽，零售柜里的东西会比从正常商店购买贵一些。零售柜分布较为零散，相比商店，需要更多的人力对商品进行补充与维护，同时相对于老式自动贩售机而言，又有着更为高昂的设备、技术成本。在你体验零售柜的便捷时，多花的一些钱倒也算得上为省下的时间买单了。

世俗豆腐

□刘文波

"富人吃贵物，穷人吃豆腐"，豆腐是布衣裙钗的女子，却又锦心绣口、七窍玲珑，操持着农家的饭碗。她变换着百般花样，让平凡的日子摇曳多姿，舒徐有韵。

汪曾祺的《豆腐》让我大开了眼界。光是一个个菜名就吊足了人们的胃口：砂锅豆腐、麻婆豆腐、菌油豆腐、虎皮豆腐，还有文思和尚豆腐，林林总总的汤料作料，将豆腐弄得"珠光宝气"，如格格出场，热闹非凡。豆腐原来是"养在深闺人未识""天生丽质难自弃"。

平民性格的豆腐，却不改走江湖的本性。北豆腐老到硬派，是戏曲里善唱念做打的硬朗的老生，张家口一带做的豆腐，据说能用秤钩勾起来、扛着走几十里路；而南豆腐，如四川的豆花、湖南的水豆腐，则要用调羹舀着吃，那是昆曲中的花旦，弱柳扶风，娇喘细细。同样，川派的麻婆豆腐、江苏的平桥豆腐、粤派的蚝油豆腐，诠释着豆腐的兰心蕙质、富丽多姿。

豆腐，处处随遇而安，让人尽情发挥智慧。

北京的胡同名，听起来就很好吃

□ 饱 弟

北京的冬天，人不能总闷在家里，是时候出门转转了。

也别跑远了，找一片胡同逛逛，老树小房可以遮荫，咬一根冰棍，开一瓶北冰洋，听旧时王谢堂前的闲话，找回一点人气儿，比逛商场有意思。

尤其北京的好多胡同名，听起来就很诱人。

炒豆胡同的炒豆好吃吗？羊肉胡同会不会一条街都是涮羊肉？都脑补出一幅风情画来了。

北京人起地名，从来简单直接，有什么说什么。古都千年，不缺文人墨客，可起地名的权利，老百姓最大。都知有妙应寺，可大伙还是叫它白塔寺，俗名儿永远好使。

包括拿食物给胡同命名这事儿——他们把全城最爱吃的一口，都明晃晃地写在地图上，告诉你来北京后，不能缺这么几顿。

首先，当之无愧的第一是羊肉。一个北京，竟然先后曾有五条羊肉胡同，分布各处，同名同姓。就北京人对羊的痴迷来说，这很合理，除了羊毛，羊身上长什么他们吃什么。

上脑肉切片，放在炙子上烤得滋滋冒油，后腿涮锅子，桃红李白灿若云霞，肋条腰窝做烧羊肉，羊蝎子火锅吃美了来把抻面，爆肚脆嫩如鲜黄瓜，羊尾炼油炒麻豆腐，羊骨头熬汤煮面打卤，羊头肉切得飞薄送酒，那卖羊头肉的小贩，连羊角都要钻空了，盛满味道独特的花椒盐儿！

哪样都不糟践。就这么大的需求量，这么多的工序，没有几条羊肉胡同，真供不起北京人这么爱吃。

其中最有名的一条，是阜成门附近的羊肉胡同。在老舍先生所处的时代，西四牌楼一带本就以大刀宰活羊的生意为多。不过后来，属于它的地标已经是地质礼堂、后来的宝石公司和西四包子铺了。

东单附近，也曾有一条羊肉胡同，后来改叫洋溢胡同了，也曾以美食著称。

如今还卖羊肉的羊肉胡同，大概只有一条。这一条胜过多少条，货真价实，如假包换。

明朝时它还叫羊肉胡同，后来改叫生肉胡同，与之相对，旁边还有一条熟肉胡同。它俩就是今天的寿刘胡同和输入胡同，都在肉食者的天堂牛街！

洪记小吃店，提上一兜子松肉牙签肉，别忘了多等一会儿牛肉大葱包子出锅，咬一口喷香；隔壁年记熟食，买酱牛肉跟掌柜的要点儿原汤回去煮面；嫌聚宝源的涮肉排队长，连客轩也成；大顺堂是街坊们认了几十年的清真炒菜，吐鲁番是北京第一家新疆餐厅……这还只是熟的，旁边的牛羊肉市场，想涮想烤，什么没有啊？

哪怕北京就这一条"羊肉胡同"，那都够过瘾的。

北京人爱的除了羊肉，另一个就是酱。雍和宫有酱房东夹道，也有酱房西夹道，缸瓦市则有大酱坊胡同和小酱坊胡同。

他们不但真爱吃酱，而且把酱提到了一种崇高的地位：凡是叫"酱××"的，主角绝对不是后头那道主料，而一定是酱。在北京吃酱牛肉，那一定是真正的"酱"牛肉，软烂的熟肉里必然有小粒酱豆在，而不是拿酱油随便一炖，清酱和黄酱，那待遇可不一样。

再比如天福号的酱肘子，肉皮紫黑紫黑地发亮，炖得烂乎乎，可没有什么大料味儿，甚至都不太咸（饱弟口重），就是酱的清香、肉的本味。

还有就是酱菜，酱坊胡同过去就是做酱菜的。别看今天都叫咸菜，在北京，酱菜比单拿盐腌的咸菜档次高。清宫御膳里没有咸菜，可酱菜多得是，酱王瓜酱萝卜酱茄子酱甘露，还拿胡萝卜、豌豆、黄瓜和榛子用瘦猪肉丁和黄酱炒了佐餐，别号宫廷"四大酱"。

除了羊肉和酱，北京的胡同名里凡是有食物的，都不可或缺。

比如多福巷原本叫豆腐巷，钟楼以北还有一条豆腐池胡同。北京人爱吃豆腐，听鹂馆有一品豆腐，济南馆、清真馆卖锅塌豆腐，下酒送粥有小葱拌豆腐、香椿拌豆腐，小吃有卤煮炸豆腐，王致和臭豆腐，滴香油加葱花抹炸窝头片，天下独此一味。

值得一提的是最简单的，今天还能吃到，但很少听人说，叫鸡刨豆腐：其实就是将极嫩的南豆腐扣在盘里，加盐滴香油撒一把葱，边拌边吃，豆腐碎了，跟鸡爪子刨过似的。

去吃宝瑞门钉肉饼或是华威肉饼，要一碟小葱豆腐，上来的就是这个，乍一看糊弄事儿，其实倒也在谱。

还有北官场胡同，过去叫灌肠胡同，有一条专门卖炸灌肠的胡同，你想得多少人爱吃。它南边的韶九胡同，以前叫烧酒胡同，有过明代光禄寺传下来的酒坊，炸灌肠下酒，也挺好。

东交民巷，过去叫东江米巷，专卖江米，做小枣切糕粽子年糕艾窝窝驴打滚，没它不行。

赵登禹路附近的有果胡同现已不存，过去它叫油炸鬼胡同。北京的油炸鬼可不只有油条，还有馓子、麻花、甜油鬼等，也许炸油饼也算。满城的人全吃这个，可以配豆腐脑面茶豆浆豆汁小豆粥豆泡汤，但烧饼油鬼是最铁的搭档。

有的胡同也以吃为名，但是那种食物消失或少见了，地区也失去了本来的功用。像炒米胡同、炒面胡同。

炒米今天多见于蒙餐馆，与大锅奶茶、小碗酸奶一道奉上，已不是那么日常的食品。炒面，要不是近两年的普及，好些小朋友都不知道抗美援朝"一口炒面一把雪"吃的是这个，还当是上海炒面、炒伊府面呢。它早已淡出了人们的生活，胡同里自然不见再制售这个的了。

每一个有过香气的胡同名，都是北京人活过的痕迹。在没有点评、"网红"，乃至没有网的年代，这就是此间百姓为世人织就的一幅美食地图。

如今，北京胡同名的美食地图含义，早随着城市变迁而不同了。方砖厂胡同又成了炸酱面的代名词，人人都懂得上大兴胡同喝面茶，过去不卖卤煮的门框胡同，如今也任君选择。

唯一没变的是，这座城里的人，依旧追逐着美食的血脉，在每一条胡同中奔涌流动。

流水不争先，争的是滔滔不绝。这样的北京，是不会没有美食的。

"从众"与"逆众"

□胡建新

王戎7岁时，曾和小朋友一起玩耍，看到路边有棵李子树，结了很多果子，枝条都被压弯了。小朋友们争相采摘，只有王戎安然不动。别人问他为何不摘，他说：树长在路边，上面还有这么多李子，肯定是苦李。摘来一尝，果然如此。王戎不跟着小朋友去采摘李子，他信从的是那些知道李子苦而不摘的大众。这种"从众"，显然是建立在相信大多数人的智慧和见识基础之上的理智行为。

元朝初年的集贤殿大学士许衡曾经过河阳，时值盛夏，烈日当头，饥渴难忍。忽见路旁有无主梨树，众人争相摘食梨子，唯独许衡不为所动。有人问之，许曰："梨无主，吾心独无主乎？"这种不"从众"，彰显了遇事有主见、不随波逐流的睿智和清醒。

同样是摘果子，王戎"从众"，许衡"逆众"，皆系是非分明、抉择正确之举。

螺蛳粉，现象级的走红"臭食"

□ 丹 若

如果把"走红"和某种食物联系在一起，你可能会想到许多答案。但如果说最近几年里哪种食物的走红最具"现象级"，答案非螺蛳粉莫属！

螺蛳粉是如何从路边摊食逆袭成百亿"网红"的呢？

中国人对"嗦粉"的喜爱超出你的想象。中国文字如此生动，一个"嗦"字，既展示了粉的柔韧爽滑，又展现出吃货们享用美味时的满足感。

全中国最爱嗦粉的地区当数湖南和广西。广西的粉种类很多，桂林米粉的店铺几乎开到了每个城市，而柳州螺蛳粉后来居上，从路边摊食一路高歌猛进，成为红透半边天的吃货"最爱"。

其实，螺蛳粉的历史并不长，就连当地人也只知道，螺蛳粉是从20世纪七八十年代的柳州夜市里传出来的。虽然几种关于由来的说法都有无意中成全的巧合，但任何事物的诞生都有其历史必然性。

柳州是一个工业重镇，夜班工人习惯在下班后到夜市吃一碗煮螺蛳。柳州人爱吃粉，所以螺蛳食摊也多卖米粉。米粉本来就要在水中煮熟，一来二去，两种食物便自然而然地结合成了螺蛳粉的雏形。之后，各家摊主不断推陈出新，辣椒、酸笋、花生、腐竹及各种卤味的不断加入，使螺蛳粉的口感和口味愈加丰富，最终形成了集"辣、爽、鲜、酸、烫"于一身的独特风味。

螺蛳粉是柳州的"原创"小吃，如今已红遍全国，这首先得益于2012年播出的纪录片《舌尖上的中国》。在"自然的馈赠"一集中，螺蛳粉第一次出现在大众视野中，这为它走出柳州乃至日后爆红打下了基础。不过，螺蛳粉诞生年代晚，没有兰州拉面、沙县小吃、担担面这些著名地方小吃的历史底蕴，又长期"偏安一隅"，所以它几乎不可能像其他小吃那样靠开店扩张赢得天下。

这逆袭路上的关键一步是从"碗"里进到"袋"里。2014年10月，柳州第一家预包装螺蛳粉生产企业获得食品生产许可证，开始生产袋装螺蛳粉。这是柳州螺蛳粉产业化的开端。此时，恰逢国内电子商务（电商）开始红火起来，螺蛳粉踏着电商之阶真正进入了人们的生活。跃上这一台阶，螺蛳粉的发展出现了转折点，并从此走向全国。

市场对美味新奇饮食的需要、螺蛳粉自身的魅力、地方政府打造城市名片的努力、企业对产品质量的不断提升、营销上搭乘"互联网快车"，让螺蛳粉在天时、地利、人和的形势下一飞冲天，逆袭称王！

螺蛳粉为何令人欲罢不能？关于螺蛳粉，坊间流传着这样一句话："螺蛳粉，只要吃过三次，就没有不上瘾的。"

一碗好的螺蛳粉应该是这样的：洁白的米粉、青绿的蔬菜、金黄的腐竹、赤红的花生、黑亮的木耳、夺目的红油、"销魂"的酸笋……食材丰富多彩组合在一起激发出独一无二的味道：柔韧、鲜美、嫩滑、香酥，口感层次分明，闻着臭，吃着香。如果吃得更"豪华"些，还可以来个豆泡，放个卤蛋，添个鸡翅，加个猪蹄，简直是米粉中的"佛跳墙"。

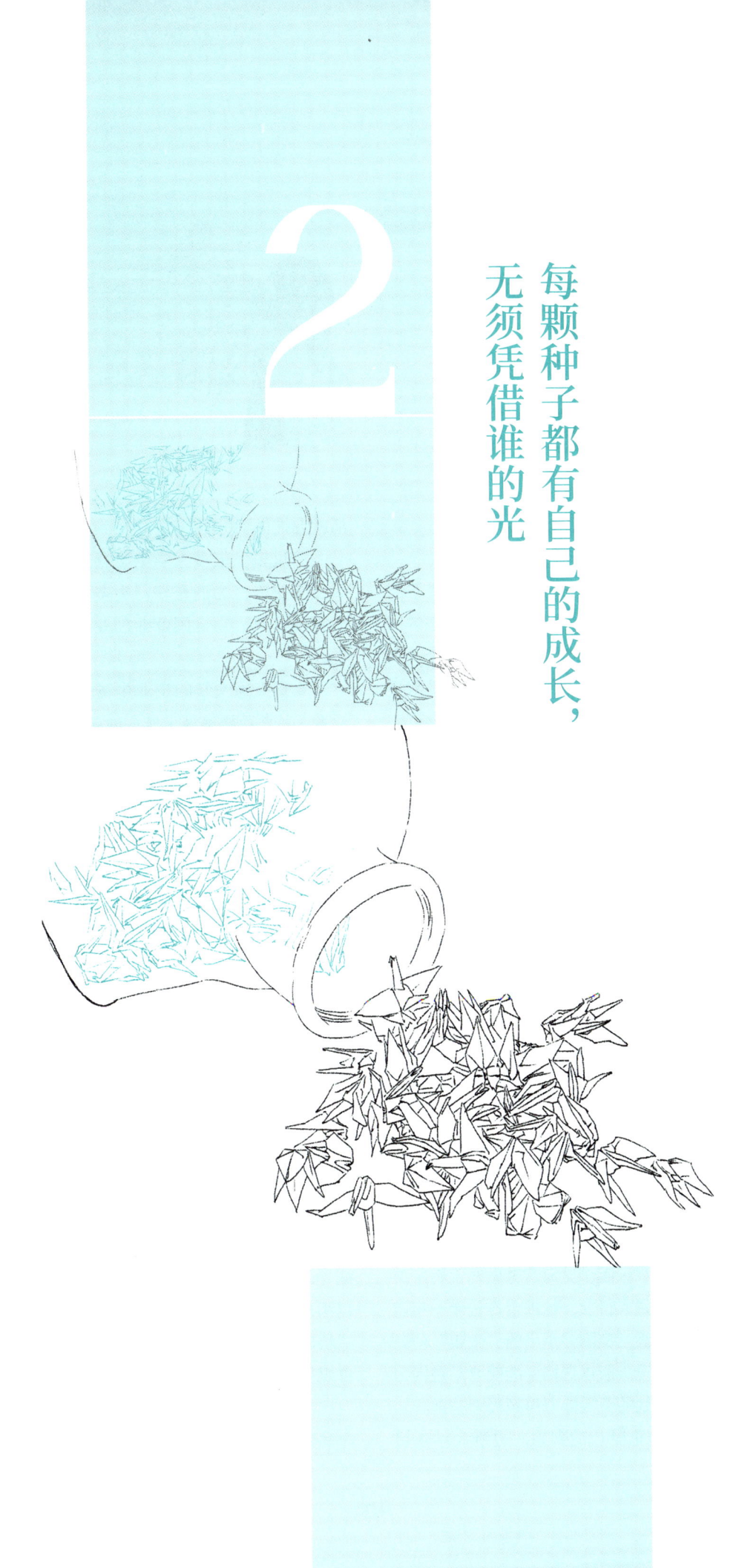

每颗种子都有自己的成长，
无须凭借谁的光

灵活就业：大学生就业新形态

□ 樊未晨　叶雨婷　张茜

灵活就业是新的就业趋势

曾经，一说到"灵活就业"就被认为是找不到工作而"打零工"，而随着数字化经济、新业态的发展，灵活就业的内涵和外延不断被改写。这几年，我国灵活就业人数明显增加。2020年中国企业采用灵活用工比例约55.7%，比2019年增加约11个百分点；2020和2021届全国高校毕业生的灵活就业占比分别为16.9%和16.25%。

不少选择灵活就业的学生其实在上大学期间就有了"单干"的打算。

虞海从大连艺术学院动画专业毕业一年多了。在1997年出生的他看来，就业不一定要找"稳定"的工作，"现在各种机会很多"。

为了赚零花钱，虞海从大二开始便兼职做动画设计，"活儿很好找。"虞海说，自己会用Maya软件（一款三维建模和动画软件），便去网上搜索"Maya模型代做"，搜到之后就去对接客户具体的需求。就这样，到大三时，虞海已经开了网店。毕业后，他没有去"找工作"，而是在学校的产业园注册了公司，开始创业。

与虞海同年出生的艾海音也有着类似的想法。毕业于北京城市学院的艾海音学的是珠宝鉴定与经营。从进入大学校门那天起，艾海音就做好了将来单干的打算。为了顺利进入行业，她跟合作伙伴一起做了很多调研。毕业之后，艾海音小小的"微店"便开张了。艾海音说，自己之所以选择灵活就业，是因为这种工作形式可以让她的个人能力得到极大的提升。

与此同时，智能化时代的到来，也给大学生灵活就业提供了可能。

"过去，很多大学生愿意到外企去，到大的企事业单位去，为的是获得更多资源，而现在平台就能提供这些。"全国就业创业指导委员会专家孙炎说。

北京交通大学的毕业生杨亚洲也是一位自由职业者，从事英语笔译工作。他在大学本科和研究生期间就一直从事着与此相关的兼职，现在，他所有的工作都是通过互联网找到的，收入稳定，时间自由，为什么一定要每天去一个固定的地点上班呢？

大学生选择灵活就业的背后除了理性的逻辑链外，还能看到"95后"身上浓浓的"爱自由"的气息。"我选择自主创业，有一部分原因是想逃避朝九晚五，统一规制化的生活。"浙江传媒学院的毕业生李娜（化名）说。

除了这种必然的选择，还有一些大学生的选择偶然性更大一些。"有些学生选择灵活就业只是为了过渡，他们有些正在为考研做准备，有些是为了'考编'做准备。"浙江万里学院党委副书记王伟忠说。

不一定一直"灵活"下去

不过，多数人的灵活就业之路并非一帆风顺。

"我男友是摄影系毕业的，我主要负责出镜和编导，男友负责前期拍摄和后期制作，我们俩完全可以组成一个小团队了。"刚毕业时，带着传媒专业"科班"出身的自信，李娜"一腔热血"地做了三个自媒体短视频账号。

"但现实并不乐观。我们耗用几小时甚至更多时间鼓捣出的几分钟的精品视频播放量都仅在500以内,这对我们是不小的打击。"李娜说。

那么,选择了灵活就业的大学毕业生是不是就要一直"灵活"下去呢?并不是。

李娜现在就找了一家短视频平台,过起了打工族的生活,但这并不意味着她放弃了创业的梦想。"正是因为有了那段时间的灵活就业,我知道了自己身上的不足:当时过于自信,没怎么考虑变现的路径。"

现在李娜到公司上班,就是为了给自己"补课",同时利用业余时间继续打理原来的账号,一边做一边反思改进。

有专家表示,部分大学生在就业选择时存在盲目性,而灵活就业给了他们一个了解真实社会的途径,同时他们可以在真实的社会生活中对自己的能力和发展方向进行校准。

河北农业大学2016届毕业生李云皓,执掌着一家为苹果园区生产端提供技术服务的公司。在读研究生时,一次苹果轮纹病的调研,让李云皓发现了苹果种植业的痛点——果农缺实用技术。随后,他利用高校中的科技人才资源优势,对接果农的知识需求,为园区提供技术咨询服务。做着做着,他顺理成章地成立了公司,走上"灵活就业"的道路。

几年下来,和非灵活就业的同学相比,李云皓认为自己"成长要快得多",这可能是因为灵活就业让自己"碰壁更多"。比如,公司创立初期,搞农业技术出身的三位创始人对财务一窍不通,有一天突然接到税务局的电话,仨人都慌了,"我们是涉及什么严重的税务问题了吗?"其实,他们是由于"不懂"而忽略了注册公司必要的税务登记手续。

碰壁事件不止一件,他们在一次次"碰壁"中快速成长。"创业可能并不适合每一个人,但即便没有创业,我们也要有创业精神,要有勇气不断去学习新东西。"李云皓说。

制度建设和政策支持正在完善

"从从业者个人意愿的角度划分,灵活就业分为三类,心甘情愿型、过渡型和无可奈何型。"专家分析。"心甘情愿型"是指那种对人生有清晰规划的人,他们早就为灵活就业做好了准备。而绝大多数的灵活就业人员属于后两种类型,因此,要让后两种人逐渐从过渡状态进入稳定或者相对稳定的就业状态中去,政府和学校要提供更多的服务与支撑。

近年来,国家对灵活就业人群的保障制度正在逐步完善。2022年1月12日,国务院印发的《"十四五"数字经济发展规划》提出,健全灵活就业人员参加社会保险制度和劳动者权益保障制度,推进灵活就业人员参加住房公积金制度试点。

不少高校也在为毕业生灵活就业提供帮助。比如,虞海介绍,因为有了清晰的规划,临近毕业时,他申请了学校的创业项目,目前,他的办公地点由大连艺术学院文化科技创业园免费提供。"水电也全免,"虞海说,"我创业的成本也就是注册一个营业执照的钱。"

消 失

□卢丽娟

隔着窗
隔着这夏日刺目的阳光
看见蓝天下
一只只鸟在眼前消失
那些已经消失的
出现在别人的窗前
在别人看见它之前
也可能永久地消失
而此时,蝉的声音
却大片地袭来
似巨大的海浪
它们穿过了所有人
淹没了所有人
又流向下一个地方
暴雨将至
草疯长,父亲的月季园开始荒芜
麻雀躲进树林深处
蟋蟀、蚂蚱、七星瓢虫
在草丛,在阴云密布的初秋
听风声,看暴雨从天而降

承认吧！我们都是"手机废人"

□ 林杨攀

我们究竟有多依赖手机呢？艾媒咨询发布的一项数据显示，2021年，有45.8%的中国大学生日均使用手机时长3~6个小时，26.4%的学生日均使用手机时长6~8个小时，更有7.3%的学生日均使用手机时长超过了8个小时。

"如果每天玩3个小时，一年下来就相当于有45天在不停地对着手机。"在2022年9月出版的《手机废人》一书中，日本记者石川结贵发现，下至牙牙学语的两岁幼儿，上至退休的银发老人，手机成瘾成为大部分人群共同的问题。通过采访诸多对手机产生成瘾依赖的案例，他剖析了手机成瘾的机制以及危害。

"我想成为妈妈的手机"

"长大以后，你们想成为什么样的人呢？"在儿童绘本《我想变成妈妈的手机》中，主人公贯太郎面对老师的提问，犹豫良久，回答道："我想成为妈妈的手机。"

如果变成手机，妈妈是不是就会多看自己几眼？孩子的视角充满天真，却又令人心酸。在智能手机普及的今天，"手机育儿"已经屡见不鲜，人们希望通过手机里下载的各种育儿App（手机软件），更加科学地养育孩子。《手机废人》中也提到一款哺乳App，它能够准确地记录每天喂奶的时间和次数，从而帮助新手妈妈判断喂奶是否足够，它还能记录婴儿每天大小便的频率、每日午睡时长等数据。

一位母亲在接受采访时，却告诉石川结贵，尽管用App记录孩子的日常点滴非常方便，但她感觉自己被数据绑架了——相较孩子吃奶时的表情，她对App上显示的哺乳时长更敏感。

这位母亲表示，她并不想被外界过多地影响，但每当刷到论坛中其他妈妈的经验帖，看到大家都如此投入地育儿时，又总会不自觉地陷入比较。App上不时弹出喂奶、换尿布的提醒通知，也让她备感压力。

手机也在一定程度上充当了儿童的"免费玩具"。当孩子在公共场合吵闹不停时，有些父母会打开手机，播放动画片，安抚哭闹的孩子。这一举动往往能让孩子瞬间安静下来，目不转睛地盯着手机屏幕。

日本儿科医学会曾呼吁，"请不要将带孩子的任务交给手机"。但网络上对此呈现出截然不同的两种态度。一部分父母认同电子设备的介入，会直接减少亲子之间的沟通和交流；而另一部分父母则表示这类观点是"站着说话不腰疼"，在缺乏明确的医学研究成果和数据支持时，"请不要妄下论断"。

手机成瘾，正成为"21世纪最重要的非药物依赖类型之一"。

日本医学博士广中直行对各类成瘾现象有非常深入的研究，他分析手机成瘾主要有三个原因，"第一是方便获取，第二是与身体的感觉十分契合，第三是容易获得感官上的刺激"。

排队时、地铁通勤时、等人无聊时，你可以随时随地拿起手机，轻轻滑动手指，就能从手机端获得源源不断的信息流、短视频。这完全契合广中直行对手机成瘾原因的分析。

而且各类App从设计伊始，就已准备好进行一场注意力争夺战。

你原本只想回复一条刚刚弹出来的消息，退出聊天界面后，又忍不住点开了有个小红点的朋友圈，等你回过神来，已经过去了半个小时。你原本只想在睡前十分钟刷一会儿短视频，结果一条又一条短视频将你淹没，不知不觉一个小时过去了。

美国皮尤研究中心2013年发布的数据显示，67%的人会在没有任何消息提示时，频繁地查看手机。与之相对应的是，一旦手机不在身边，人们就会表现出一定程度的焦虑和不安，生怕错过了某条重要的消息——虽然这种可能性很小。

在手机面前，人人都像是"巴甫洛夫的奴隶"——一旦看见代表着未读消息的红点，或者听见收到新消息的提示音，就像被实验室里象征着要发食物的摇铃唤醒，条件反射般地想要点开手机。

玩得越久，越不幸福吗

汉森在《手机大脑》一书中，提及一项名为"智力流失：光是意识到手机的存在，就能让你的有效认知能力下降"的研究。研究者发现，相比于将手机调成静音放在口袋中的受试者，将手机放在另一个房间中的受试者在测试中表现得更为专注。汉森也曾做过类似的实验。他要求受试者完成一些需要高度集中注意力的任务，与此同时，实验人员会给部分受试者打电话或发短信，但要求受试者不对此做出回应。实验结果表明，被要求不回应的受试者完成任务的错误率高出3倍。

多项研究都指向了同样的结果——只要手机"存在"，哪怕你不用，它依然会分散你的注意力。与此同时，越来越多的研究发现，过度使用智能设备的确会影响人们在生活中的幸福感。美国圣地亚哥大学心理学系教授简·腾格，也通过大量样本研究发现，比起数字媒体的轻度用户，重度用户的心理健康水平更低。值得注意的是，少量使用数字媒体的人，相比于完全不使用数字媒体的人，幸福感更强。这或许是一个令人高兴的消息。

包括手机在内的数字媒体，在最开始是以工具的形式为人服务的。但当我们越来越沉迷于手机的使用，甚至无法控制自己每天的使用时长时，我们很难说自己是手机的主人。正如梁海源在脱口秀中的吐槽，"最好的主人可能正在以奴隶的形式为我们服务"。

或许，手机才是我们的"主人"，而成瘾的我们，不过是另一种形式上的"奴隶"。

高价值淘汰

□赤 壁

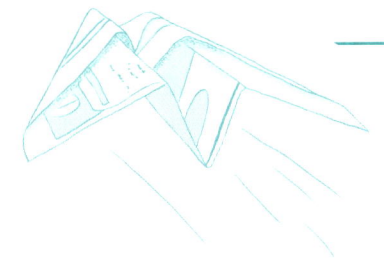

朋友开了一家包子店。

装修高档，一般的"苍蝇馆子"绝对不能比。包子肉馅儿用最新鲜的猪里脊，请最好的师傅调馅儿制作，包子皮都是用高精粉和面，小笼蒸出来的包子，外皮晶莹剔透，味道鲜爽醇香。除了猪肉馅儿，还有水晶虾仁、鲍鱼海鲜包等。当然了，因为成本高，价格也不菲，每只包子3元起步。

一开始，朋友估计很多人听说新开了这么高档的包子店，会来尝鲜，看看这么贵的包子到底什么味。然而，他的包子店开业月余，生意惨淡，亏损严重。

他邀请我们一帮朋友帮忙把脉，说："我重金投入、真材实料、精耕细作的包子咋就没有人买账呢？"

许多人都陷入了沉默。这时候，一位年龄稍长的兄长说了这样一句话："很多年前，许多女子喜欢用真丝手帕，那些手帕每一块都价值不菲，但现在你看看还有人用它吗？餐巾纸哪个馆子里找不到，谁包里不随身携带？有这么多的人选择了餐巾纸而不是真丝手帕。你悟出什么了吗？"

朋友恍然大悟："高价值不一定带来高回报，相反，有时候还可能给你带来灭顶之灾。这也许就是所谓的'高价值淘汰效应'吧。"

高考之后，
人生就没有标准答案了

□ 刘 旭

高考之后，对于即将迈入成年期的孩子们来说，就要与那段除了学习之外的真空期挥手作别，等成绩出来，属于他们的会是一段崭新的旅程。不得不说，这话匮乏新意，鸡汤味儿浓，但它真意十足，纵使言语听似老气，却丝毫不影响这当中凝练的期冀。

我时常会想起那个上午。课间操改成了高考倒计时百日誓师大会，全体高三学生从书本中抽离，眼睛锃亮，神色出奇一致，端望着主席台，听着面色凝重的教导主任讲话。讲的东西于主任而言，早已重复多年，倒背如流，老生常谈。可对我们来说，那些加油打气的话是饱含力量的。

我们单手握拳，满目虔诚，念着誓言。稚嫩的声音回荡于空中，四周大红色的横幅迎风招展，"宁可头破血流，也要冲进名校大楼""此时打盹，你将做梦；此刻学习，你将圆梦"之类的话在风中飘着，鲍勃·迪伦有一首经典之作，叫《答案在风中飘》，而那时，风中飘着的，正是我们的答案。

但高考之后的选择，似乎就没什么标准答案了，在可参考的那栏中，标注的都是大大的"略"，里面蕴藏着可供阐释的无限可能性。誓师大会后，老师给每个人发了本书，那本书很厚实，是对考后生活规划的注脚。书上密密麻麻地写满了大学的名称和代码，像早先时代留下的电话簿或者邮政编码册。

那段时间，除了上课做题和跑操之外，我最上心的事儿就是翻书，扒拉那些陌生的数字，寻觅心仪的学校，试图从中窥见未来。信息闭塞的时候，这么做，显然是不错的宽慰剂和强心剂。有的时候，复习到乏累，想放空自己的时候，就对着那册子看。不只是我这么做，很多同窗也都如此，饭后、午休前、洗澡后都整齐划一地捧着高校指南，心里幻想着，嘴里也同步叨咕着，城市、风景、专业和未来。

当时的职业梦里，我想当记者。于是笃定心思，决意考传媒大学。所以指南里有关中国传媒大学的那个条目，被我用水彩笔重重地做了标记，像画考前重点似的，那页纸也因为久翻而变得又薄又软。但现实中，成绩却时不时地波动一下，所以，我也谨慎地调整目标，试问自己可以接受的最差劲的结果是什么。当心理预期的上限和下限都明晰过后，高考也就真的没那么可畏惧了。

之后就是按部就班地完成考试。住校的我小心翼翼地吃早午饭，生怕拉肚子；考场上，也谨慎地阅卷审题，最后再落笔。考试没什么大波折，两天，四个科目，如常一样，在燥热的天气中平稳度过。身处异地的父母反倒忧心忡忡，在电话里千叮咛万嘱咐，他们焦虑的心绪恨不得顺着电话线袭至我身边。我寻思着，似乎在这个问题上，我比父母更沉稳老练。当然，这是笑谈。

出了考场，返回学校，横幅依旧在，只是在烈日中打了蔫儿。学校往常的低气压被轻启，有人说笑打闹，也有人奔向球场，在夕阳的余晖里投出高中的最后一球。我去人流瞬间稀少了的商店买了瓶冰水，立在肃穆的教学楼前，木讷地喝了几口，冰碴划过嗓子的时候，那股沁凉才让我清醒过来，三年就这么过去了。没有青春片里轰轰烈烈的场景，也没有见证如同末世的疯狂。走廊里，大家只是相互微笑致意，然后各自拾掇好物件，捧着厚厚的报考指南，等待下一个做选择的时刻。

出成绩那天凌晨，恰巧有世界杯的比赛，看到中场时，我昏睡过去。没过一会儿，电话铃声将我吵醒，是我的好朋友。他言简意赅地说，成绩出了，快查。我打开电脑，分数显现出来，看到的刹那，我挥了挥拳，然后给父母拨了电话。他们的声音本来带着迷糊，但听我讲完，似乎也精神起来了。挂掉电话，我翻开报考指南，在又薄又软的那页画了个钩儿。报志愿那天，我很自信地写上了学校的名字，班主任轻松地看着我，反问了一句："你这分能报更好的，不再试试了？"我笑笑："就它了。"

后来，我如愿去了选中的大学。但当时凭感觉报考的专业和记者似乎没什么紧密联系，每天学习的课程也都集中在广告领域，专业术语的轰炸，时不时令我感到虚无，冷不丁就会产生一种落差感。于是在念大学的前两年，每到高考季，我就会不由自主地想起从前的日子。时不时还会凑热闹，看看高考作文题目，答一答文科综合的试卷。倒也不是后悔，或许只是念旧，怀恋那种感觉罢了。

如今回想起来，关于高考的记忆已渐渐斑驳了，对高考后的那一系列选择，慢慢也都释然了。细细想来，那时的选择还是很纯粹的，不必战战兢兢，也不必过多考虑试错成本，无论是悲恸、欢愉、遗憾，还是狂喜，都来得格外直接和自然。等大学毕了业，蓦然发现，高考更像是个起跳点，凭着一股莽劲儿一跃而上，跳入层层关卡，而真正意义上的选择和挑战，刚刚开始。

当初凭依那本指南所做的抉择可能在日后看来也是盲目的，刚成年的时候认为最正确的那个方向，或许也不过是慌乱后透出的第一缕光亮。但那些都不重要，大胆尝试，一约既定，万山无阻。其实每个人生节点，也都与高考相似，只要遵从本心的选择，一往无前便是了，未知的路，哪条都蛮精彩的。电视剧《对不起青春》里面的台词讲：所谓青春，并不是一条直路，会有分岔路，也会有小路和近路，但不论你走哪一条，那都是属于你的啊，随心所欲地转换自己的方向就好了。

看过周浩的一部纪录片，就叫《高三》，画面粗糙，声音嘈杂，但极为真诚，每次看，都像是在观照自己，感触良多。片里有同样的练习题，同样的广播体操和同样的主任激昂讲话。似乎在那个年龄段，各处都是同质的。刷豆瓣的时候，看到有个评论，写的是"回过头来看，不觉得苦，反而觉得那种毫无保障、孤注一掷的豪迈，此生大约是再也没有了"。我心里跟着紧了一下，深以为然。原来那段日子，无论多大年纪，身处何处，都是颇有共情的。

像是记了篇不上档次的流水账，但说到底，人生不就如此吗？流水而过，迎来送往。在高考匆匆作别朝暮而处的物事后，我们做出一个又一个选择，这些选择的终点是未知，而正因为未知，才精彩。

朱自清求"真"

□王 剑

朱自清写作非常认真，他认为，写文章不是小事，要慎重对待。

1927年，朱自清的散文名篇《荷塘月色》中，有这样一句："这时候最热闹的，要数树上的蝉声与水里的蛙声。"抗战前几年，有一个叫陈少白的读者写信给他，说蝉在夜晚是不叫的。朱自清问了好几个人，都说陈少白的话不错。最后他写信请教昆虫学家刘崇乐。刘先生查阅有关昆虫的著作，找出一小段文字，大意是：平常夜晚，蝉是不叫的，但在月夜，能听见它们叫。为了彻底弄清这个疑问，朱自清就留心观察。不久，他竟然两次在月夜听到了蝉的叫声。1948年，朱自清专门写了短文《关于"月夜蝉声"》，表达自己的感慨。

为了一句话，竟然探究了20年。朱自清的这种"求真"精神，确实让人敬佩不已。

"包装"里的文字花招

□丁小海

大学刚毕业找工作的时候，我还不会写简历，回想着自己那毫无亮点的实习（打杂）经历，我感到前途黯淡。直到我参加了一个求职分享会，主讲人分享如何包装简历：在家乐福做收银员，可以描述成"我在世界500强上市公司做销售，每日为几十万元的销售流水负责"。我震惊了，这是欺骗吗？经历了一番内心的挣扎后，我说服自己，对方可是世界500强快消公司的销售经理，我没理由拒绝她的方法。于是我包装了简历，接到的面试通知大大增多。

这是我第一次发现文字和文字是有区别的，有些事情似乎只要改变一个说法，就会蒙上一层高光。比如，节目主持人不遗余力地介绍着广西鹿寨的一种传统开胃小菜：腌酸。画面里的菜红白相间，汁水在镜头里闪着诱人的光，我想这是一个遥远小寨里的祖传秘方，它的好吃不容置疑，已经准备好流口水，旁边的爸爸一语道破："这不就是腌白菜嘛！"我脑海中的画面瞬间变成了苍蝇馆子里免费赠送的小菜，随处可见，取之不竭，失望油然而生。可见人就是喜欢修饰过的语言，比如我们更喜欢去餐厅点"乾隆白菜"而不是"麻酱白菜"，我们更愿意买名字叫"芝芝莓莓桃桃"的奶茶，而不是"芝士草莓桃子"奶茶。星级酒店的最高层餐厅叫"云顶餐厅""星空餐厅"，而不叫实事求是的"100层餐厅"。我们描述想念时，比起直接说"我想你"，更推崇"一日不见，如隔三秋"，表达愁绪也更向往"恰似一江春水向东流"这样生动的诗句。据说宋代有一王姓女子开了家茶肆，取名"一窟鬼茶坊"，是有名的士大夫期朋会友之处，如果改名"王妈茶坊"，不知客源会不会有所不同。

在日常生活中，要理解一个人对一件事的真实看法，不妨看他用的词，如"偷香"这个词就比"出轨"少了几分责备，多了几分艳情色彩，这样看来，英语中形容不忠较为常用的"欺骗（cheat）"就显得更为实在。文字中的含糊其词看似杀伤力不大，其实"暧昧"往往最伤人。正如网络上流传的互联网大厂黑话解读，"弹性工作制"意味着没有固定的上班时间，也即需要经常加班；工资"上不封顶"意味着"下不保底"；"行业发展前景大"意味着"目前还不知道市场在哪里"。如何辨别文字的花招，语言学家塞缪尔·早川告诉我们，要警惕抽象的语言，时常看看一个抽象的表达能不能指向更加具体的事物。

当我修饰着自己的简历时，我想象自己是这家公司的主人翁，我的工作便不再是一些碎片化的劳动，而是整个业务体系里的环节，这似乎让我获得了更大的视野。不管怎样，我得提醒自己，简历不过是简历。当然，我也要杜绝因为"芝芝芒芒"这样的名字为一杯芒果汁多花上10块钱。

荷 花

□宫白云

荷是古老的
年复一年带来无边馈赠
它无限的时辰，提升了尘世的
美感力
含苞欲放时，仿佛图腾——
头颅高过众神

图书馆是西南联大的心脏

□龙美光

图书馆是西南联大的心脏,是点缀联大校园生活的一颗耀眼明珠。有同学记得,早在1938年的蒙自分校:"每晚图书馆开门以前,就有许多同学挟了书在门口等着,就像上海人现在等电车。等图书馆客满了,就只有回到宿舍,在那走廊里排着的满是油腻的饭桌上点起一盏菜油灯,在那颤动的、微弱的灯光下做着功课。"

这时候同学们都是知趣的,在宿舍里也不敢高声讲话,因为在外面走廊上,也就是我们的饭厅里,还有人在读书呢!

在昆明联大新校舍,图书馆更是永不磨灭的一道风景。在这里,教室是土坯墙铁皮顶建筑,宿舍是土坯墙茅草顶建筑,只有两座食堂和位于校舍中央的图书馆是水泥平房和瓦顶的"豪华"建筑,是联大校园生活的中心,同学们的业余时间大多是在这里度过的。

每日开馆前一小时,图书馆前早已站满了等着进馆的人。在这里,"倘若开门稍晚一点,马上便吵嚷,敲打门窗。为了避免这种事情,图书馆里的办事人员,总是把钟弄得慢些"。

馆门一开,一个字:"抢!没什么好客气的。"冲!山崩地裂般地冲,潮水汹涌般地冲,哪怕冲破馆门也在所不惜。

冲进去,抢座位,抢参考书,"抢起来,活像小孩子抢糖,管理员常感应付乏术"。挤得进馆里,占得了座位,抢得到参考书,总是一种无上的幸运。在这种幸运之下,是与时间、与同学、与书本竞跑的读书节奏。

这里"永远是人满着,低头不响地读着书"。馆内除了纸的翻动声外,别的声音是很稀有的,但当你细心的时候,就会发觉一种震耳欲聋的声音了,那是一群矿工日夜锤凿、辛勤工作的声音,不管白天还是夜晚,也不管落雨还是刮风。这些工人好像不知疲乏似的,只有闭馆的铃声才能将他们送走。

即便在远离联大新校舍的四川叙永分校,读书的空气也"像春酒一样浓厚"。图书馆还没有开门,门口便挤满人了,门一开,便蜂拥进去,争先借书,像一群抢购车票逃难的人。

半夜还有不少人点着黯淡的菜油灯工作,天没亮,阅览室就又有灯光了。

春 近

□陈 默

冬与春之间,其实只隔着一朵梅
或一瓣雪花的距离
春走动的样子,纤巧,妩媚,嫣然
像一幅仕女踏青图
枝头,叶苞一点一点兑现前世之约
一粒阳光,试着与另一粒阳光,确认眼神
比春更近的水声,正在匆匆赶路
云天越来越通透。鸟鸣首先抵达
一场盛会,即将由细风
一幕一幕开启

总说梦想遥不可及，可是你却从不早起

没有一个中国人能够拒绝数学

□指 听

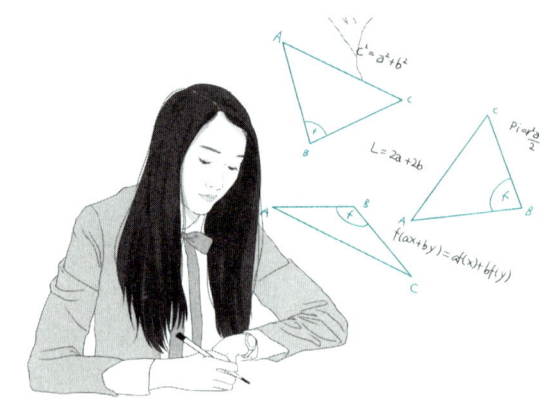

据说，每个中国人身上都有一个神秘的机关。只要打开它，就会心跳加速、热血沸腾。这机关的通关密码，就是在你耳边轻轻说出两个字——数学。

没有一个中国人能够拒绝数学。毕业多年后的一场噩梦，英国人会梦到女巫，美国人会梦到野兽，中国学生会梦到铃响时，数学卷子还有两道大题没做完。

有部穿越剧叫《天才基本法》，男女主回到过去，主要任务是加入奥数训练营。美国小伙穿越是为了拯救世界，法国文青穿越是为了追求浪漫，只有我们中国学生，穿越千条万条时间线，只为学数学。

这很合理。离谱的是，很多观众本来是冲着热血故事和甜甜的爱情去看剧的，却在看了两集后纷纷加入了主角们的做题阵营。屏幕上每出现一道题，就有无数人按下暂停键，然后抽出一沓草稿纸开始计算。

这是刻在DNA里的条件反射，只需一道数学题，自认废物的年轻人就能瞬间变成冷酷的计算机器。周末在手机上刷猫刷狗，突然发现背景中有张数学试卷一晃而过，于是变成"猫猫的确很可爱，但这个方程组到底该用代入法还是十字交叉法呢？"

但每个对数学虐恋情深的人，都会在某一刻遭到突如其来的打击。因为一个人的解题能力，通常会伴随毕业年头的增加呈递减趋势，"爱人会抛弃你，兄弟会离开你，但是数学不会，数学不会就是不会"。

一开始，你以为自己只是忘记了一个公式、一个定理，尽管身旁五年级的小侄子已经开始露出怀疑的神色，但你还坚信只要掏出手机查一查，立刻就能挽回身为长辈的尊严。

可当发现搞懂公式后，题目依然不会解，你的内心开始焦躁起来，除了挫败感，还带着几分难以置信："怎么会这样？这明明是我当年必拿分的题。"

更痛苦的是明明记得这部分内容有个易错的知识点，却完全想不起正确答案。那种感觉就像找不到钥匙时，你能准确地说出上一次看到它的排列方式和朝向，可就是不记得放在哪儿了。

最后，你不得不低头承认——岁月带走的不只是头发，还有那颗曾在知识的海洋里浸润许久的大脑。

即便如此，人们身体里属于数学的那部分依然蠢蠢欲动。既然难题做不出，那就在小学生的题目上卷起来。每次在网上引发解题热情的数学题，大多离不开这四大金刚：喜欢一边放水一边加水的水池管理员、匀速行驶不怕晚点的司机、喜欢把鸡和兔放在一起养的养殖场叔叔，以及买东西记不住价格，却能记得它们的倍数和差的妈妈。难度都没超过小学六年级，成年人的好胜心，在这一刻得到了充分的释放。

我时常会思考，为什么我们总是会跟数学相爱相杀？很多人走出校园大门时，都曾为再也不用学它而高兴，"我就不信除了买菜还有哪用得到数学"，但很快我们会发现，自己始终在跟它纠缠不休。

这或许是因为学生时代为它付出了太多的精力，又或许是潜意识里会把数学好跟智商高绑定，也有可能单纯就是刻在骨子里的一种冲动。"虽然我已经工作十年了，但做数学题的时候还是能立即回到小学那种不会做的无措中，和很多年前面对卷子的心情如出一辙。"

看来就算到了七八十岁，你我还是会为一道数学题而激动不已："扶我起来！这道题我会！"

每颗种子都有自己的成长，无须凭借谁的光

一个社恐的入职第一周

□ 人比小虫闲

入职第一周，怎么融入新集体已经成了让我不由自主挠头六七十次的重要问题。

印象里似乎每个人对我的评价都是热情、积极、爱笑、有活力、脾气又好。我每每坦白自己是社恐，总免不了被一顿嘲讽暴打。在这家新公司，待的时间虽不长，却已经被新的同事和领导贴上了内向的标签。忍不住反复去想，我是否社恐？到底如何界定社恐？我能淡定自如、带着微笑迎合领导，也会彬彬有礼地回应同事，还会插科打诨、搞笑耍宝、起哄拱火，猛一看玩得挺嗨。但只要脱离这个环境，脸一下就能掉到鞋上，绷起来的肩胛骨骤然放松，一直提着的那口气悄悄溜走。

早晨和同事在电梯间狭路相逢，我主动道了早安她却连看都没看我一眼；部门会议本来气氛融洽，我发言后全场却像开了禁言；小团体互相招呼吃零食却每次都忽略我。这些似乎不是生化危机，不是恐怖来袭，不是严重到马上就会死去，我根本就不用那么在意……不！对我们社恐来说就是前方大批僵尸来袭，手里却只有一个饭勺。

融入新集体，这句话我们从小就在父辈的嘴里听惯了，可是没有一个人告诉你，到底怎么融入。多和同学玩，多跟他们交流，多参与集体活动……因为我们在集体活动中获得的红利太多，情不自禁地抱团仿佛已经刻在了基因里。集中力量办大事的道理也确实在历史上不止一次被成功地实践、重演。

到底该什么时候开口？什么时候举手？什么时候靠近？又什么时候该走？从小到大，每一道题都有正确答案，有解题思路，但对社交和融入集体……我没有任何思路。面对这些情景，我赤手空拳，只有不知道该何时张开的嘴，以及不知道该何时咽下的话。

这个场景好尴尬、没人搭理我好丢脸、大家是不是都不喜欢我，尴尬加倍，我就这么纠结地度过了我的入职第一周。社恐达到了顶点，夹杂着忐忑、尴尬和理所当然。

午餐时避闪不及和领导狭路相逢。饭桌上这个自诩阅人无数的中年男人缓缓绽性："你的性格太内向，你同意吗？"我深耕我的头皮，内心突然与自己和解。大概我有25%的外向额度，以及75%的内向额度，我在内向与外向之间切换得很生硬，也看人下菜碟。

然而，强行与人社交并没那么痛苦，能否不与人社交，这些内心的纠结才是更让我痛苦的事情。我不怕不合群，一人行走使我自得，我却怕别人觉得我不合群，怕被群体抛弃。因为即使我远离人群，不想承担融入群体的成本，也仍然在意来自人群的评价，希望获得群体的红利。

想通了这一环，我就明白问题出在哪儿了：既想分肉吃，又不想参与集体狩猎；只想享受权利，却不是那么爽快地接受义务。

人迟早会融入集体，只要时间和距离允许。不必着急，就像不必在春天催一朵花开，就算最后没有融入，也没什么大不了。

春天那么大，不缺一朵花。集体之所以存在，就是为了让一部分人不必融入集体。

也许太过烧脑的问题使得CPU（中央处理器）高速运转，所以才需要露出脑门散热。于是我继续在尴尬的时候疯狂蹂躏我的额发，尴尬过后，一切不留。我在人群里，社恐且自由。

人类高质量考试，从一千多年前就开始了

□金陵小岱

高考，是牵动社会神经的大事件。其间，严格的考场纪律、良好的运输服务保障工作也是助力考生安心考试的重要一环。这一切，只希冀每一个踏上"战场"的学子能不负青春。现代人生活条件这么优越，尚且如此辛苦，古人们为考试付出的心血那必须是十倍百倍的啊！

唐代考场纪律太过严格，有人当场弃考

提起考试，我们现代人只需要操心考的内容会不会，就算要去外地考试，最多也就是买张高铁票，横竖都好解决。可若是换成古人，参加一次考试，简直要脱掉一层皮。他们在近乎"穷游"的状态下一路跋山涉水去赶考，还得见缝插针地温书，好不容易历经艰难来到考场，严格的考场纪律更是令人崩溃。

站在考场外等待时，古代考生通常显得有些狼狈。因为他们不仅要带考试所需要的笔墨纸砚，还得带上干粮席子、锅碗瓢盆，有的考生甚至会扛个方便写字的家具去。可就算准备得再充分也没用，古代考场纪律严格，为了防止作弊，考生们只能扛着单席进入考场，下雪天也只能坐在铺着单席的地上。

所有考试的艰辛都能忍，唯独一件事让许多考生备感辛酸。那就是考试前的搜检，几乎每个参加过考试的人都要吐槽。考场把门的胥吏通常以居高临下的姿态，大声呼唤举人的名字，粗暴地搜索他们的衣服、物品。只要发现一点不对劲，就会立刻毫不留情地将考生驱逐出去。

这多少有点伤害读书人的自尊心，于是唐朝出了一个猛人李飞，直接选择了弃考。据杜牧《樊川文集》中记载，这位叫李飞的考生是个非常有才华的人。在他参加礼部考试时，胥吏大声呼喊了他的名字，查验过文书后，就让他进去了。这时李飞反而拧巴起来，愤世嫉俗的他反问道："如是选贤耶？即求贡，如是自以为贤耶？"说完后，李飞挥一挥衣袖，扛着行李回去了。猛人就是猛人，李飞在弃考后，把自己的名字改成了"李戡（kān）"，搞起了文学批评，名声大振。

宋代防作弊升级，苏东坡"盲"猜也错了

当初李戡因考场的胥吏大声呼喊其姓名而感到难堪，可他要是生在宋代，估计能被气到吐血。因为宋代对进入考场的搜检更加严格，甚至设置了监门与巡铺官，专门用来监守、巡查考场纪律。考生们在入场时，要解开衣服接受检查。

此外，相应的防作弊措施也在不断升级。我们现代人进入考场后喇叭里喊的"请考生按位就座"就是从宋代开始的。不过，宋代最有名的防作弊手段莫过于实施弥封（糊名）、誊录制度，影响也最大。

说起弥封、誊录制度，简直是太严格了，严格到苏东坡居然打赌打输了！这个故事还得从一个叫李廌（zhì）的说起。李廌是苏东坡看好的人才。有一年李廌去参加省试，刚好苏东坡是主考官。在判卷子的时候，苏东坡对着一份试卷呵呵傻笑，心里特别高兴，在试卷上手批数十字。大概觉得这样还不过瘾，他又跑去跟黄庭坚说："这一定是李廌的试卷！你看看，多么优秀！"

黄庭坚认为不一定，苏东坡却信心满满，于是俩人就打了一个赌。结果等到拆封对号的时候，苏东坡有点无语，因为那份试卷的主人是章持，他以为的李廌压根就没有被录取。更凄惨的是，李廌虽才华横

溢,却考运不济,终身都没有及第。

古代考题也疯狂,处处都是"扣分点"

当克服了一切关于考试的困难,坐在考场上准备答题时,古代考生与我们现代人都将面对同一个灵魂拷问:这考卷上到底写的是什么?为什么我没复习到的部分都出现了?

这种一头雾水的考题往往是唐代的经帖、宋代的墨义,相当于现代的填空题。这种考题主要是为了考查考生们对经典知识的熟悉程度,但出题方式好听点说叫"刁钻",愤怒点说叫缺"德"!这些试题,想要回答上来,必须死记硬背。

诸科考试仅止于此,更多要靠人的记忆力。而进士科有开放型试题,除了经帖、墨义,还考诗、赋、论,这样不仅不用完全死记硬背,还可以发挥一下文学才华,更重要的是,进士科更受重视,所以当时的考生大多数会选择进士科。

不过,就算是进士科的开放型试题也不是那么容易考过的,因为细化到答题与判卷的标准,依然要杀死考生们的脑细胞。诗赋必须遵守一定的写作规格,譬如对偶、音律、韵脚等,到处都是"扣分点"。尤其是韵脚,一旦落韵,就直接"挂科"。据魏泰在《东轩笔录》中记载,大才子欧阳修十七岁时在随州参加解试,即"以落官韵而不收"。

除了这些条条框框的答题要求以外,古人跟我们一样,也在寻找答题套路。套路虽常被诟病,但考试的时候,手却很诚实,毕竟"一分一操场"!南宋中期,曾流行过一种套路作文,被称之为"永嘉文体",主要是借经义结合史事来发表对政制、政事的意见,讨论如何让国家治理得到实效。只要你学会这种文体,就算不一定能得高分,至少也能减少"挂科"的概率。

奇葩答卷上"热搜",
金圣叹是"废话文学"鼻祖吧

有人为了考试愁得脱发,也有人参加考试就是为了去搞笑。在微博、朋友圈里,常常会看到一些老师把奇葩答卷贴上来,然后评论区一片"哈哈哈哈哈"。如果你以为古代的读书人都是老学究或文弱书生那就大错特错了,他们搞笑起来,一点都不比现代人的脑洞小。

明末清初文坛奇才金圣叹就因为奇葩答卷上过"热搜",还不止一次。第一次上"热搜",也是他初次参加考试,试题为:"吾岂匏(páo)瓜也哉,焉能击而不食。"这道题的主旨显然是怀才而莫展,正常人就算理解错了,最多也就是写上几句奇葩的话,但金圣叹不同,直接在试卷上画了一个光头和尚外加一把剃刀,对此他的解释是"此亦匏瓜之意形也"。

金圣叹第二次上"热搜"的题目为"吾四十而不动心"。金圣叹在试卷上连写了三十九个"动",他解释道:"孟子曰四十不动心,则三十九岁之前必动心矣。"这跟写一篇500字作文,然后全文为"我的妈妈非常非常非常非常……非常漂亮"有什么区别!原来,"废话文学"的鼻祖乃金圣叹啊!

可见,无论多么重要的考试,最后总能碰到几个搞笑的奇葩,或许这就是我们的生活,有喜有悲,有难有易。生活如此,考试亦如此,古人在如此艰难的环境下,尚且能坚持苦读,艰难赶考,我们现代人面对考试,又有什么理由不全力以赴呢?

考试焦虑会影响记忆力吗

□ 吴嘉欣

"坐在考场里时,我感到分外紧张,眼睛直愣愣盯着发试卷的老师,不自觉握紧的手心里已经满是冷汗。当我拿到试卷,上面印的一个个文字和符号仿佛旋转起来,我无法让自己冷静下来看题。伴随着骤然响起的考试铃声,我心中的警报也几乎在同时慌乱地响起。此刻,大脑已是一片茫然……"

在很多文艺作品中,我们常常看到与上文类似的对考试焦虑的描述。在现实生活中,大多数人也或多或少经历过考试焦虑。一般人们认为考试焦虑这样的"负面状态",给考试带来了消极影响,尤其是在记忆力方面,焦虑感带来的负面影响尤为显著。比如,考试焦虑让大脑一片空白,让我们把考试前记得完好的知识点忘得一干二净。那么,考试焦虑真的会影响记忆力,让我们的考试成绩"再下一层楼"吗?

为什么会产生考试焦虑

什么是考试焦虑呢?我们可以把它看作一种在特定情境下,即考试前,产生的复杂反应。它可能表现在生理层面上,如直冒冷汗;也可能表现在行为层面上,如不断左顾右盼;还包括心理层面上的心慌意乱、难以平静。每个人面对人生各个阶段大大小小的考试都或多或少产生过不同程度的焦虑。那么,人们为什么会产生这种影响考试表现的焦虑状态呢?

我国心理学学者蒋传发曾就这一问题进行了调查研究。他在高考前1个月内采访了280名高三学生,让他们填写了一份与考试焦虑有关的问卷。问卷结果显示,存在4个影响考试焦虑的主要因素:第一个是"担心考糟了时他人对自己的评价",第二个是"担心未来前途",第三个是"担心对考试准备不足",第四个是"担心自我形象受损"。其中,高考生对于"担心考糟了时他人对自己的评价"这一项的焦虑程度是最高的。对这一现象,我们可以从社会层面和心理层面找到答案。

从社会层面来说,考生周围的人,比如父母、亲戚、朋友等,都可能对考生的考试成绩抱有期待,尤其是对于重大考试,这种期待就更为强烈。这种周围人的期待有时会在无形之中给参加考试者带来很大的心理压力。期望程度越高,考生随之产生的心理压力越大。比如,有些学生并没有过分关注自己的考试,但他们感到父母对考试的成败非常在乎,如果失败了就是辜负了父母的期望——这就造成了巨大的心理压力,而焦虑也随之产生。

从心理层面来说,人在成长的过程中,自我意识也在逐渐增强。对于个人来说,考试被看作一个衡量自身价值、自身能力的过程。当学生获得较好的考试成绩时,就会感到自身的能力得到肯定,自身的价值得到提升;反之,当面临考试失败时,可能会怀疑自身的能力,甚至可能对自身产生否定倾向。当我们开始担心这种"考试失败后"可能带来的负面影响时,就很容易陷入焦虑的情绪中。

考试焦虑如何影响记忆力

当考试焦虑产生后,人们常常感到心情难以平静,身体坐立不安,大脑好像变得一片空白,对于应试知识的记忆在焦虑中受到了损害。那么,为什么考试焦虑会影响记忆力呢?

对此，英国研究者艾森克等人提出了一个理论——加工效率理论。顾名思义，这一理论认为，考试焦虑可能会影响我们对记忆的加工效率。为什么会产生这样的影响呢？这就要提到我们的"心理资源"了。人们在完成一项任务时，需要付出"心理资源"来帮助自己达成目标，如集中注意力、让自己努力思考、调动大脑中的记忆，等等。这种"心理资源"对每一个人来说都是有限的，当人处于焦虑的情绪状态时，这种反应会大量占用"心理资源"，从而导致可用来完成任务的"心理资源"大大减少。简单来说，就是人的精力是有限的，对于考试的焦虑感会消耗自身的精力，让我们无暇应对接下来的考试。

考试焦虑只有负面影响吗

看到这里，也许你已经对考试焦虑可能带来的负面影响有了认识。那么，考试焦虑真的只是考场上的绊脚石、人生中难以避免的"拦路虎"吗？

我国心理学研究者陈顺森等人对考试焦虑的问题进行了实验研究，并发现了有趣的结果：高等程度的考试焦虑的确会对人们的记忆成绩产生负面影响，但中等程度的考试焦虑反而会在一定程度上提高考生的记忆成绩。

研究者是通过什么实验得出了这样的结论呢？首先，研究者招募若干学生填写了有关考试焦虑的量表，通过这一量表的得分，筛选出了三组学生，即具有高等程度考试焦虑的学生、具有中等程度考试焦虑的学生和几乎没有考试焦虑的学生。随后，研究者邀请这三组学生完成一项在电脑上进行的记忆测试，最后得到了让人意外的结果——表现最好的并不是几乎没有考试焦虑的学生，而是具有中等程度考试焦虑的那组。

为什么会出现这种出人意料的现象呢？研究者对此做出了解释。前文已经介绍了考试焦虑是如何给我们的记忆带来负面影响的——高等程度考试焦虑的学生正面临着这样的情境，他们产生了与任务无关的担忧，分散了注意力，降低了答题效率，这正是过高的焦虑造成的影响。

然而，当我们把目光投向具有中等程度考试焦虑的这组学生时，情况发生了变化。

研究者发现，中等程度的考试焦虑反而使学生们产生了对于学习的"警觉"，相比没什么焦虑的学生，他们会更多地聚焦于任务，努力调动自己的注意力和记忆，避免产生错误，从而获得更好的成绩。这就像龟兔赛跑，没什么焦虑的兔子慢悠悠地行进，结果由于轻视并没有发挥全部实力；相对比较焦虑的乌龟则集中注意力全力以赴，最后反而成为赢家。

综合以上的研究和实验，我们可以发现，考试焦虑并不只是考场上的绊脚石，中等程度的考试焦虑甚至可以帮助考生取得更好的成绩。因此，当我们在考试前感到心慌意乱，感到一股无形的焦虑缠绕在身体周围时，也许，我们可以尝试放下恐惧，尝试与它"和解"。要知道，一定程度的考试焦虑反而能更好地调动"心理资源"，增强记忆力，帮助我们更好地完成考试。让我们和焦虑"握握手"，在考场上与它化敌为友，借助它的力量，取得令人羡慕的好成绩！

独 白

□张牧宇

时至今日，我仍然喜欢人少的路
避开人群要抵达光环的纷争
仍然胆怯、虚弱
害怕拥抱后的疏离
你问我是如何做到的，笑容那么灿烂
我怎么也说不清楚
在人群中，那是担心溺水的伪饰
能够失去的，本就是虚幻的泡影
在人少的那条路上，只需颔首
相遇的人亦心领神会
叶子不断落下来，浮华不断散去

年轻人找工作，开始"反向调查"公司了

□唐亚华 黎 明

"试用期大于6个月和工资比例小于80%的直接pass（忽略）""有加班文化的公司坚决不去""显示有多起法律纠纷的公司不考虑"……如今，一些年轻人找工作的第一课，变成了反背调公司。

背调，即背景调查，原本是指企业在员工入职前对员工进行的调查。而现在的年轻人在找工作之前，正在反向背调雇主。

最基本的操作是从知乎、脉脉、天眼查上查看公司，找师兄师姐打听"内幕"。进阶版的操作是找猎头反向了解公司，去薪资工具里比对薪资水平，甚至还要看公司背后的投资人及其投资逻辑，还有花大价钱报班的氪金玩家。年轻人反背调这件事，比想象中复杂。

广泛搜索比对

从选择面试目标到入职公司，这届年轻人都有办法。

萧域是2021年毕业的研究生，整个秋季招聘的9月到12月，他一直在面试，最后拿了华为、百度、小米、快手等几家公司的Offer（录用通知）。

萧域开始背调这几家公司。他先在脉脉上发帖子跟网友讨论哪家公司更值得去。"原本我的想法是互联网大厂可能更规范，更容易学东西，但有某大厂前员工反馈去大厂学技术比较虚，学东西还是要靠自己，以及取决于遇到的领导好不好。"据此，他有点动摇。

选公司还有一个重要的参考因素是薪资。萧域发现，小程序Offershow是一个比对薪资的工具，可以输入自己的岗位和薪资，跟里面的数据进行比对。

最后经过多方考量，他选择了快手。进入公司后，虽然也遇到了自己此前没发现的问题，但他发现当初做功课得出的判断是正确的。

不巧的是，2021年年底赶上公司裁员，萧域和众多应届生成了首先被裁的一拨。于是他又开始了新一轮找工作、背调公司。

这次，萧域又增加了一种方式——找猎头，"猎头的缺点是只能推荐跟他有合作的公司，我更倾向于把猎头当成了解信息的渠道"。他原本考虑去外企。通过猎头，他发现外企对应的岗位方向和他想做的并不吻合。

一番考察后，这次萧域拿到的Offer有字节跳动等几家公司。这一次，他又发帖请网友给他支招，并且发起了投票。"最后统计，字节跳动有60多票。"他说。最终，他选择了字节跳动。

另一名求职人员小雨根据自己的经验总结出了一些注意事项：调查公司首先去天眼查上看公司有没有法律纠纷，关注注册资金、公司人数。另外，看各种科技媒体的报道，可了解其社会评价，投资人对公司的评价也很有参考价值。"投资人是真正出钱去冒险的人，他们的意见有很大的价值，知名的投资人投的项目，公司的老板一般不会差。"

实习、报班，掌握求职主动权

除了搜索，用实际行动去了解可能的雇主，可以说是年轻人背调公司的进阶版操作。

璐璐于2020年毕业于一所双非学校的财务管理专业。为了求职，她从大三就开始实习。在她看来，实习可以快速了解一家公司或某个岗位，判断自己能否胜任、业务是否有未来、公司是否愿意培养新人等。"如果没有达到预期，就赶紧走人，及时调整方向，多实习多试错。"

猎头陆海天也提到，大厂招实习生是一件严肃的事，他们倾向于招有机会转正的实习生，"如果在校生不准备考研、考公务员，越早实习越好"。

陆海天给了年轻人更多的背调建议："去越稳定的中大型平台，研究岗位的作用越大，如果是去创业型团队，研究老板的价值会更高，因为小公司变化很大，要多研究老板是不是你值得追随的人，以及业务主营方向、策略、前景。"他总结，"大公司体系完善，小公司成长快，去稳定的小公司最没有前途。"

面试，是最能直观了解一家公司的方式。璐璐会询问人力资源转正期的时间和工资，还会问除了自己的直属领导外，有没有导师带，还要问部门有多少人，如果一个部门只有2～3人也不考虑，很可能业务处于初期阶段，不稳定。"面试的时候可以提前向未来的领导请教一些问题，如果对方回答诚恳且有内容，那大概率就可以真的学到东西。"

在璐璐看来，求职本来就是双向选择的过程，放弃自己的权利不做反向背调会让自己处于弱势。

为什么年轻人热衷于反背调公司

曾经，求职者是被选择的一方，如今进入了双向选择的时代。年轻人开始掌握主动权，这体现了一种进步，一种更良性的职场关系。

为什么年轻人热衷于反背调公司？首先，大多数人都希望找到跟自己性格匹配的环境和工作模式，而且为自己的职业生涯做规划很有必要。另外，"95后""00后"作为互联网的原住民，网络搜索调研能力强是明显的特点，如今的工具又足够丰富，他们更能抓到有价值的信息，去做适合自己的判断。此外，年轻人的思维方式也会更个性，他们的求职选择意识在不断加强，做背调也是对自己负责。即使背调后进入公司依然有坑，职场新人也能够提前有心理预期，出现问题的时候也更容易接受。

"但是不要恐吓年轻人，也不要神话背调，互联网从业者2～3年换一次工作很常见，不要让臃肿的背调拦住了尝试的勇气。"陆海天提醒道。

得寸好进尺

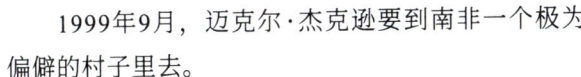

□梁明书

1999年9月，迈克尔·杰克逊要到南非一个极为偏僻的村子里去。

迈克尔·杰克逊与助手必须搭乘牛车，在与牛车车夫商议时，却遭到拒绝。牛车车夫根本不知道迈克尔·杰克逊是何人，只是担心车子超重。

迈克尔·杰克逊留心到，牛车车夫的上衣和裤子都没有口袋，心生一计。他掏出巧克力，问牛车车夫："请问，你能代我们将这些巧克力带给村里的孩子们吗？"

牛车车夫回答："这很简单，可以代劳。"

迈克尔·杰克逊又脱下风衣，说："我看你的衣服没法装巧克力，不如将巧克力装在这件风衣口袋里，你看可以吗？"

"当然可以。"牛车车夫回答，"不过，我怎么才能让你取回风衣呢？"

"这很容易。"迈克尔·杰克逊笑着说，"我准备将自己裹在风衣里，由你一起带进村。"

牛车车夫被迈克尔·杰克逊的幽默逗笑了，请他和助手上了车。

有时候，从拒绝到接受，就是这么几分钟。牛车车夫接受了甜蜜而善意的巧克力，随之，也接受了迈克尔·杰克逊。

俗语说："一步登天为拙招，得寸进尺方有效。"需要得到帮助或许可时，我们可以根据对方的心理接受习惯，先将"门槛"降低，再慢慢达到自己的目标。

求职前的性格测试真的有必要吗

□沈杰群 李舟萍

近来的聚会，破冰话题不再只是星座、属相，MBTI性格测试也加入群聊。测试结果为ENTJ-A的人，性格大胆，是富有想象力且意志强大的领导者；ESFI-A性格的人极有同情心，乐于助人……

仿佛一夜之间，社交网络被MBTI测试结果刷屏了。这绝非测试性格的唯一方法，九型人格测试、青年人格测试等都曾被广泛传播，有些甚至成为招聘考核的必备环节。

如今已是一名公司HR（人力资源）的丝丝刚入职场时，公司招聘必做性格测试。当时有一个候选人的测评结果显示，他处于严重的焦虑状态。候选人看到结果后十分暴躁："你们凭什么用这个结果来定义我？这是对我人格的侮辱！"

"95后"姑娘宁颖最近求职必做性格测试。"我感觉自己已经摸清套路了，能'投其所好'地回答，绝对能表演出完美人格。"

资深互联网从业者王凡认为，信息过载促使性格测试在招聘中广泛运用，因为这样能给到一个关乎"是否匹配"的答案。

那么，当年轻人求职时，性格测试是否重要？

1.测试人格特质和岗位的匹配性

媒体人李可堪称"性格测试做题家"，从大四着手找工作到现在，她做过的性格测评至少有20套。从最开始的严肃以待，到现在的无所谓，李可说自己已经"麻了"。

某次求职，李可在"总裁面"后被淘汰了，人力资源给出的理由是：你的工作能力很强，但性格有些内向，总裁对此有些疑虑。李可不认为"内向"可以作为被拒绝的理由，但对被刷掉的结果，也无能为力。

北京信息科技大学教授、国家高级职业指导师、中国心理卫生协会首批认证督导师廉串德介绍，心理学上的人格测量主要包括两种方法：自陈量表法和投射测验法，目前很多求职的年轻人遇到的测试大多数属于前者。受测者根据自己的实际情况逐一回答问题，对方根据受测者的答案，去衡量受测者在这种人格特质上表现的程度。

从招人的胜任特征来讲，胜任特征里包括能力因素，也包括人格因素，或者叫性格因素。心理测试能帮助检测求职者人格特质和岗位的匹配性，这也是一个综合考量的结果。不是说测试出来外向性格的就不能做研发，内向的就不能做销售。

2.性格测试应是垫脚石，而不是绊脚石

"MBTI的结果不是我们发展的绊脚石，而是让我们更好地探索自己、认识自己的垫脚石。"北京师范大学珠海分校教育学院副教授高艳说，它并不强调每个维度的两极是非此即彼的，而是强调每个特性在每个人身上都有，只不过哪一个更占优势，"反倒是灵活地在不同情境下采取与之适宜的行为方式，有可能获得更优的结果"。

从用人单位的角度出发，我们要关注MBTI的核心价值——"与其用在筛选上，不如用在沟通上"。性格测试应当帮助用人单位了解每个求职者的风格和特点，从而找到"团队合作里最合适的场景"。

工作近10年的丝丝，如今拥有在多家公司招聘的经验。"根据岗位的不同，性格测试在入职决策中的占比会有所区别。"丝丝举例，如果这个岗位是平面设计、剪辑类等技术含量高的岗位，公司会依照其过往的作品和履历来决定。如果是公关、总裁助理类，工作能力和性格测评结果高度相关的岗位，公司

就会把性格在入职决策中的占比加大一点。

性格没有好坏之分,"没有公司是对某一性格的人完全拒绝的"。

田一哲是一名刚步入职场的互联网公司人力专员,公司目前虽然没有开展性格测试,但正在推进。田一哲说,在面试过程中,公司对候选人的性格以及三观的考核非常看重,在入职决策中占大约40%。一般来讲,成熟、乐观、开朗、外向性格的人比较受欢迎,孤僻、敏感、懒惰等性格的人,公司会慎重考虑。但这不是绝对的,公司不会仅仅因为一个人的性格就决定录用结果,招聘与否需要结合岗位具体分析。

田一哲表示,性格测试的初衷是规避风险,也是对候选人负责。如果性格不适合公司或岗位,候选人入职后也会感觉痛苦,双方都会受到损失。

3.正确、科学使用性格测试"工具"

"大家已经开始关注性格因素,这是好事。分数只能代表能力因素,最终还是要看这个人能不能在社会上创造价值,这是很重要的。"廉串德也指出,经过科学检验的性格测试,才具有较高的效度,适合作为职场选拔人才的"工具",而"随意化"的提问和判断则有失公允。

廉串德说:"企业用它(性格测试)招人,本身无可厚非。"但是否准确,要看工具本身。

关于性格测试,丝丝建议公司不要使用市面上已经完全确定、大家很了解的题目。

"我之前经历过的公司采用的是一种比较科学的测评方法,它会把若干不同逻辑关系的测试题糅合在一起。题目之间存在逻辑关系,你无法明确地知道哪一个答案是公司需要的。"丝丝说,入职决策时公司也会综合看待测评结果。

公司做性格测试的初衷是综合了解团队成员的情况,让现有团队成员之间形成"取长补短"的模式。"如果大家都是内向型的人,那就需要一个外向型的人来进行调节。如果团队成员都是理性的,那就需要一个感性的人,来调节团队的氛围。"丝丝说。

高艳表示,当企业选择使用性格测试作为招聘工具之一时,必须重视对测验使用者的培训。

每一个性格测验都有其适用场景和标准。"如果用人单位的测验者没有经过训练,就有可能出现误用的问题,比如根据某个单一的分数和结果,直接给应聘者贴'内向'或者'外向'的标签,很可能跟他们的实际表现差距很大。"

高艳说:"终身发展理论认为人格类型在25岁之前逐步发展,到25岁左右会趋于稳定,但也并不意味着永远不会再变了。所以MBTI的结果只是人们一生中某一特定时间的特定偏好,它不是一成不变的,我们没必要被它框死。"

难走的路,从不拥挤

□ 刘　润

"高考"是件简单事儿,还是件困难事儿?

在我看来,高考是件简单事儿。高考满分是750分,一般来说,发挥正常的话,考400分不会特别困难。你只要比别人稍微勤奋一点,就能考到500分以上。现实中,很多人不需要经过太多的努力,就能在高考中考取还不错的分数,这样的"高考"就叫作简单事儿。

一个班里,有80%的人,高考可以上500分,但是只有10%的人可以考到600分以上。跨过600分这条线以后,想要再提高到610分、615分……你会发现提高一分都很困难。

对个人成长而言,做难的事,就是在挖掘出那条很难被逾越的护城河。"难做的事"需要我们想尽一切办法去努力积累,然而这些积累一旦达到一定程度,就有机会迎来爆发,我们不用等风来,自己扇动翅膀就能起飞。

你要允许自己的冰激凌融化

□欧阳晨煜

大学快毕业的那段时间,压力像影子一样跟上了我。城市的去留选择,实习工作的安排,需要不断磨合的新专栏,对未来的不确定和对已知事物的难以把握,都让我在回头的时候越来越难看到阳光,影子在阳光下膨胀成巨人,几乎遮蔽了我。

某天,我压力重重地走在街上,遇到了一位熟识的朋友。炎炎夏日,我们一起走在亮闪闪的柏油路上,明明是如此明媚的一天,我的视野里皆是深色卷曲的叶子、烦躁的蒲扇和阵阵缓慢流动的风。我逐渐感到自己的压力正在成为有形之物,试图抽走我用来平衡生活的小伞。

朋友见状,拍了拍我的肩膀,指着路旁的一辆冰激凌车说:"走,去买两支蛋筒冰激凌吃!"

从那个凉爽的冰激凌车里出来,我们一人手握一支装着冰激凌彩球的蛋筒。它的味道实在好极了,蛋筒泛甜,奶油新鲜,柔滑细腻,轻盈得无可挑剔。

忽然,从冰激凌漂亮彩球的侧面滴下一两滴汁水,正落在我的白色衬衫上。我的烦躁立刻被引爆,这两滴颜料般的液体像是开启的旋钮。我立刻抱怨道:"真是事事不顺,吃个冰激凌也能弄脏衣服,好倒霉啊!"

朋友笑着看我狼狈的样子,随后淡淡地说了一句:"你要允许自己的冰激凌融化啊!"

允许自己的冰激凌融化?我不理解。这是在指责我对一支冰激凌不宽容吗?可它确确实实造成了我的烦恼,弄脏了我的衣服,增加了我额外的劳动量。

朋友把我的气恼和惊讶看在眼里,他又说:"你知道这样一支冰激凌里含量最多的成分是什么?"

"奶油?糖?添加剂?"我问道。

"不,这支冰激凌含量最多的是空气,一支口感最佳、品质最好的冰激凌应该含有50%的空气。"朋友神秘地举着冰激凌说。

我怀疑起自己的耳朵,空气居然是冰激凌最重要的原料,这怎么可能?看不见、摸不到的东西怎么会对实实在在的事物产生影响?

朋友继续解释道:"制作一支冰激凌重要的一个步骤就是:泵入空气。空气会帮助冰激凌中的其他原料不断膨胀变大,冰激凌的口感就会随之越发绵密蓬松。换句话说,一支冰激凌的空气含量越高,口感就会越发丝滑轻盈,但50%的空气含量是最佳口感。"

"虚无缥缈的空气对实实在在的冰激凌真的有那么重要吗?"我疑惑道。

"如果一支冰激凌里不含空气,它尝起来就像一块坚硬扎实的冰,完全没有任何口感。相反,如果一支冰激凌里的空气含量高于50%,它的味道可能会非常淡,很快会在嘴里完全消失,没有任何余香。所以,要想获得最佳口感,就要不多不少加入50%的空气。"朋友说道。

对我来说,这实在是一件不可思议的事。我拿着手里这支刚刚被我诅咒过的冰激凌,暗暗惊叹它的秘密。

"所以,你也应该和它一样,试着给自己加点空气呀!"朋友笑着说,"你现在被各种压力包围,浑身紧绷绷的，压力让你身边的事物变成了不含空气的冰激凌，每一个都那么重，但是没滋没味。如果想让一切好起来，首先要做的就是释放自己，给自己加50%轻轻松松的空气，说不定，你就能品尝事物最好的味道。"

"加点空气？"我费解地笑了笑，此时冰激凌又滴下了几滴浓郁的液体。

我记住了这个奇怪的冰激凌理论，并在之后的生活中慢慢地实践它。遇到压力，我不再那么僵硬地躲避，而是主动给自己加点空气，学会先深呼吸放松调整不安的情绪，然后再去处理棘手的问题。这样做之后，我发现自己把精力都集中在了解决具体的问题上，而不是让负面情绪久久包笼我的生活，自然而然解决起事情来也就轻松多了。

我渐渐明白，也许朋友想表达的是，你应该有让自己的冰激凌融化的勇气。面对压力，我们就像面对冻得结实的冰激凌，害怕它融化，但越恐惧，它就融化得越快，如果我们面对并接受它的自然融化，心里一定会轻松很多，而后再彻彻底底给紧张的自己加点空气，等到放松后再去解决问题，一切就容易多了。

后来，每当压力大的时候，我都会给自己买一支冰激凌，细细尝着那些由空气带来的美好滋味。如果不是夏天，我会闭起眼睛，想象自己手中握着一支蛋筒，再把来自四面八方的压力都暂时放在原料桶里，我上前去，用勺子挖着不同口味的冰激凌球，端端正正地装在蛋筒里，巧克力味的是生活的压力，树莓味的是环境的压力，香蕉味的是工作的压力，然后我凝视着这支由自己的压力组装成的冰激凌，它是那么多彩和鲜艳，看起来也没有那么可怕。

然后，我拿着这支冰激凌走进一片阳光中，明媚的阳光照射在冰激凌球上，很快就有汁水滴下，球体越缩越小，直到这支压力冰激凌渐渐消失。

"耗点钱"与"费些时间"

□张珠容

网购的一件小西装到货，我试穿后觉得袖子长了些，便来到附近的一家裁缝铺，问老板能否将袖子剪去一段。老板接过衣服看了看，说："可以，就是要耗点钱，15块。"

我嫌他要得贵了，就拿着衣服来到第二家裁缝铺。这家老板也认真地看了看衣服，说道："改这袖子恐怕得费些时间，要一个小时左右。"然后她给我解释道，"小西装的布料有里外两层，又是容易绷线的材质，剪完多余的布料后需要里外对整齐，再密密地缝合。另外，袖口处那几颗别致的扣子，想留住它们就需要挪位，只能一一剪下，重新缝到新的位置上去。"经老板这么一说，我脑子里那个"剪个袖子要15元，偏贵"的想法立马变成了"裁缝时薪15元，偏低"，于是立马下单，扫码付款。

两个裁缝铺老板同样要价15元，我却爽快选择后者，是第二个裁缝铺老板的"费些时间"打动了我。其实她的要价也是15元，但我已经不觉得贵了。

对第一家裁缝铺的老板而言，"耗点钱"等同于"费些时间"，但他可能一直习惯于用金钱来衡量时间，而不是用时间来衡量金钱。第二家裁缝铺的老板却懂得，要想俘获顾客的同理心，从"时间"的角度出发要比从"金钱"的角度出发更容易些。的确，从表达方式上看，"费些时间"要比"耗点钱"巧妙许多——"耗点钱"就能做到的事儿，体现不出时间的打磨；"费些时间"才能做到的事儿，却尽显时光流逝的沉淀。

总说梦想遥不可及，可是你却从不早起

在便利店找回生活

□白 露

对年轻人来说，便利店已经成为一种特别的存在。在平常两点一线的工作日，便利店不仅可以解决一日三餐，深夜加班后空虚的肚子和灵魂也可以在24小时营业的便利店里得到救赎。随着都市年轻群体对便利店的依赖日益增强，连锁便利店也在近几年开始跑马圈地。

公开数据显示，2015年中国便利店总量为9.1万家，截至2021年年末达到25.3万家，其中仅品牌连锁便利店的数量就超过了16.3万家。在年轻人和便利店的双向奔赴背后，这个小小的空间里正不断上演都市传说，也让传统零售渠道拥有了新身份。

便利店藏着年轻人的社交货币

被冠以"便利"之名，足以显示便利店的价值所在，而这份随时随地可以拥有的便利，主要来自成千上万个小小的门店所组成的线下经营网络。2022年9月，中国连锁经营协会发布的《2022中国城市便利店指数》显示，我国绝大多数城市的便利店饱和度达到2500人/店，这意味着平均每2500人就可以共享一间便利店的服务。虽然相较于日本平均1500人/店的超高饱和度仍有差距，但便利店这一线下业态的扩张已经在全国范围内遍地开花。

便利店的规模化扩张，的确让消费者们享受到更多的方便。在被网友们称为"便利店之都"的上海，15家重点连锁便利店企业的合计门店总数超过6200家。不论是在陆家嘴格子间里为明天而奋斗的金融白领，还是远道而来的游客，都能在街头巷尾的便利店里找到零食便当、饮料酒水解决基础的生活所需，甚至是雨伞、文具、数据线等日用百货。

至于更多在大城市漂泊的年轻人，去便利店的频次几乎和上班去公司、下班回出租屋的情况差不多，而习惯通过社交网络来记录和分享生活的他们，已经把便利店当作在工作之外感受生活乐趣的精神空间。有人在小红书平台搜索发现，有近100万篇关于"便利店"的笔记，其中有不少内容把便利店当成了打卡和探店的对象，有些用户则会围绕"今天吃什么"的话题，在笔记里分享自己在便利店发现的美食以及自制的"灵感菜单"，还有一些人会悄悄记录下生活的感悟和对故乡的思念。在这里，关于便利店的话题，为来自五湖四海的年轻人提供了丰富的社交货币。

便利店成为零售爆款发源地

在年轻人眼里便利店是白领餐厅也是深夜食堂，但连锁便利店品牌更愿意变成爆款发源地和潮流制造机。最近几年，以罗森、便利蜂为代表的便利店品牌，已经不满足于仅仅扮演快消品牌的销售渠道，而是通过一系列运营手段主动制造人气爆款，这不但让它们成功拉近与年轻人之间的距离，也让自身的品牌印象提前占据了年轻群体的心。

2019年3月，美食博主密子君在微博发布了一条关于"葡萄果冰"的视频，随后罗森就在门店上线了"葡萄冰"产品，并且邀请小红书、抖音和微博等平台的美食博主围绕产品输出美食评测内容。一时间，"罗森葡萄冰"成功引发全网热议，一跃成为2019年夏天的爆款产品之一。除"罗森葡萄冰"外，2017年走红的双蛋黄雪糕、冰皮月亮蛋糕以及今年爆火出圈的"一整根熬夜救命水"，也都是罗森的手笔。

与直接打造爆款的罗森有所不同，便利蜂偏好于围绕季节做文章。便利蜂曾在2019年中秋前，推出了贵州白酒风味拿铁、江南桂花糕风味拿铁、四川麻辣火锅风味拿铁三款季节特饮。因其独特的产品风味，吸引了大批年轻消费者进店品尝。

在便利店为爆款而"内卷"的时候，年轻人就成了受益者。他们发现，每隔一段时间就能在便利店找到最新奇的产品，他们也热衷于分享自己在便利店里的"新发现"，或者是跟随小红书、抖音和微博里最新最热的话题，在便利店展开一场探索之旅。便利店也因此成了快消品牌面向年轻人的种草基地。

"现在就要"的年轻人消费哲学

其实，消费者一直以来都对便利店存在一定误解，很多人发现便利店的商品售价比商超和路边夫妻店的商品售价要高，但年轻人仍然会对便利店情有独钟，这就是妥妥的智商税。但事实是，对于都市打工人而言，距离近、24小时营业的便利店，最能满足他们"现在就要"的消费需求。

不难理解，当下都市年轻人的生活是快节奏的，他们无法慢下来好好享受一顿午餐，也难以奢望在工作日准时下班后，为自己做上一桌家乡味道的晚饭。他们更多的是，在超长的工作时间和繁多的工作安排下，打乱了原本的三餐规律，只好在工作的间隙里去找回一些生活的体验和意义。

所以24小时提供服务的便利店，为忙碌的都市生活提供了最优解。在楼下便利店里买一份早餐带着去上班，早上就可以多睡两分钟；错过了午饭时间，便利店里也能买到一份足够饱腹的饭团或盒饭；开完工作会议还要去赶高铁或飞机时，也可以在地铁口的便利店里买上一份小零食或饮品带着路上吃。面对快节奏的生活方式，便利店就像一个永远有效的PlanB（B计划），时刻等待给被生活的木棍敲蒙了的年轻人一点喘气的机会。

当年轻人在便利店找回生活，便利店也从中找到了新的商机。年轻人对便利店依赖背后，是现代都市生活方式对线下零售渠道的一次变革，当更多生活的需求在便利店得到满足，零售渠道就不只是终端的销售场景，更成为年轻人日常生活不可分割的一部分。这里不仅藏着都市年轻人生活中闪光的一页，也酝酿着零售渠道和快消品牌的全新发展趋势。

犯错的好处

□吕广英

大卫·贝尔斯和特德·奥兰德合著的书《艺术与恐惧》里有一个故事：

一名陶艺老师在开学第一天宣布，他要把全班学生分成两组。他说，坐在工作室左边的人将根据作品的数量评分，右边的人将根据作品的质量评分。

做法很简单：在最后一天上课时，老师会把家里的秤拿来，称一称"数量"组的作品：总重量达25公斤的评分为"A"，18公斤的评分为"B"，以此类推，而那些按"质量"评分的人，只需制作一个完美的陶罐，就能得到"A"。

到评分的时候，一种奇怪的现象出现了：质量最高的作品都出自"数量"组的学生。似乎在"数量"组忙于炮制成堆的作品，而且从错误中吸取经验时，"质量"组只是坐在那里探讨、推导完美。

此中道理无非是：要把工作做得更好，就需要做更多工作。生活中，不要把重点放在完美上，而要放在日臻完善、持续发展上，这样你才能不断提高自己的技艺水平，乃至脱颖而出。无论你想在哪个领域干出成绩、取得成果，都要准备好去不断犯错，让错误历练自己，让错误锤炼你的作品。

用读书打造竞争力

□ 冯 仑

面对竞争，重要的还是找到适合自己的生存和发展的方法。

比如，大家通常想的办法是勤奋，认为"只要我比别人更努力，就能在竞争中获得优势"。

但是，依靠勤奋是不是还可以胜出？我觉得，勤奋首先是种态度。其次，勤奋可以分为两类。一类是简单的勤奋，一类是聪明的勤奋，也可以称之为"有差异性的勤奋"。

什么是简单的勤奋？比如，一个行当，本来就十个人，现在又来了五个人。这时候，你要是还跟多数人一样办事情，和其他人相比没有差异性，不去增加新的能力，只是简单地勤奋，每天闷头加班，那么，在这十五个人里，即使勤奋也会很被动，不定什么时候，你就被比下去了。

但是，如果说你们原本有十个人，现在又来五个人，竞争更激烈了。这时候，你勤奋一点，去学习或者选择一个新的有差异化的能力，建立起一种跟别人不一样的能力，即使再来多少人，怎么竞争，其实你也是不用怕的。

所以，要建立一种属于自己的独特能力很重要。有了差异性，你依旧能找到新的发展空间。

再说说读书。经常有人问我"你最近在读什么书"，但从来没人问"你最近在吃什么饭"。在我看来，吃喝拉撒，呼吸，走路，读书……都是活着的标志，一个人只要活着，就得做这些事。在我们的传统文化中，正常的人每天都应该读书。

那么，读书能不能提升竞争力？我觉得，无论何时都需要读书。

首先，读书也是一种"有差异性的勤奋"，我们能通过读书来换个跑道，增长技能。

在转轨、转型的时候，读书能赋予你新的能力，尤其是技能上的。这是读书可能帮助我们脱颖而出的一个地方。

其次，读书能让人愉悦。压力大、焦虑、不开心时，读书能让我们的思维换个频道，让人对生活产生一种新的感知和判断，同时释放我们的想象力。

另外，读书有点像吃药，不同的书有不同的功效。有些药是救命的，有些药是治病的，有些药是养生的。书也是如此。不能笼统地说读书，关键要看你读什么书。

看历史能让人更通透，而哲学总在让人思考一些终极命题，人跟宇宙的关系、生死苦乐、人生的意义……哲学对这些问题会有一些解释。看这些书，视野会更开阔，然后你的想法也许就会跟以往不同，人会变得更自洽。

所以我觉得，无论何时，人都应该读书，它跟吃喝拉撒、睡觉、走路……是一样的。此外，要根据自己当下的情况，选择合适的书来读，这一点也很重要。

猫咪是水做的？怪不得这么软

□于梅君

猫咪是"水做的"？这虽然只是一句调侃，但柔若无骨的猫咪，确实像液体一样，无论哪里有缝隙，都能把自己"流"进去。

动物学家研究发现，这得益于它们特殊的身体构造。一个普通人全身有206块骨头，而一只小小的猫咪身上却有大约230块骨头。人类的脊椎有32~34块椎骨，相对紧密地堆积在一起。猫咪却拥有52~53块椎骨，中间是又软又有弹性的纤维软骨，能提供弹性和缓冲作用。由于猫的椎骨比人多，脊椎能执行更精细的运动，身体能承受极度弯曲而不会受伤，所以猫咪会像弹簧一样拉很长。瑜伽中的一些动作，就是模仿猫拉伸脊椎而发明的。

猫的肩膀很窄，因为它的锁骨退化厉害，深陷于肌肉当中，呈现浮动状态，未与肩胛骨连接，使猫咪可以自由做出柔软动作，挤进盒子等狭小空间。

猫咪前肢灵活自如的腕骨，就像人类的手腕一样，肩部关节甚至可以让前肢360度无死角旋转，转到任何一个猫咪喜欢的方向，这让它们能轻松做出人类无法做出的动作，"液体猫"的说法就是这么来的。

据报道，纽约曾经有一只猫从32层楼上跌落下来，却没有摔死，仅仅受了一点伤。难道猫真的有九条命？为什么从那么高的地方摔下来却没什么大碍呢？研究人员指出，猫咪在坠落过程中，不管是什么姿势，最终都会转换成四肢先着地，缓冲了巨大的冲击力。它们的大脑、内耳包括尾巴组成优异的平衡系统，在坠落时，可以自动计算出重力、判断方位和落地姿态。

若从高空坠落，人的终端速度能达到54米/秒，而猫的终端速度是27米/秒。猫着陆时和其他动物不一样，其他动物都是把力量压在骨头上，而猫除了掌垫，四肢伸展后，还是加长的避震器，可以把能量完美地散开。另外，猫体重较轻，落到地上所受到的冲击力会小很多。猫的尾巴也是一个平衡器官，就好像飞机尾翼一样，能让自己的身体保持平衡。猫的脚趾上有厚厚的脂肪质肉垫，这能够减轻地面的反冲震动，防止对器官造成损伤。

实验发现，猫在降落过程中，翻转身体的速度非常快，仅需1/8秒即可完成。如此短暂的时间，猫如何实现空中自由转身？科学家提出"弯脊椎"理论，当猫的前半身翻转一周时，其整个身体能够借助这一翻转产生的力量，进行反向转动，并且最终能够转动180度。这一结果，与科学家通过高速摄像机拍下的猫在下落过程中真实转身的画面完全吻合。正因如此，"弯脊椎"成为目前公认的，能合理解释猫为何能在空中转体的理论。

猫的这一独特技能，被现代体育技术充分借鉴和应用，花样滑冰中，运动员跳跃起来后在空中高速转体的技巧，就是学的猫咪。

值得提醒的是，研究发现，猫咪承受的高度也是有限的。一般来说，一只普通的成年猫咪（2~5千克）能承受的最大高度为12米。所以，虽然猫咪的天性就是爱爬高，但主人平时还是要注意，防止它们从高处坠落意外受伤。

> 总说梦想遥不可及，
> 可是你却从不早起

这届年轻人的"上岸学"

□ 阿 瑞

如果仔细留意，不难发现，最近"上岸"这个词着实火了些。

在小红书上，不仅相亲成功可以叫"上岸"，结婚生子、还清债务等都可以，甚至连割双眼皮、做无痛胃镜也可以用"上岸"来形容。

看样子，这年头一个人要上的"岸"有点多。

"上岸"所代表的，可能是跟当下流行的"松弛感"最矛盾的。

"松弛感"意味着不争不抢、优雅体面。即使事情的发展脱离了掌控，也能做好情绪管理，平静如常地接受和解决计划外的一切。

譬如失业回到家乡、在田埂上跟网友唠嗑的侯翠翠，辞去高薪工作在街头摆摊卖诗的隔花人，还有36岁重新参加高考学医的豆瓣网友，都不在意生活是否必须遵循既定的计划。

但那些一心渴望"上岸"的年轻人，最多会在心里羡慕一下他们，而自己绝不会这么做。

教育部官方数据显示，2021年研究生考试全国报考人数为457万，史上首次突破400万人。而这一年的录取人数仅为110.7万，也就是说，有300多万名考生落榜。

刷无数道题，用完上百根笔芯，只是基础操作。还有的人，给自己报了封闭式培训班，以求自律。而如果是在职备考，还要承受更大的压力。

更令人心凉的是，努力了，也未必有好的结果。一战不成，再来二战、三战，考试得分高了，可分数线也更高了。

所以，一听到"上岸"这个词，我们首先想到的就是备受折磨后的解脱。"再也不必悬着一颗心焦虑不停了，我的人生从此明朗了。"

在小红书上，"上岸"用得比较多的，"相亲"算一个。

有"相亲八年终于上岸"的，有"相亲四十多位男士后成功上岸"的，也有三十多岁"大龄相亲成功上岸"的。上岸的人，都会喜滋滋地晒出牵手照或聊天记录，并祝福评论区的网友们也能"在相亲路上顺利"。

不仅如此，备孕也可以"上岸"。一些网友还会在评论区"接好孕"。

如果说这些事用此形容只是"令人有点迷惑"，那割双眼皮、做无痛胃镜等事"上岸"，就让人摸不着头脑了。

难怪有网友吐槽："上岸这个词要统治小红书了吗？"

万事皆可"上岸"的背后，或许很大程度上是人们追赶"社会时钟"的焦虑。

"社会时钟"理论，是指在文化背景的影响下，人的一生需要按照固定的程序进行，即"什么年龄做什么事"，比如22岁大学毕业、25岁前结婚、30岁前生小孩、60岁退休等。

如果赶不上"社会时钟"，达不到社会的期望，许多人就会陷入焦虑，并想方设法改变自己的生活，试图"不被落下"。

学业是如此。同届年龄小的同学会被羡慕，毕业最好能"一战成硕"或是无缝衔接工作，就连gap year（间隔年）都不可以放松，必须丰富经历、提升自我，否则等回到"正轨"时就赶不上同龄人了。

事业是如此。能找到工作还不算"上岸"，那得是没有加班和调休的外企，或者是有编制的岗位才行。到了一定年纪晋升不上去，似乎就永远失去了希望。

而被催婚催得头大的人、想结婚却找不到合适对象的人，在相亲时大概也同样焦虑。要赶快找到一个合适的对象，不然年龄就太大了。见了这么多人都不来电，可家长还是照样催……在仿佛无尽的相亲中，遇到一个彼此能看对眼的人，才如释重负，迫不及待地宣布自己"上岸"了。

可是，考试有标准答案，人生的阶段却没有。究竟什么样才算上岸，是说不准的。

遇见的人到底是否合适，还需要时间去相处、了解，恋爱和婚姻中更少不了磨合。我们当然不排除很多人可以通过相亲找到爱情，但也要看到，小红书晒出"相亲上岸"的网友中，不乏几天后就分手的。更何况，与相亲对象在一起也有可能是妥协的结果。这样一来，说是"上岸"未免不恰当。

就像《三十而已》中的钟晓芹，按部就班地相亲结婚，才知道婚姻里还有太多需要学习的"常识"。她或许也曾以为自己"上了岸"，最后却发现进入婚姻并不是一种解脱。

说到底，对于相亲、结婚、生育等事，称"上了岸"，就像是完成了一项任务一样，也难怪不少网友觉得这种形容很别扭了：仿佛完成"世俗认为必须做的事"就可以远离苦海、松一口气了，不再需要考虑问题了，人生"稳"了。可事实真会如此吗？

这个"岸"之后，明明还有下一个"岸"。相亲之后还有结婚，生娃之后还要操心到娃高考，如此算来，人生究竟何处是岸？

所以有的网友对此匪夷所思："这叫什么上岸啊？下苦海还差不多。"可是，生活本不是一片"苦海"。那些没有"上岸"的人，并不是无依无靠地漂荡在海里。

一位读者曾经给三毛写信，说自己的人生精神和物质都十分匮乏，所以她不快乐。三毛在回信中说："你觉得卑微是因为没有用自己的主观眼光来观看自己，而用了社会一般的功利主义的眼光，这是十分遗憾的，一个不欣赏自己的人，是难以快乐的。"她建议这位读者"寻求真正的自由"，享受生命，而不要依赖他人的眼光给自己快乐。

在豆瓣"逆社会时钟"小组，7万多个网友试图对抗"社会时钟"的压力，选择生活在属于自己的"时区"里。

有的人长大后喜欢上粉粉嫩嫩的玩具，给自己补上一个童年。有的人去寺院做了5年义工，看过人间疾苦，也感受到最多的善良。还有的人经历抑郁和休学后，平静地重新出发。更多的人选择在一个不被理解的年纪更换赛道，去探索自己想要的人生。

原来，并不是所有事情、所有阶段都有成功的唯一标准。在这些人眼里，"上岸"之外，还有碧海蓝天、阳光雨露，有诸多快乐的可能性。

"上岸"也称不上什么终点。就像高考前爸妈说的"考上大学你就解放了"一样，我们都知道后面还会有很多难关等着我们闯，同样，也有很多风景值得一看。

当然，我们不应苛责那些抱着"想上岸"心态的人，也无权要求所有人都拥有"松弛感"。为"内卷"所困的我们，总是在追求相似的成就。努力求"上岸"，固然是一种无奈。选择待在"海里"，往往需要更大的勇气。

但或许，人生本没有"这里是海""那里才是岸"的判定标准。

老梨树

□雷焕春

樱桃模仿梨，着一身白衣
梨花不动声色
有雪压枝，不知重不重
梨树苍劲，我从幼儿时就攀它的高枝
偷懒，学鸟叫，摘果子
它年年举着春天，举着我
将雪花撒下来
现在，我站在树下
骨头拖着沉重的心思
爬不上它的任何一条手臂

整不整理书桌，是个大问题

□欧阳晨煜

木心在《文学回忆录》中写道："世界乱，书桌不乱。"书桌由此成为喧闹世界中面积最小的世外桃源。人们在这个镇定的场所里施展个性，坐怀不乱，因而形成一种自我修行的气度。可从生活角度来看，如果书桌乱了，凌乱程度真的会影响人的专注度和创造力吗？我们相信，一定会有为数不少的"书桌堆砌者"出来抗议。

书桌是一种感性的记录仪。它不同于记录语言轨迹的录音笔，也不同于记录行走轨迹的计步器，它客观真实记录的，是书桌使用者们细密的思维轨迹，包括那些流入脑海的经典知识，动态迸发的珍稀灵感，内心暗涌的奇思妙想。书桌，或许是最懂你的亲密物件。

据此，毫无疑问，你的书桌正在悄悄透露你的内心。通过桌面上摆放的物品类型和整洁程度，研究者们发现了五种不同人格的书桌环境，这意味着，桌面的状况可以定义你的性格。

而一张张书桌的主人，依据不同的书桌环境，通常被划分为整理者和堆砌者。整理者一般拥有简约型书桌，而堆砌者常常倾向于混乱型书桌。如果你的书桌足够理性，像将野外必备品装进小号行李箱一样，尽可能地选择最少量的关键性物品摆在桌面上，你很可能是一个极简主义者，对一切富有规划感，遵守纪律并且可靠性强，你的书桌自然而然被称为清爽的简约型书桌。

一直以来，在桌面状况的比拼中，整理者通常都是良好秩序和习惯的优胜者。而堆砌者却饱受争议，被认为体现了使用者对生活无规划、自由散漫的缺陷。也有很多人不赞同在书桌上摆放无关学习和工作的个人物品，认为这样会分散注意力，降低学习效率。

堆砌者的反败为胜

上述的常规看法无疑困扰着堆砌者们，当他们把书桌视为公共场合中最私人的领地，充分享受个人领域内的自由时，杂乱就可能成为一种不被理解的秩序，而堆砌也很难被想象为丰富的同义词。

但最近的研究为失落的堆砌者们扳回了一局。一项研究表明，人们认为对桌面物品进行整齐归类和摆放有利于提高工作效率的看法或许是错误的。整理者们的确可以花费更少的时间找到所需要的资料，但是由于他们归类的行为优先于对内容本身的理解，因而在处理复合信息时，需要暂停手头的工作，花费更多的精力理解并记忆那些被整齐摆放在柜子里的内容。而堆砌者们由于喜欢将所有相关资料平摊在显眼的位置，在处理信息时，思维整合速度会更快，因此工作效率也随之更高。

这也恰恰说明了并不是所有表面的杂乱都意味着生活习惯的失控，堆砌也意味着信息的多元丰富。而能够同时组织并处理一张桌面上截然不同的资料所蕴含的信息，是对生活一种难得的掌控。将互不相关的工作与个人的物品置于同一空间灵活调配，维持一种多样化的平衡互洽，才是堆砌者们反败为胜的真正秘诀。

捡来的知识

在重整旗鼓，懂得了自己的优势后，整理者们和堆砌者们又迫不及待地进行了知识量的比拼。比赛规则是：在规定时间内，针对同一个选题，看谁能挖掘出更多的相关知识。

比赛开始，整理者们自信满满，按照之前分类好的资料精准寻找答案，迅速、专业又直击目标，好像手持局部地图选取一条最近的小路，毫不犹豫地直达终点所在的森林。而堆砌者们则完全不同，他们俨然扮演了森林探险者的角色，在凌乱的书堆里找寻答案的过程中，由于不知道所需信息和资料的具体位置，因此需要踏上未知的寻找的旅途。就像没有攻略去往陌生的森林，他们将沿路获得的许多额外的、意料之外的知识风景，统统捡起来装进背包，组成了个人独特的知识库。

到达终点，整理者和堆砌者放下背包，抖搂各自收集到的知识。整理者们掏出了分门别类好的标准答案，而堆砌者们却取出了更多"捡来的知识"。这些知识或许和最初寻找的目标并不一致，但在途中不仅拓宽了他们的知识面，还扩大了题目的意义，因而这些意外之喜可被称为"捡来的知识"。

在生活中，"捡来的知识"可能会藏在一本被你遗忘已久的书中，也可能会停留在一本其他领域新书的只言片语里。总之，那些你多看一眼的沿途的事物，可能会激发你新的灵感，从而打开你的思路。这像是一种即兴的魔法，你不知道会从盒子里蹦出几只白兔，让你启动好奇心，积极探索。而钟爱分类的整理者们引以为豪的习惯却成了获取"捡来的知识"最大的障碍，因为这些意料之外的知识只能为过程导向的堆砌者们所发现，而结果导向的整理者们更容易获得有清晰目标的、意料之中的答案。

或许你会说，"以书桌取人"并不公平，书桌不能作为灵活的性格探测器。但你不得不承认，由于长时间记录你的思维轨迹，书桌拥有评判你思考和学习方式的最大发言权。

航天中的"归零法"

□ 张拯宁

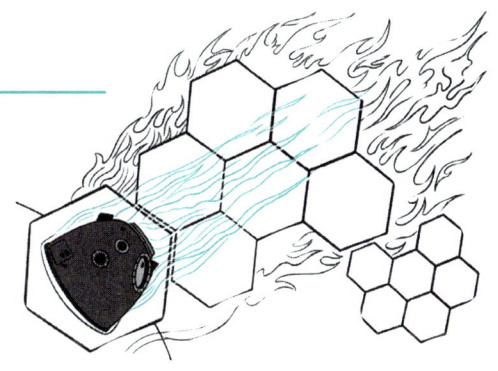

卫星安装在火箭上后，发射前有一位操作工程师要钻进去做最后的检查。在一次任务中，现场的监督人员发现操作工程师完成检查出来后又钻进去看了一下，觉得有点奇怪，于是追问他为什么要再进去一次。操作工程师沉默了一阵之后，承认是感觉到自己的腰带剐蹭到了什么东西。原来，这位工程师的金属腰带扣和卫星主发动机发生了剐蹭，这可能会导致严重问题的发生，甚至导致任务失败。补救吗？当然要补救。但是，补救之余必须多问一句：为什么之前他在操作时也系了腰带，但没有发生剐蹭呢？

原来，因为前段时间丈母娘去他家里了，家里伙食变好，这几个月他胖了很多。如何彻底解决此类问题呢？那就要修改工作流程，以后所有工程师都需要称体重，量腰围，进入现场时要安检，工作服的裤腰也改成了松紧带的，腰带出现问题不能只解决腰带，还要举一反三，去研究其他操作环节有没有类似的人机接口问题。操作高压器件时会不会放电？手上的油脂会不会产生危害？需要戴什么样的手套？工作人员的头发会不会掉入精密仪器？像这样一直追问下去，这个问题才算彻底解决。

这就是"归零法"，在航天工作中，只要发现一点异常，不管大小，必须从第一步到最后一步，逐一溯源，重新一一验证。无论问题表现为什么样的具体现象，都要不停地追问为什么，揪出现象背后的本质，最终彻底解决问题。

这种方法由于极为有效，已经正式成为国际标准。我们可以骄傲地说，"归零法"是中国航天业发明的一种彻底解决问题的方法。

在古诗词中纳凉

□金陵小岱

每年的夏天都格外热，只要出趟门，就是一身汗。如此炎热的天气，难免有些烦躁，与其抱怨，倒不如走进古诗词中，看看古代的文人墨客们如何纳凉。

说起纳凉，老一辈人最爱说"心静自然凉"。这句听起来就让人感到无语的话竟出自白居易的《苦热题恒寂师禅室》："人人避暑走如狂，独有禅师不出房。可是禅房无热到，但能心静即身凉。"当年也是这样的一个酷暑，白居易去拜访一名叫恒寂的禅师，只见禅师静坐在房间内，夏日的炎热丝毫没有影响到他。白居易不解地问道："禅师，这里好热，你怎么不换个地方？"禅师依然很淡定："我不觉得热啊，甚至觉得很凉快呢！"白居易细品了会儿禅师的话，品出了其中的禅意，就写下了这首诗。或许是禅师的话影响了他，后来白居易又作过一诗《消暑》："何以消烦暑，端居一院中。眼前无长物，窗下有清风。散热由心静，凉生为室空。此时身自保，难更与人同。"

相比白居易用禅意纳凉，李白就显得潇洒豪迈许多，他曾在《夏日山中》云："懒摇白羽扇，裸袒青林中。脱巾挂石壁，露顶洒松风。"那年夏天，是李白被"赐金放还"后一年，他独自走在一片青翠的树林里。天气实在太热，李白纳凉如他的真性情，丝毫不带犹豫，分三步走：一摇白羽扇，二脱衣，三散头发。就是这么潇洒，完全不用考虑自己的"偶像包袱"。

摇扇子、脱衣服、散头发……说到底，李白纳凉还是用物理降温法。对此，杨万里表示：其实舌尖上的纳凉也不错。初夏的午后，杨万里午觉醒来，采摘了一篮子杨梅，坐在芭蕉树下，悠闲地将它们一颗一颗地往嘴里送，杨梅酸甜的果汁浸润在口中，不远处的孩童正在嬉戏打闹。于是杨万里写道："梅子留酸软齿牙，芭蕉分绿与窗纱。日长睡起无情思，闲看儿童捉柳花。"（《闲居初夏午睡起》）孤身在外也好，宦海沉浮也罢，夏日如此美好，不如吃吃喝喝，悠闲纳凉。人生啊，就如初夏的杨梅，有酸也有甜。

说起舌尖上的纳凉，初夏是酸甜的杨梅，那么盛夏时节，怎么少得了西瓜？宋代诗人顾逢还专门为西瓜写了一首诗，没错，诗名就叫《西瓜》："多处淮乡得，天然碧玉团。破来肌体莹，嚼处齿牙寒。清敌炎威退，凉生酒量宽。东门无此种，雪片簇冰盘。"西瓜这么好的解暑水果，纳凉时吃上一片，岂不快哉！但论起吃西瓜，宋代李重元更会享受："风蒲猎猎小池塘，过雨荷花满院香，沈李浮瓜冰雪凉。竹方床，针线慵拈午梦长。"（《忆王孙·夏词》）躺在院子里的竹方床上，听着夏天的风吹过池塘，闻着满院荷花的香，再将桃李、西瓜放在井水里，过半晌就能吃上冰镇水果。纳凉如此惬意，还做什么女红？吃水果，睡觉！

当然，作为文人墨客，纳凉少不了氛围感。秦观将纳凉玩得浪漫无比。在某个夏日的月明之夜，秦观来到了池塘边。彼时晚风初定，池中盛开着的莲花散发着淡雅的幽香。他闲倚胡床，闭上双眼，感受着夏夜的风吹过，忽然听到了不远处船家儿女在吹短笛，笛声参差而起，萦绕在池塘的水面上。在如此美妙的氛围下，秦观也写了一首《纳凉》："携杖来追柳外凉，画桥南畔倚胡床。月明船笛参差起，风定池莲自在香。"

古代的文人墨客没有现代科技加持，照样能在如此炎热而漫长的夏日里惬意纳凉。作为现代人，我们是不是应该跟古人多学着点？

3

不必行色匆匆,不必光芒四射,不必成为别人

不想被手机困住的Z世代

□ 安之若树

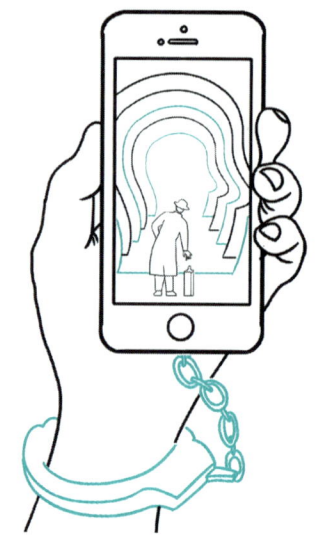

互联网时代，连接是现代人进行工作、社交、娱乐等的基础。但与此同时，连接也让人们身处信息泄露、社交倦怠、信息过载的日夜煎熬中。

无处不在的连接，让"不在线"成了一种奢望。于是，越来越多的年轻人正通过自己的方式，在数字时代中悄然逆行，酝酿着一场对于连接的反抗。

连接的代价："永久在线，无法断连"

"叮咚，叮咚，叮咚"，接连三声微信提示音让小柳停下了手头的任务，她正在为保研准备个人申请书，截止日期就在第二天，但她还是下意识地打开微信窗口，跟好友聊了几句后，正想退出，却注意到朋友圈的图标显示了"+5"的红色圆圈，她忍不住点了进去……

待她回过神来，半小时已经过去，而原本顺畅的写作思路已被打断。打开购物App，原本想买完就撤，不料首页出现的内容有如读心神探一般，准备好你最喜欢的"菜"，让你浏览到停不下来；刷新微博，本欲浏览时事新闻，但看到热搜广场有自己感兴趣的话题，就又陷入新一轮的发帖讨论……工作效率降低、情绪易波动、深度思考中断、生活作息扰乱，媒介用户为深度连接付出了时间成本，也付出了昂贵的身心健康代价。

"当我意识到花费大量时间在网络上，却什么都没得到时，我决定开始反抗。"面对加速主义的车轮、注意力分散时代的浪潮和手机成瘾的万花筒，作为互联网原住民的年轻人开始有意识地寻求各种方法，来实现断连、减速和脱瘾。

用"魔法"打败"魔法"

"智能手机发明后，往日那些由于无聊而抬头看云的时刻，显得单纯而遥远。"正在家里准备二战考研的灿灿觉得，与抬头看云一起变得遥远的，还有始终为一个目标坚持与奋斗的专注力，而如何找回这份专注力，她尝试了很多。

起初，她照着各位"自律型博主"的推荐，下载了很多诸如番茄时钟、Forest专注森林等时间管理App。

然而，灿灿突然发现，在等待番茄时钟解锁的一个小时里，她会焦躁难安地倒计时，在解锁后，她甚至有一种解脱感。"反抗"似乎仅仅转化为了一种"等待"，专注力也自然在这种机械的等待行为中烟消云散。

渐渐地，这类App里所谓的"定时"，也被灿灿找到了破解的法子，只要不设置"强制管理"功能，依然可以浏览其他网页。一天下来，浏览手机的时间甚至有增无减。反抗之路要就此夭折吗？她有些不甘，虽然用"魔法"打败"魔法"的方式走向了失败，但灿灿准备继续探索新的"逆行路"。

与灿灿一样，小柳的反抗之路也并非一帆风顺，她尝试过很多的方式，从用光电量到拔掉Wi-Fi，从关掉手机到将手机放置在视野之外，但手机不在身边又造成了极大的不安全感，效果常常不尽如人意。此外，小柳又尝试了卸载App、关闭信息推送等，但没想到应用程序被一次又一次地下载回来，她反而会花费更多时间去报复性汲取信息。

拿回自己的主动权

究竟何种程度的反抗才算是成功？也许是完成短期的既定目标，也许是对抗自我惰性，抑或是在与自我欲望的拉锯战中获得一局胜利，但小柳认为真正的成功是"发自内心地认同反抗举动，用反抗行为来解放自己的心灵"。

而在经历多次尝试后，灿灿意识到，只有发自内心地认同反抗行为，进行自我约束，才能让反抗落在实处。

秋哥和小张在成长过程中一直都是随心而为，"学不下去就刷会儿手机，从没想过要克制自己想玩的欲望和冲动"，但面对考研、考公这样的重要时刻，他们开始明白要对自己的行为有所约束了。

如果不尝试反抗就会导致负面连锁反应：学习、工作效率的降低导致考研失败、升职失败，失败又往往会导致情绪的低沉，带来一系列健康问题。旁人都觉得，是现实的压力逼迫他们不得不反抗，但秋哥和小张明白，主动权在自己手中，要想更好地达成人生目标，放弃过去那些极易上瘾的日常娱乐方式是必须的。

"我在考研的时候，非常清楚地知道自己一定要成功上岸，那么，为了实现这个目标我就要让自己学习效率更高。"回首三年前的经历，如今拥有不错薪资的秋哥非常感谢那时主动戒掉手机，投入备考的自己。

小张则是个容易被信息左右情绪的人，当他发现自己因网络上的信息而日夜焦虑时，他惊觉"坏情绪已经影响到我的生活了，所以我果断地用断网来反抗，让自己的情绪变得稳定下来，也变得更理智和开朗了"。

灿灿和小张一样，通过反抗，远离了因为网络上整日争吵不休而造成的情绪低落和焦虑，"从此，我拿回了自己情绪的主动权"。

小张通过反抗媒介获得了自我判断力的主宰权。他发现，网络上许多所谓"千人千面"的多元知识信息，实际上仍是千篇一律的同质化内容。更让他感到不适的是，某些App似乎能窥探他的生活，"前一秒我在和朋友聊一个话题，下一秒这个App就给我推荐类似的内容""我必须远离它们，让自己重新获得独立思考的能力，也为自己保留更多的隐私"。

当连接成为可窥探个人隐私的手段，为了保有自我精神价值而进行的反抗更显珍贵，"我希望至少有一部分自己是完全属于我，而不被他人所知的"，那部分自己是拥有情绪控制能力、批判思考能力与创造能力的自我，是对抗"连接代价"的精神净土。

当然，反抗的过程也是一个失去的过程，当小柳和灿灿回忆反抗的经历，她们对失去的娱乐生活有些遗憾，但不后悔。"如果这是获得主动权必须付出的代价，那么我愿意"，毕竟可以自由地去追寻新的东西来填补缺失的部分，像是从阅读中获得的新知识，又像是考研途中结识的几位良友。这些年轻的逆行者显然将眼光放得很长远，他们深刻地意识到这些才是未来人生中更为宝贵的财富。

可以复制的，都是刻意的

□借山而居

短视频时代，如何判断哪些生活方式只是记录，哪些是刻意制作的表演呢？

可以复制的，都是刻意的。每个人都是独一无二的，是因为每个人的认知、性情、三观、生长环境等不同，塑造了我们独一无二的视角。生活日常更是随着环境、情绪、状态等不同，充满让人无法预料的变化。但我们在短视频里看到的那些山居生活，却都如此相似、重叠，清扫落叶、炉火煮茶、抚琴点香、披风挂杖、寻道问友……都是极具符号化的镜头，没有一点作者本人的味道。

相比天气潮，我更害怕路人"潮"

□余 音

如果你想打理头发，走进理发店却被头顶五颜六色锡纸烫的Tony（理发师）闪到不敢睁眼；如果你发现一家小众咖啡馆，却因里面"拍拍拍"的精致人儿太多而选择走向旁边的便利店……那么，恭喜！你已成为"潮人恐惧症"患者中的一员。

所谓"潮人恐惧症"（简称"潮恐"），是指看到那些打扮时尚、光鲜亮丽的人会害怕，下意识想躲，还有点若有若无的尴尬，"并发症"为害怕去高档、新潮的各类场所。

继"社恐"后，"潮恐"二字一经发明就迅速引起了人们的共鸣。

或许，你也是潮恐患者

所谓"潮人"，就是一些在穿着打扮上走在时尚前沿，走在路上格外吸睛的人群。对于他们来说，每一个街角，都是T台；每一个商圈，都是秀场。

北京的三里屯、上海的武康路、广州的东山口、西安的小寨路、成都的春熙路和太古里、杭州的湖滨步行街……都是"潮人含量"超标的地带。

作为潮恐患者，你敢只身去逛哪一处？

在时尚浓度超高的环境下，路上的行人绝不简单，有穿着拖地裤、摆弄着相机、长发飘飘的文艺男青年；也有露出小蛮腰，妆容精致的个性女青年。

于是，本来想自拍的你，看到身边自信摆pose（造型）的潮人，只好哆哆嗦嗦地拿出手机随意"咔嚓"两下就赶紧收起来。

不敢直视潮人，更怕被潮人们直视。最后，在品位、经济条件、自信"三连受挫"的情况下，潮恐患者只好迅速逃离现场。

其实，潮恐症并不只是在特定环境下发作，潮恐带来的尴尬、羞愧、自我怀疑，也并不仅仅停留在偶遇潮人的那几分钟。

豆瓣网友芊芊就曾表示，在大学里，她没办法与会穿搭、懂时髦的同学玩到一起："只有跟像我一样的'原生态'的人待在一起，才会有安全感。"这样看来，那些追求时髦、努力精致的人，与习惯躲在"普通""平凡"壳子里的人，仿佛天生隔着一条难以逾越的鸿沟。

潮恐，究竟是在"恐"什么

那么潮的人，脾气一定很不好吧？

潮恐患者的第一个恐惧点，来自他们对"潮人"的固有印象——高傲、冷漠、脾气臭。这种印象的形成并非毫无根据。

很多时候，人们的神态、动作、表情都会根据不同的穿搭而有所变化，这也是为了形成统一的风格。另外，一些穿搭考究的人，还会对其风格背后的文化有一定的认同感。

比如，热衷于"嘻哈风"穿搭的人也喜欢独立思考，不附庸主流的嘻哈精神。这些文化展现出的个性，就会让部分人觉得不好接近，从而想要下意识地远离。

恐惧的背后，是自卑。

创意集市、文化展总能受到很多年轻人的

喜欢，但潮恐患者却不敢走进去欣赏一番，这是因为他们视穿搭为文化圈层的入场券，觉得对穿搭没有品位的人，不配对其他事物有兴趣。

而潮恐，就代表着一些想要跻身"潮人圈"，想要得到圈内人的尊重和认可，却因自身条件而无法实现的恐惧。这些条件中，有自己设定的框架，也有客观存在的影响，比如经济条件和品位。

不可否认，时尚是抽象的，但"堆砌"时尚是需要物质基础的，而消费欲望与消费能力不匹配，就会造成落差和恐惧。

英国社会学家齐格蒙特·鲍曼提出过一个"新穷人"的概念，这类人不是我们传统意义上没有工作、没有收入的穷人，而是没有足够的钱，不能随心所欲购买必需品的消费者。

这样看来，我们大部分人都还在"新穷人"的行列里晃荡。但看着满街一抓一大把的潮人，你就会明白物质虽然对一个人的"潮流含量"有影响，但并不直接挂钩。

另一点就是品位。与时尚相比，品位更加虚无缥缈，它到底是与生俱来还是后天习得，没人讲得清。

潮恐患者是真的"恐潮"吗？恐怕他们是过于"慕潮"，以至于在自卑和犹疑中徘徊不前。

想"脱恐"？用魔法打败魔法

"脱恐"第一步——把潮人拉下神坛。

对于上海人来说，"潮"是要排在"低调""奢华""有内涵"等一系列形容词之后的。

当潮人穿着吊裆裤、破洞衣走在CBD（中央商务区）时，街拍摄影师的镜头或许并不会对准他，而是追着旁边那个穿着丝绒套装的奶奶跑："阿姨，侬好优雅！"

"脱恐"第二步——向大爷大妈看齐。

不知大家有没有发现，恐潮患者大多是年轻人。但是对于父辈或爷爷辈的人们来说，潮人就是鄙视链底端的生物。

"脱恐"第三步——用丰盈的内心打败外表的赘饰。

朋友小莉曾经拜倒在自己的潮人男友脚下，但随着长时间近距离的相处，她开始疑惑：这个家里没有一本书，电影只看动作片，参展只会"拍拍拍"的男孩为什么会让我自卑？

英文中有一个词与潮恐有异曲同工之处，那就是"fashion anxiety（时尚焦虑）"，而导致这一点的则是"fashion bulling（时尚霸凌）"。

在学生时代，我们或许都遇到过或者见到过某种"时尚霸凌"。比如，当同学以一件名牌格子衬衫或一双AJ鞋来显示自己的家境时，那些不喜欢或者买不起的同学心里就被埋下了一颗潮恐的种子。

人不可貌相，但很多时候我们却依靠人身上的商品给他们下定义。

商圈、美景不是潮人的专属，小众文化的学习也不需要潮流服饰的加持，稳定而强大的内核才是真正的"潮酷"。"脱恐"后的你一定闪闪发光！

东方的星空

□ 王 童

浩瀚的宇宙飘荡着吟咏悲欢的诗句，
茫茫的星空奔行着闪烁的灵魂。
天是我的门，月是我的窗，
我复活了屈原，我走进了问天阁。
大象在北进，庄子在南巡，
家和万事兴，天和工物开。
我对接着量子的隧道，我对接着时光胶囊，
我的时间舱盛满了回首往昔的流金岁月。
那弧形的轨道，那旋转的波长，
天鹅座的呼叫传来湖边求爱的信号。
我的五颗星已组成新的星座，
我出舱骑上腾龙的天马，
挥舞着这飘扬的旗帜。
我在流火的七月中，
举起了东方的织锦。

CEO和清洁工的区别在哪里

□ [美] 莉尔·朗兹 译/曹 蔓

你和一位精神病学教授来到一间实验室，里面有两个全身赤裸的男人坐在靠背椅上，一脸尴尬地苦笑。教授把毯子递给他们，然后向你描述起来：

"这两位先生都在跨国公司工作，其中一位是首席执行官，有美满的家庭、忠实的员工和可靠的朋友。另一位在公司打扫卫生，他也是个诚实善良的人，只不过他的人际关系很失败，身边没几个朋友。现在，我的问题是，你能分辨出他们谁是谁吗？"

你向两个男人望去，两人不但年纪相仿、体重相当，连面部表情都差不多。教授走过去掀起毯子底部，两人的赤足露了出来，教授问："怎么样？提示够吗？"

"啊！这可不行。"

教授并不吃惊，接着说道："如果我告诉你他们两个出身背景相同，在同一个社区长大，上同一所学校，而且连智商测试结果都差不多，你又会怎样看他们？"

这下子你可彻底晕头转向了！如果不是外表、智力、教育、财富或教养，那么判断标准是什么？你还是猜不出来。于是教授转向那两人说："非常感谢你们的配合，先生们，你们可以走了。"

听到教授说实验结束，甲转过头对乙说："乔，实验终于结束了，我想你肯定很高兴吧？表现不错！"就在要出门时，他又对教授和你说："这个实验对你们两位肯定也是很尴尬的经历，希望下次你们能感觉好些。你们的研究一定很重要吧？"

乙站起身时是这样说的："我就知道你们离不开我。"走到门口时他又停了下来，似乎有所期待。教授马上明白过来，上前递给他一些钱……教授关上门，再次向你问道："怎么样？现在你能猜出他们各自的身份了吗？"

"当然，第一个是首席执行官。"你自信地回答。

教授很高兴："没错！你是怎么发现的？"

"因为他关注另一个人的感受，也关注我们的感受。而另一个家伙说的话听起来就像别人都对他有所亏欠一样。"

"完全正确！"教授接着说，"你是否感觉到那个首席执行官在实验中要自信得多？这是因为他首先关注的是同伴的尴尬体验。他表现得自信，还因为大家总是尊重他。他能做到先预感对方的各种情绪，然后做出相应的反应。同样，他照顾到了我们的感受。"

我把那位首席执行官所表现出的能力称为情绪预测，他能在实验结束后马上预测到另外几方的不同感受。在此基础上，他只用了简单几句话就和每个人成功建立起人际关系，而且让大家都感到亲切自然。

情绪预测是指对某人的言行所反映出的情绪进行提前预测，从而相应地调整自己的沟通行为。这种做法通常可以增强交流对象的信心和自尊，也能提升对方对你的好感，从而得到对方积极的反馈。两个外在条件相似的人，情绪预测能力不同，也就走向了不同的道路。

发什么朋友圈容易获赞

□张天骄

朋友圈确实是一个大长见识的地方，但人的好奇心终究有限，审美标准也一涨再涨。时间一长，对那么多的才艺展示、生活瞬间、人生感悟，我们或匆匆一瞥，或视而不见，没有丝毫感触，点赞更成了稀缺之物。王朔在《动物凶猛》里写的那句话放在这里再合适不过："这就像一个只会从空箱子往外掏鸭子的魔术师，你不能回回都对他表示惊奇。"

按说点赞就是动动手指，不费一文，也无须绞尽脑汁留言回复，可它偏偏就没有呈泛滥之势。人们表现出来的是如此克制和矜持，对每一个点出去的赞都保持着谨慎的态度。似乎在极力证明：看热闹是人类的天性，但展示态度不是。即便是网上的赞美，也不是廉价的，只有真正能打动人的东西才值得一赞。有一种是例外的：开明宗义的具体诉求——我就是要赞，就是为了给自己的午餐打个八折，就是在给孩子的篮球教练发个广告。这是在明白无误地告诉你：我需要你的帮助。这种目标清晰、指向明确、杵到你眼前的呼救，人们很难不去帮一把。

那究竟有什么让我们点起赞来毫不手软，而不是敷衍应付呢？孩子的蹒跚学步、牙牙学语比其他的都更容易激起人们的爱心，老人过寿也会获得多个祝福。因为对幼小和老弱的关怀扶持始终是人类最真挚的情感。

在过去的评书、小说以及现在的影视剧里，"发迹变泰"是一种长盛不衰的故事模式。我们都喜欢看一个人或一个团体逐步成长最终大获成功的过程。王学泰在《"水浒"识小录》中曾认真归纳这种现象：就人的本质来说，发迹变泰也是人们的共同向往，可惜对绝大多数人来说这只能是镜中花、水中月，是可望而不可即的。于是，他们就想听一听或看一看别人发迹变泰的故事以求得慰藉，因为文艺的功能之一就是使观赏者心中的愿望能够虚拟地实现。自己不能"发迹变泰"，看看别人也聊胜于无。

朋友圈里的"朋友"怎样做才能持久地激起你的点赞欲望呢？当然是一段简约版的"发迹变泰"的故事。他需要有超常的表现，比如跑步。今天他跑了三公里，下周涨到五公里，一个月后坚持到十公里，三个月后参加半马。这种逐步发展的励志故事，既引起人们的兴趣，又符合期望。可成绩一旦停滞不前，没有突破，就算配速再快，也顶多引来志同道合的"跑友"的支持。因为人们的关注和耐心是有限的，有变化的进步才能被吸引住。

如果进步过程中有挫折，没关系，那也会得到大家的鼓励点赞。因为这也是"发迹变泰"的经典桥段，"成长—挫折—成长"才符合常人的逻辑，也更容易引起共鸣。

成功后的总结能引来点赞，困惑、迷茫也是可以的。当然，如果你还想获得更多的赞，那就要开启另一种新的超常表现。不过，围观者是不是愿意给同一个人的多重成功历程点赞，则属于另一个讨论范畴了。

不要再把"爱自己"浪漫化了

□ Toffy Char 译 / 郑佳琳

别人告诉你,你要学会"爱自己"时,你会想到什么?是和好友一同来场剧本杀?是宅在家里吃着螺蛳粉、喝着肥宅快乐水?还是奖励自己享受一次泡泡浴?

确实,这些都可以是很好的爱自己的方式。但是,溺爱和放纵并不是"爱自己"的唯一定义。

美容行业会将"爱自己"作为一种营销策略并从中获利,也有很多美妆品牌的宣传朝着这个方向发展。你有时候还会看到一些餐厅用"善待自己"这样的句子来吸引你买他们的甜品。

这个社会好像围绕着"爱自己"而创造出了一种炒作方式。"爱自己"本身并没有错,但我们也许误解了它的真实含义。

当我们将"爱自己"浪漫化,并为它创造了一个单一的样子时,我们就会忽视"爱自己"的深层含义以及其他理解方式。

1.我对"爱自己"的定义

最近,我在与一位音乐治疗师朋友聊天的时候,说到关于"爱自己"的话题,讨论了一下人们对它的误解。讨论后,我得出了一个对"爱自己"的定义:

爱自己是一种习惯,是你对生活充满诚实的好奇心,是你面对选择时将自己放在第一位,是能够创造一个不需要逃避的生活。

确切地说,就是完全地、无私地对待自己。这样你才能做到回馈世界。那么,回过头来看看,你认为"爱自己"还能是什么呢?

2.学会说"不"

作为一名在亚洲文化中长大的女性,我一直履行着做一个好女儿的职责,这也让我在面对不同的问题时,答案都自动变成了"是"。"是"已经在我脑海中根深蒂固了,我甚至很讨厌说"不"时的感觉。因为不想让其他人感到失望,也害怕自己会错过什么机会(错失恐惧症是真实存在的)。

但另一方面,回答"是"又会令我自己失望,让我自己的一些需求无法得到满足。回到前面的定义,回答"是"其实意味着我们并没有把自己放在第一位,反而负担了一些超出我们能力的事情,而这会导致我们想要逃避现实。

所以,确立自己生活的重心,并在必要时学会说"不",就是一种"爱自己"的方式。

3.设定界限

跟很多人一样,在家上班的日子里,我的工作变得比我原本想要的多得多。我总是在超时工作,却没意识到凌晨工作其实是一种不可持续的生活方式。所以,我要学着去设定一个工作时间的界限,来维持生活的平衡,这样才不会使我的未来可能想要逃避生活。

你的生活中是否也有需要划定界限的事情呢?这些界限可以是生理界限("我饿了,我现在需要吃东西")、情绪界限("我需要在跟你讨论之前先自己思考一下")、时间界限("我现在只有一小时")和财务界限("我这个月只能花××钱去购物")。

划定界限不仅可以帮到自己,还可以帮到其他人。为自己创造好的生活时,才能以更好的面貌面对他人,而只有当其他人了解了你的界限后,他们也才可以更好地面对你。

4.平衡当下与未来

听起来好像有点广泛,但从本质上讲,你需要确保自己做出的决定符合"当下"和"未来"的最大利益,来建立一个让自己感觉良好的可持续生活。

我们每天都需要做出很多决定:我们还要睡多久、吃什么、要不要运动等。有时候,你会选择在早晨阳光的沐浴下睡懒觉,觉得这样才是爱自己的表现,因为你确实需要这个睡眠时间。但在其他日子里,早起去晨跑才是更好的,这样才能确保自己整体的健康状况。还有些时候,你会沉迷于享用甜品,但其他时候,你也要为自己的身体健康考虑,学会克制自己。

当下的满足和某一刻的幸福感并不代表一切,正如罗宾·戈宾博士(Dr. Robyn Gobin)所说:"想要长期获得健康和快乐,往往意味着当下你可能需要吃些苦。"

那么,要如何找到平衡当下和未来的方法呢?这个平衡点很微妙,可能只有你自己才知道它在哪里。

5.创造一个你想要享受,而不是想逃避的生活

在我对"爱自己"的部分定义中,我认为"爱自己是一种习惯"。"习惯"的意思是,这是一种需要长期坚持的行为。当你做得越多,就会对它有越深的理解,你也才能更好地了解自己。

"爱自己"的方式对每个人来说都是不同的,并不是所有人都能套用唯一的定律,我们要找到适合自己的方式,用温柔又坦诚的心面对自己,问问自己是否正朝着想要的生活前进。如果你找到了适合自己的方式,那么无论玩剧本杀、嗦粉还是享受泡泡浴都可以是你展现热爱自己、热爱生活的方式。当你更加了解自己,找到适合的方式,你才不会想要逃避生活。

人心一旦猛如虎

□余 弓

元人陶宗仪在《南村辍耕录》中写了一个故事:从前有九个人在山间行走,突然天降大雨,于是他们就在路边一个破旧的土洞中避雨。忽然来了一只老虎,在洞口蹲着,张开血盆大口,虎视眈眈。

据说这九个人里有一个笨蛋,智商不高。另外八个自以为聪明的人就秘密商议,要把这个笨蛋骗出去喂老虎,把老虎引开。计谋已定,八个"聪明人"异口同声地对另一个人说:"老兄,你先出去,我们再从后面包抄,一起把老虎杀了!"

笨蛋果然是笨蛋,半天拿不定主意。眼看老虎就要冲进来,八个"聪明人"急忙每人脱掉一件衣服,捆成人的形状扔出去。老虎一看是假的,暴跳如雷,越逼越近。

这八个人见势不妙,马上一起动手,拼命把笨蛋推了出去。老虎以为这个仍然是假的,瞅都不瞅,继续向洞内扑来。就在这时,土洞突然崩塌,把这八个人和老虎一起埋了,而被推到洞外的笨蛋,则安然无恙。

柏拉图曾借苏格拉底之口说道:"逃离死亡并不难,难的是逃离邪恶,因为邪恶比死亡跑得更快。"(柏拉图《申辩篇》)这九个人本来可以齐心协力,一起把老虎赶跑,只可惜其中八个对另外一个起了歹念,结果"机关算尽太聪明,反误了卿卿性命"。

由此可见,害人之心不可有。人心一旦猛于虎,被吞噬的,很有可能首先是自己,而未必是别人。

钱流向不缺钱的人，爱流向不缺爱的人

□南小希

有人视金钱如粪土。他们手上的钱就像烫手山芋，一定要想尽办法散掉才觉得心里踏实。

也有人完全对金钱无感，安于做"咸鱼"，看起来过着乐天知命、全无欲望的生活。这些表现和态度的差异是如何产生的，是值得思考的问题。

在金钱背后

很多人对金钱的障碍，需要链接到早期与养育者的关系。

有些养育者会用贫穷向孩子施虐。

自称"赚钱废物"的朋友回忆起童年时，满腹心酸和沉重。她有一位极其辛苦且非常爱抱怨的父亲。他每日辛苦劳作，满身疲惫地回到家，然后开始抱怨自己的累和生活的艰辛。

他有一句口头禅："我的钱都是用血汗换来的。"有一次还说了这么一句话："撕开我的钱，里面都会流出血来。"

她自动承接了这份沉重，走到了受虐者的位置上。从小到大，她都觉得花父母的钱是极大的罪恶。

上学时，她为了省一块钱，可以不坐公交车、走一小时路。在学校食堂，她也不敢买菜，很多时候都缩在角落里偷偷就着汤吃白饭。会"流血"的钱，成为惊扰她一生的诅咒。

有些人家里很有钱，但对金钱仍然有强烈的匮乏感。有位来访者讲述过他极有能力却吝于付出的父亲。他父亲有几家工厂，每天乐此不疲、野心勃勃地倒腾生意。

但他赚的每一分钱都会重新投入他的业务里，一点都不会花在孩子身上。这就造成了一种很有趣的现象：他就像个有钱人家的穷少爷，从小连件像样的衣服都没有。

不仅如此，很多人在成年后，与父母的关系同样被金钱隔开和稀释。

有位女士生完孩子后，在公婆家坐月子。她婆婆在她出现的第一天，就非常程式化，一脸公事公办地对他们夫妻说："你们考虑下，你们打算怎么吃饭？我负责烧饭，你们交一个月的伙食费。"

而在这些令人唏嘘的现象背后，当然隐藏着养育者的人生命题。

他们很可能曾被极其强烈的生存焦虑和死亡焦虑笼罩。

这位声称"钱会流血"的父亲，从小就失去了父亲。他的母亲带着他，穿过饥荒年代，多次险些饿死的噩梦是他一生缺失安全感的基调。

他们或许自己就是从未得到过爱和关注的人。他们本身对于情感依赖就是缺失的。

这让他们转而将所有能量投入对金钱的追求中去，用获取金钱的方式获取踏实稳定感，来取代爱和关注的缺失。

在这样的情境下，自我功能的发展是受阻的，也就必然意味着他们很难对孩子展现柔情。

金钱，原本该作为温情和关怀的媒介，却成为阻隔关系的鸿沟。

他们与子女的边界或许是不清楚的。

在金钱问题上，那些和子女"明算账"的父母，可能无法摆脱那个在早年关系中受虐的自己。

在他们的内心深处，他们和子女始终处于一种未分化的状态。

也许，他们心里有一个终生未被自己听到的声音一直在对子女说："我没过过好日子，所以我也不允许你过好日子。"

与金钱的关系，是你与世界的关系

可以说，金钱的流动背后，是关系的流动。

难怪曾奇峰老师说：对钱的情绪，是一个人对这个世界的情绪的一部分。这或许能够解释很多人不同的"金钱障碍"背后的深层原因。

有些人在获取金钱的过程中有重重阻碍，这可能是因为某种原因压制了自己的自我功能。

自称"赚钱废物"的朋友，一直在用低效的工作和表面的勤奋欺骗自己。但更重要的是，她在通过这样的方式向自己的父亲做出交代。

会"流血"的金钱，令人联想到谋生是累的、痛苦的、令人恐惧的。所有和谋生挂钩的事情，都是消磨生命、消耗热情的。

这样的信念，渐渐演变成了对自己生命的敷衍，把自己牢牢锁定在了辛劳的底层。

有些人很难正常消费，对自己无比苛刻。

在他们的内心深处，花钱的行为或许一下子就和养育者的死亡焦虑产生了呼应和链接。

这令人想到一位缺席孙子生日宴的爷爷。他发现宴会上不带酒水，为了不喝酒店里昂贵的酒，他缺席了很长时间，去超市买了箱酒扛回来。

但是，他的儿子在那一刻需要的不是省钱，而是在这样的场合，他以祖父和父亲的身份"在场"。

可是，死亡焦虑在场的时候，亲情很难在场。而回应和陪伴缺席的地方，往往是强烈的恐惧和空洞。

这足以使一个孩子处在焦虑的位置上无法动弹，并终身无法享受成功的感觉。

很多人早期的生活背景是养育者营造的匮乏感和缺失感。所以，成年后的有钱就变成了对关系的背叛，是从跟他人的融合性关系中脱离。这会让人产生被抛弃的恐惧感和抛弃他人的内疚感。

缺钱的人、没办法与金钱建立良好关系的人，很可能是没获得过丰盈的爱和正向的客体关系体验的人。

而反观那些经济条件一般却极少在金钱上表现出匮乏，并尽最大可能满足孩子正常物质需要的父母，他们的爱未曾缺席过。

在他们的孩子眼里，家是一个简陋却滋养的地方。而他们成年后会像高飞的鸟，能量流动、充满勇气，没有束缚地追求和获得财富。

所以，才有了这样一句话：钱流向不缺钱的人，爱流向不缺爱的人。这意味着，要重建与金钱的正向关系，最重要的或许是重建内在的体验和边界感。

同时，作为父母，对内部客体关系的重新整合和自我成长，是与孩子建立滋养性关系的前提。

到那时，原本很多被束缚的生命或许会发现，原来自己可以毫无阻碍地去追求想要的一切，而这，一直是每个人与生俱来的天赋。

生活也包括沉默

□ 苏 童

许多年前，在一个朋友间的聚会上，我听见一个女孩这样评价我的一个寡言少语的朋友：他懂得沉默。女孩说这句话的时候眼睛熠熠发亮，你可以从那种眼神中轻易地发现她对沉默的欣赏和褒奖。

我一直自认为是一个沉默寡言的人。从那次聚会开始，我似乎不再为自己的性格自卑。我在沉默中一次次地观察别人，发现了许多饶舌的人，词不达意的人，热情过度的人，发现了许多语言泛滥、热衷于舌头运动的人。这些发现使我庆幸，我庆幸自己是个沉默的人。

网络杀死小情思

□杨 杰

或许，我们正在经历一个新型的"大灭绝时代"，不信低头看一眼你的书桌——报纸、地图、字典和CD，去哪儿了？

曾在人类生活中活跃一时的物件，皆因网络霸主的出现惨遭灭顶之灾。10多年前，英国《每日电讯报》早早列举了50个正在被网络"杀"死的事物，如今看来都已"凉透"。例如，当时作者抱怨人们不再从头到尾听完一张唱片，有了网络，许多人只听其中的某首单曲。现在，人们连完整地听完一首歌都实属难得，取而代之的是十几秒的短视频配乐神曲。

陪伴亲友的时间也被网络剿杀。视频电话好像使回家变得没那么珍贵了，即便回到家人身边，也在忙着抢红包、刷手机。家庭中心地位的电视逐渐失势，节目都能在电脑上找到，而且丰富一万倍。家人们坐在沙发前对电视里的主人公评头论足的时代飘远了。如今，能和亲友眼睛盯着眼睛聊一小时，不碰手机，足以写入个人纪录。

独处的时间也消失了。你今天是不是吃完饭就回到电脑前，甚至一边吃饭一边看剧，或者逛淘宝？你上次坐在窗前发呆一小时，或者读自己喜欢的书，是什么时候？

"耐心"这种品德几乎以肉眼可见的速度消逝。转账是实时的，外卖是超时赔付的，网购是次日到达的。看视频要跳过片头片尾，1.5倍速；电影只看1分钟解说，读书只读别人总结的梗概；就连网上交友都追求速率——就像网络段子说的，群发一条"你好，我家3套房，能不能今晚见面"。

人与人之间情绪的暗流涌动，都被网络一脚踏平。以前人们说"相见不如怀念"，如今大家都挂在网上，可以清楚地看到过去5年前任胖了多少斤。网络消灭了"前任"，即便分手，也能在微博和朋友圈持续追踪昔日恋人。

就像有媒体人说的："不管一段恋情是多么短暂、不幸，你都会忍不住想知道，几个月或几年后对方的状况如何，他有没有开始新的恋情？以前，你只有跟他的朋友保持联系，才能获知这些问题的答案。现在你忘不掉前任了。他还在你的朋友圈里，或者如果你们在同一个行业，都在用领英。你在网上关注他的时候，说不定他也在关注你，更糟糕的是，他不关注你了。慢慢地，你会看到他有了一个长相甜美的女朋友，然后又有了一个完美的、受到万千宠爱的女儿。"

网络还消灭了人们的沟通能力，使越来越多的人成为"社恐"。别看他在微信上一口一个"救命，笑死""亲爱的，你可太行了"，一到公众场合或是有陌生人的饭局，所有人最终都会默默低头刷手机。人们不再愿意跟周围的人交流，失去键盘就失去了表达能力。如果你心情大好，跟年轻的路人赞美了一句天气，他准会满脸惊愕，回头阴阳怪气地在群里吐槽："今天遇到一个'社牛'。"

对了，网络还杀死了"礼貌地表示不同意"。一触网，人们的脾气能瞬间飘起来，心平气和地讨论不同观点属于濒临灭绝的"一级保护事物"，人人听说过，人人没见过。

想为消失的事物建立一座博物馆，里面摆着扫帚、电子词典、杂志、相册，镇馆之宝是玻璃罩子里面带微笑、眼神生动的人类。

黑名单里，总有故人

□大象小姐

周末睡懒觉，快到中午才醒，发现微信里有一个未接的语音电话，是一个不太联系的发小打过来的。一看时间，凌晨三点，于是连忙发个消息问他有什么事。他回复说没事，都解决了，我便没再追问。

我特别懂这种感受。一个人在异乡的时候，半夜突然肚子疼得厉害，给几个好友发过微信，但是都没回。知道他们都在睡觉，不忍心打电话吵醒他们，也不好意思吵醒他们。

凌晨三点的微信和电话，接到了就是接到了；没接到，当深夜过去，再去追问往往已经没有意义了。

在网上看过一句很扎心的话：朋友圈里未必有朋友，但黑名单里总有故人。

朋友圈里那么多人，却常常找不到一个可以毫无愧疚深夜打扰的朋友。而很多鼓起勇气的打扰，也大多是试探，如果对方不能第一时间接收到，也就算了。而那些躺在黑名单里的，有爱过的前任、绝交的挚友，可能永远也不会再加回来了。往事不可回首，那么多的遗憾也只有一次次午夜梦回才可告慰。

1

拉进黑名单的关系或许决绝，然而大多数的走散都是"无疾而终"的。你们之间并没有发生矛盾，他照样在你的朋友圈更新着动态，你会给他点赞，但是已经很久没打开对话框聊过了。

有一天，我跟一个大学同学聊天，聊到以前的一位室友。我好奇她和男友十分恩爱，却久未听闻结婚的消息。同学却告诉我，她早已成家。我惊讶不已，默默打开了室友的朋友圈翻看：蜜月旅行、装修房子、盛大的婚礼，所有的流程无一缺漏，都在朋友圈发着呢。

打开对话框，我俩的疏远仿佛有迹可循。最近的聊天记录还是上次她旅游经过我老家时找我聊天的消息。

2

好友间的关系是如何变淡的呢？在网上看过一个故事。

阿金是我小学时最好的朋友。小学毕业那天，他偷拿了他妈妈的一百块钱请我吃鱿鱼串，还帮我申请了一个QQ号，又借了一支圆珠笔，把QQ号写在了我的手心里。

下次再见时，他的头发染成了黄色。我请他吃了很多鱿鱼串，后来我上高中，他没考上，去了外地打工，我俩联系得就更少了。再后来，我邀请他参加我的升学宴，他已为人父。他在QQ上回我："一定来。"

那天，我在酒店门口等了他很久，他打了一辆摩的，手上还提着一大袋东西。"恭喜你啊，前程似锦！"他用粗糙的手拍了拍我的肩膀说道，接着便把手里的袋子递给我，"这是我自己晒的鱿鱼干，知道你喜欢吃，就带了些。我还有事儿，就不上去了。"说完，便头也不回地离开了，那是我最后一次见到阿金。那个QQ我再也没有上线过，空间里的东西也早已删得一干二净，但是我一直留着他的QQ。

越长大，身边的人越少。所以，请好好对待还"顽强"留在你身边的那些人吧。人和人之间的关系是需要经营的。不强求、不懈怠，拥有时珍惜，失去后不悔，这才是人与人之间最美好的关系。

松弛感

□槽值小妹

不知道从什么时候开始，这届年轻人已经不再追求"仪式感"了。打开社交网站，人人都在说"生活需要松弛感"。

这个概念的火爆来自一位博主的生活分享：一家人出行时因为证件问题造成不便，却并未因此焦躁，而是全家人开开心心地处理问题。这种面对窘境依然松弛的态度，让不少习惯了紧绷的网友破了防。

很多话题里，松弛感可以成为一切的解药：松弛感生活、松弛感恋爱、松弛感穿搭……仿佛只要加上这三个字，世界就会瞬间变可爱。

对现代人而言，松弛地吃完一顿饭，是奢侈的。不只是吃饭，小到衣食住行，大到人生选择，每一条路上，都好像有一条绳索在绑着你向前。

职场上，要时时刻刻绷紧神经，随时准备发送"好的，收到"；回到家，名为年龄焦虑的高压线垂在面前，逼迫着人按照轨迹前进。疲于奔命的我们，一次次被动地绕着旋涡奔跑。于是，如何放松，成为了时代赋予年轻人的命题。

这两年，治好精神内耗的"二舅"火了，记录朴实农村生活的张同学火了，开着房车深漂的情侣火了……年轻人试图从前人的生活、身边的故事里，提取出对世界的观察。席卷互联网的"松弛感"，或许就是因为大家终于意识到，我们给自己的生活套上了太多枷锁。松弛感的关键，其实就是拥有"允许一切发生"的勇气。

生活重在体验与创新，人与人的关系重在交流与碰撞，精神世界重在坚定所爱、精益求精。那些曾经经历过的低谷或是巅峰，无论结果如何，都会成为最珍贵的财富。

2022年9月2日，华为副董事长孟晚舟回到了自己的母校——贵州都匀一中。在这里，她用一场演讲，分享了她人生中的苦与乐。

刚刚加入华为的财务部门时，孟晚舟是从会计做起的。在那个手工作业的年代，会计是技术活儿，更是体力活儿。为了把单据手工装订成册，他们坐在办公室的地板上，用冲击钻打孔，用麻线装订。奋斗过程无比艰苦，但精神的养分却始终存留。

这个社会始终对努力的人保持善意，当你拓宽生命的边界，那些曾经走过的路、吃过的苦，都会变成能量，在下一场考试里闪闪发光。拥有开放心态，保持对未知的好奇，不断破题解题，才是松弛感的意义。

然而，向往着松弛感的年轻人，又常常走入另一个误区——松弛，等于"躺平"吗？

孟晚舟也分享了两个小故事。

二十多年前，华为俄罗斯数学研究所有个小伙子，从事算法研究。他是华为早期高薪聘请的为数不多的"天才少年"之一，加入华为之后，他不喜与人来往，终日就是摆弄摆弄电脑，打打游戏，偶尔做些数学方面的研究。看上去，他似乎碌碌无为，没有什么科研成果。但就是这样一位"怪异"天才，在十年后攻破了从2G到3G的算法难题，华为也基于这项成果，推出了一款针对欧洲市场的SingleRAN方案，逐步超越了竞争对手。

另一个故事，是关于咖啡的。在华为全国各地的园区里，有各种各样的咖啡厅。公司高管可能在此接受访谈，外国面孔可能在此分享观点，年轻人可能在此推演公式、激烈辩论。一位在华为研究"类脑智能"的博士生，常常在园区咖啡厅里和高校老师、学生喝咖啡、聊技术，和不同部门的专家探讨学术，联合攻关。一年多的时间里，他喝了一千多杯咖啡，与此同时，也和产品线联合完成了二十多项技术创新和成果转化。

有些人的生活看起来总是充满各种下午茶，动不动就约人喝咖啡，而实际上，那些用汗水和火花调制的咖啡，亦是松弛有道的思想能量。

所谓松弛，既不是毫不费力，也不是故作轻松。而是打开思维天花板后寻找突破的方向，跳出原本的舒适圈，去追逐独一无二的"松弛感"。

我想起一个好友。热爱新闻的她，在高考填志愿时被迫选择了金融专业。四年的学习，并未让她爱上这个专业，也没有让她获得成就感。正相反，她泡在校报的编辑部和新媒体中心，如饥似渴地学习着知识。就在毕业季的迷茫时刻，她不清楚该怎样选择。这时，一位老师给了她答案。金融行业，一样需要文笔优质的新闻作者。凭借扎实的金融功底和四年来浸润的文学知识，她写出的专业新闻，不仅一针见血，还往往可读性极强。

有时候，不必拧巴在小圈子里找终点，打开思路之后，我们能抵达的结果，远比我们想象的要多。而我们所要的松弛感，就是在这样聚焦目标的同时，用多元的方式得到答案。

葡萄牙诗人佩索阿在《不安之书》里写："如果我别无所长，至少我永远保持着自由的、无拘无束的新奇感。"

治愈全网的"二舅"也好，华为俄罗斯数学研究所的天才少年也好，抑或是身边的朋友，他们都让我们看到更多生活的新奇感。

人生本就没有固定的成功模式，也找不到唯一必胜的解题思路。仰望浩渺星空，啜饮手中咖啡，诚如孟晚舟在演讲最后说的那样："且将新火试新茶，诗酒趁年华！"

你被网络夺走的100种事物

□贝小戎

《纽约时报书评周刊》总编帕梅拉·保罗出了本书：《被网络夺走的100种事物》。在帕梅拉眼中，100种被网络消灭的东西包括报纸、杂志、电视指南、地图、书信、拼写、唱片、说明书、百科全书、影集等具体的事物。

帕梅拉还说，网络也消灭了无聊、耐心、礼貌、玩具、同情心、专注、假期、目光接触、错过、捷足先登、谦虚、病假、秘密、睡前读书等行为。

最有趣的是，网络"消灭"了前男友，意思是以前跟男友分手后，就不会再关注、联系了，他变成了往事，但有了网络之后，就能够一直关注他。

万事通、各路达人也消失了。以前，你突然想到一个问题，但怎么都想不起答案，这时你可以去问一位达人，现在谁都可以随时去搜索，每时每刻都有人在寻找和获得答案。

帕梅拉写到的100个濒临消失的事物中，最神奇的大概是句号。在网上或手机上，句号成了负面的、郑重的东西，用句号表示你很小心地遣词，或者表示不满、讽刺，让你显得很落伍。同时感叹号开始泛滥，不用感叹号就显得不够热情！

那为什么说耐心消失了呢？下单后你希望商家尽快送达，转账最好是即时到账，下载要瞬间完成。听到一首好听的歌，你马上可以凭片段去找到它。看视频可以选择跳过片头、用倍速播放。而以前你要想知道一天之中发生了什么大事，要到晚上7点才能看到，好看的节目得等重播，现在随时点播。

资历和级别也消失了，资深人士都要向学生、孩子、新同事学习科技小窍门和最新术语。

你的每条朋友圈，都在"出卖"你

□ 瑾山月

有人说："想要了解一个人，就去翻翻他的朋友圈。"如今，互联网早已深入生活，手机成为人们离不开的社交工具。

不少人喜欢在朋友圈分享生活，可以说，朋友圈正在成为我们的新型名片。人际关系学家熊太行曾断言："基于朋友圈，我们可以对一个人进行性格归因，每个人的朋友圈，都隐藏着他的生活状态。"

不管晒旅游、美食、自拍，还是抒发情绪，发表感慨，越来越多的人已将朋友圈经营成自己的生活圈。我们发的每一条动态，分享的每一篇文章，乃至一条留言，一个点赞，都是外界了解我们的窗口。不得不承认，你的每条朋友圈，都在"出卖"你。

早些年认识一位金融界的朋友，她一入行就去了最辛苦的一线做柜员。工资不高，活却不少，隔三岔五得加班，周末还被领导叫去营销客户。结婚生子后，生活更像旋转的陀螺，一刻不得停歇。然而，朋友很少抱怨，她总是活力四射，不知疲倦。究其原因，看一下她的朋友圈，便一目了然。

她常年保持着"日更"的习惯，喜欢记录身边的点点滴滴。大到热点新闻，小到一日三餐，都被她用心记录下来。与老公的搞笑互动，带娃的酸甜苦辣，工作中的趣事，朋友间的聚会……像一幕幕欢快的喜剧，在她的朋友圈轮番上演。

懂生活的人，会在柴米油盐的琐碎中，发现美好，也会在烟火气中，感知人生的趣味。每一张生活照，每一段心情语录，都是枯燥生活的快乐源泉，也是源自内心的一份热爱。

自媒体人会飞的鱼在网上分享过自己的故事。当年大学毕业后，她顺利地竞聘到一所中学，做了一名语文老师。可是半年后，她感觉这份工作不适合自己，就辞职下海，打算从自由撰稿人做起，进军新媒体行业。离开学校的那天，她发朋友圈说："有些鸟，是注定不会被关住的。"没想到，几分钟内，就有亲友留言说："这种事，为什么要发朋友圈？"她扫了一眼，摇头笑了笑，回复道："我自己的生活，我能负责。"之后，她摒弃杂念，从基础学起，一路高歌猛进，如今已是一家媒体的主编。

生活里，她喜欢发朋友圈，时常晒旅行和亲手烹饪的美食，还有喜欢的文章。她沉浸在自己的生活里，活得自由且充实。偶尔，有人看到她精彩纷呈的朋友圈，会暗讽她"不务正业"。但她心里明白，生活是自己的，取悦自己才最重要。

我的朋友老梁，从刚有微信那会儿，就隔三岔五地在朋友圈分享一些有意思的小知识。有时候是历史故事，有时候是职场谋略，有时候是一本好书、一部电影，有时候是办公软件操作指南。

有一次，我加班做PPT，多亏了老梁的指南，才顺利达到领导的要求，还有一次，有个朋友失恋，难过之际，看了老梁推荐的励志电影，决定不再消沉颓废。而老梁，在这个过程中，认识了更多朋友，积攒了不少人脉，事业蒸蒸日上。

生活中，也有很多人不发朋友圈，他们并非高冷，也对生活充满热爱，但因为害怕别人的指指点点，只能压抑自己，在朋友圈里做个"透明的人"。

然而，世界是自己的，终究与别人无关。与其谨小慎微地活着，不如大大方方地晒出自己的生活。朋友圈发与不发，是每个人不同的选择。只要我们的所言所行，都源自真诚的本意就好。

你有"黑马气质"吗

□万维钢

我们对人才培养的注意力都集中在30岁之前，年龄越小越重视。对还在上幼儿园和小学的孩子，我们不但不惜重金聘请名师给他们补习，还要家长亲自指导、直接干预。可是到了中学，家长指导不了，就只能搞后勤；到了大学就只剩下鼓励。等到大学毕业，很多家长又会劝他们赶紧找份安稳的工作，老老实实上班，等着升职加薪、买房、结婚、生小孩，然后等生出小孩，再进行新一轮的培养。这个充满关爱的人才观，其实是个"燕雀之志"。

规划来规划去，是在设定一条最保险的人生路线。各种不计成本的高投入，只不过是为了实现一个平庸的目标。

古代读书人都要讲个"修齐治平"，认为人才就得做大事，但当今的人才观是"打工者心态"，社会上都有些什么位置，哪个行业挣钱多，哪个职位待遇好，我就争取去成为这样的人。这种心态的人再厉害，也不过是一只优秀的绵羊。

打工者人才观的本质是把人变成标准化的产品，去填充现成的位置，是削足适履。大人物的成长，可不是这样的路线。伟大的国家不可能全靠打工者建成，我们需要一个更高级的人才观。

有一项研究追踪了英格兰、威尔士和苏格兰地区学生的职业生涯，在英格兰和威尔士，学生们高中就要选定自己的专业，一直到大学都是上对口的专业课，但苏格兰正好相反，学生们在大学头两年都不需要选专业，到了大三才分专业。结果跟踪研究发现，定型越晚的人，越能找到更好的工作，收入也更高。而那些早早定型的人则工作一段时间后就会换个专业。统计表明，换专业能让他们的收入增长速度变快。

普遍规律是：如果你一开始就想好了这辈子要做什么，你不太可能取得特别大的成功，反而是一开始走错了，后来才找到人生目标的人，更容易取得高水平的成功。

真正的人才，都有黑马气质。最主要的黑马气质有两点，第一是黑马总是在追求"做自己"。这些人不问这一行好不好找工作，这份工作能挣多少钱，职位高不高，他们也不问社会需要什么样的人，他们问的是"我到底喜欢做什么"，他们更在意对工作本身的享受，想要一种"满足感"。他们不是因为卓越而满足，而是在满足中达到卓越。

第二是黑马没有长远的目标。标准化思维总是鼓励人们树立一个长远的目标并为之奋斗。如果你认为金融工作最厉害，那你就要先考上一所"985"院校的金融专业，最好再去国外留学几年，然后拿着学历加入一家顶尖金融公司，一路努力拼搏，最后成为一个成功的金融人士……这样可以是可以，但这是金融打工者的攻略。

事实上你去看看那些厉害的、对市场有影响力的金融人士，他们并不是这条标准化流水线的产物。

我们当前对标准的评价过高，对自由的评价过低。

向×××学习、按照教学大纲温课备考、模仿满分作文、参照职场攻略，这些只会把人变成产品。

你认为这件事儿现在的做法不对，那你想怎么做？你觉得这篇范文写得很俗气，换作你会怎么写？你看见社会上那些不合理的事情，你想怎样去改变它？

敢问这些问题的，才是真正在培养人才。

总说梦想遥不可及，可是你却从不早起

点一万个赞不如见一次面

□流 沙

北京前门大街有个老舍茶馆，我去过两次。每次去除了喝茶看演出外，我总要花点时间欣赏一下茶馆里的陈设。茶馆里陈设了老北京茶馆的微缩模型，有五六种茶馆模式，既有文人墨客聚集的茶馆，也有挑夫苦力聚集的茶馆，当时的茶馆大概相当于如今的线下朋友圈。

旧时通信不发达，却有高质量的朋友圈。人与人之间面对面，是场景化的，闻得到茶香的氤氲旖旎，听得到语言的抑扬顿挫，看得到表情的神采飞扬。

而网络朋友圈带给人们的感受不是这样的，即使同在一间办公室里，大家也会选择通过聊天工具交流，抹去了声情并茂。在这个虚拟的网络世界里，大家精妙地隐藏着，尽量让自己不露声色。

我的微信朋友圈里有近千位"好友"，每每参加一个会议，大家互留联系方式时，打开手机却恍然大悟道："原来你就是某某，我们早已是朋友了！"我们各自为对方点了不知多少赞，送出了不知多少笑脸，还热情洋溢地评价了对方晒出的美食、旅游照片、妻贤子孝等，但在线下却是陌生的。

沟通是人生活中的一种基本需求，只有通过交流才能相互影响、相互了解，进而实现行动上的协调一致。

我老家是个有近千人的山村，傍晚时村口会变成一个意见场，陆陆续续地聚集几十号人，有人中途离开，有人临时加入。我回老家，总会在村口坐坐，听乡亲们讲讲国家大事、家长里短，欢声笑语，非常有趣。

母亲告诉我，有些人的话是真的，有些人的话是胡扯的。母亲的判断是如何得出的呢？她依靠每个人的品行来判断。村口的意见场存续了几十年，这就是活生生的农村朋友圈。这个朋友圈的一切无所遁形，因为每个人都是真实的，即使偶有人伪装，也会被轻易地拆穿。这是网络交流不能直接做到的。

在线交流永远是干巴巴的，虽然微信开发了那么多的表情包，却依然不能表达你想诠释的真实信息。你只有和这个人坐在一起，看着对方的神情，听着他所讲语句的抑扬顿挫，以及这个人在某些字句上的重音，你才会感受到多维的全息信息，你所得到的感受的丰富程度是网络世界无法比拟的。

现在我们越来越脱离"亲耳听到，亲眼看到"，总是通过支离破碎的网络文字和各种"脑补"，把对某个人的印象拼凑起来。通过这个人在朋友圈里晒出的照片、文章或是工作群里的发言，揣测他是怎样的一个人，以为这就是对他全方位的了解，其实这完全不是。见面交流也许略显笨拙，却是人与人之间建立情感和信任最高效的方式。

技术不过是一种工具，在线上为别人点上一万个赞，还不如线下见上一面。面对面地坐下来聊聊天所得到的感受更丰富、真实和精彩。

绝 句

□迟 钝

于你，我是医生又是病人
是一剂靶向药也是一例慢性病
当爱，在爱的裂隙中求生
我唯一能做的，就是向你注射我的生命

高级脸，到底何为高级

□骆 驼

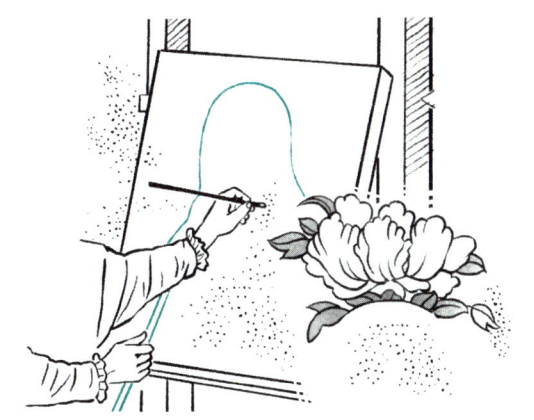

有人说，高级脸=高额骨+单眼皮+方下巴。有人说，高级脸=厌世脸。

还有人说，高级脸=有特色。这么看来，高级脸似乎是一个很模糊的概念，并没有一个准确的定义。

从中世纪到文艺复兴早期，艺术中的高级脸逐渐从平面走向了立体，从表达神性走向了表达人性。

文艺复兴早期，高级脸=木雕脸。虽然已经比中世纪的高级脸写实许多，可是还是有点僵硬木讷，像木雕，不像是活生生的人。

到了文艺复兴盛期，高级脸=优雅脸。当人人都在画木雕脸的时候，达·芬奇不满足于现状。他摸索出解决人物形象僵硬的有效办法：渐隐法。轮廓不那么清晰，形状模糊一点，避免枯燥生硬的形象，也给观众留下猜想的余地。

达·芬奇笔下的蒙娜丽莎，脸部的转折十分柔和，眼角和嘴角逐渐融入阴影之中，她那似笑非笑的神情更给她增添了一丝神秘感。

在随后的几百年里，这样皮肤白皙，两颊红润，眉目间充满柔情的高级脸不断发展深化，并风靡整个欧洲。

而在19世纪的欧洲，高级脸=模糊脸。

印象派的艺术家们发现，传统的绘画方式都是在人为的条件下再现人或物体。阳光下的明暗对比是十分强烈的，一旦离开画室中的人为环境，物体看起来就没那么丰满、有立体感了。

莫奈笔下的打太阳伞的妇人，面目虽然模糊，但画家只用几笔松动的笔触就把脸部的神态勾勒出来。看似粗糙，却充满神韵。

到了20世纪初期，高级脸=奇怪脸。艺术家已经不满足于再现自然了，他们把目光转向了自我表达。在这个时期，涌现了形形色色的"高级脸"。

毕加索笔下的脸看上去确实不如过去那些"高级脸"赏心悦目，但是传达出来的情绪十分强烈。夏加尔笔下的脸稚拙朴实，蒙克笔下的脸……有点可爱。

如此看来，艺术史上的"高级脸"没有标准，也是随着时代更迭而变化的。它们的出现是一种对当时主流审美的挑战和反抗，它们不一定是美的，但一定是独一无二的。

那么，为什么无论过去还是现在，人们都热衷于追求高级脸呢？高级脸属于时尚的范畴，我们追求时尚，实际上就是追求"我和你不一样"。高级脸没有统一的定义，每个时代都有各自的标准。

今天的高级脸和各个阶段的时尚例子一样，追求高级脸的动机多种多样，但有一个共同点，即追求成为一个独立自信的人。

或许高级脸真正的内涵在于：坦然接受缺陷，做你自己。

桃 花

□宫白云

满地的花瓣，像时光里的微尘
无法在这世上多停留一顿
它重回光鲜也是树的愿望
恍惚间，无数的粉红绽开
这是哪里的桃花
染一点红，在云上奔跑
面对花开的消息
枯萎将是我全部的表述

想要废掉一个年轻人，就让他加入打卡群

□郑依妮

近两年，以记录自律生活为题材的短视频、直播等在各网络平台上兴起，学习、健身打卡活动吸引了众多年轻人参与。

"打卡"原本指员工在上下班时完成考勤的工作程序，其含义到今天已经发生巨大变化，只要你想让更多人知道你的动态，一切皆可"打卡"。

不少人习惯在朋友圈、微博等社交媒体"打卡"，而很多年轻人购买的"读书打卡""早起社群"等产品，不过是为了督促"自律"。从外语学习到减肥健身，从早起出勤到作业习题，从勤练琴到多喝水，只要是想得到的领域，都能找到打卡阵营。

1

"今天不学习，明天变垃圾。"王鑫的手机屏保上，醒目地写着这句标语，以便她随时可以给自己"打鸡血"。与此同时，她的手机上还充斥着各种打卡App——有为自己的健身计划设定目标日历的Keep（一款健身手机软件）、专门帮用户养成早起好习惯的"早起打卡之星"、用于多样性目标的"小目标打卡""小习惯"等。

王鑫明年就要大学毕业了，虽然已经被同学称为学霸，但王鑫还是倍感焦虑。她说："我们平时看到那些'自律狂魔'，总会觉得他们很牛、很厉害，精力怎么如此充沛，其实（他们）都是在咬牙坚持。因为没有原则和外界要求，人总是趋向于舒适和享受，而忘了当初立下的flag（旗帜）。唯有制定一个基本原则，在这个方向里行动，才能保持自律。打卡，是我对自己努力后奖励的一朵小红花。"

大厂员工Willson（威尔逊）每天在Keep和微信朋友圈里打卡跑步，已经坚持了八年，也习惯每次打卡收到朋友们的点赞。他说："自律是一种坚持，这让自己更接近奋斗的状态。但如果没有社交打卡，自律恐怕就很难坚持下去。打卡这种行为，确实在一定程度上能帮助我进行自我约束，提醒我该打卡了，一天不打卡就浑身难受，由此让我把跑步这件事坚持了下来。"

独行快，众行远。从这一角度来看，"社交打卡"是一种社群化成长方式。选择自己感兴趣的圈子，认识有共同价值观和目标的人，借助他人的赞赏与督促，一群人相互鼓气、相互监督，就容易引燃个体心中奋斗的激情，有助于养成良好的习惯。

2

对于另一小部分人而言，自律不够，"他律"来凑。

从小在"虎妈"教育模式下长大的琳达，虽然没有养成主动自律的习惯，却坚信妈妈反复告诉她的名言——"自律的程度，决定你人生的高度"。出国以后，妈妈便没再像以前那样"高压管理"。因此，每当琳达拖延或者抗拒看书时，她的内心就会感到焦虑，但是又提不起劲来学习。后来琳达发现，网上居然还有一种服务，叫"监督打卡"，她果断购买了包月服务。

那是一种名为"人工叫醒监督学习服务"的私人定制化服务，包括但不限于"督促考研、考公、早睡早起、减肥、健身、防久坐等一切无法自律的事情"。

这听起来有点玄乎，实际上需求不少，尤其在每年考公或者考研的旺季。

小易是某平台上获得认证的自律监督学习员，

原本就从事教师行业的他，阴差阳错当上了兼职的自律监督学习员，客户评价他"比亲妈还负责"。

小易有一个早起学习打卡群，专门给需要监督的小伙伴，群里成员来来去去，最多的时候高达200人。小易认为，这是一份"充满正能量的工作"。

小易说："群成员一起制定了早起的时间，大家都要按照这个计划执行。每个人起床后要给我拍一张带有日期的照片，或者发一句语音，证明早起了。我们的打卡周期为30天，从入群当天开始算起。请假需提前一天。定制化的自律服务还要求被监督者每日数次定时提醒、截图或者录视频反馈进度等。"

在小易看来，人们的思维可能还停留在监督是父母、老师的职责，从小被监督着按部就班完成生命中的所有环节。但这类监督还会附加其他"魔法攻击"，例如责备、攻击、贬低，导致被监督人不自信、影响双方关系等问题。

而在网络上，如果购买监督打卡服务，比如被监督起床、跳操、背单词、写论文、做PPT等，不但能定时得到提醒，还能被温柔地鼓励，得到充满正能量的引导。

花钱找人来管自己，看起来就是"一个愿打，一个愿挨"的生意。除了过去的文字、电话叫醒，现在还有语音、视频监督等，甚至衍生出线上自习室、直播自习打卡等。

薇薇是减脂餐打卡群的一员，她参加减脂餐自律打卡已经一个多月了。当被问到监督是否真的有效果时，薇薇说："我觉得还蛮不错的，感觉被人盯着效率要高一些，而且监督员会让拍照检查，记录自己每一餐吃了什么。在这个过程中也会被动地去养成一些刻意控制饮食的习惯。当然，这些效果也是因人而异的，只有试过才知道是否适合自己。这个服务对于我这种缺乏自驱力的人来说真的很香。"

3

从心理学的角度而言，"花钱找人管自己"，可以用金钱暂时唤醒内心深处的自律意识，因为在潜意识中，消费者希望这钱花得值，会暗示自己坚持下去，别让这钱白花了。

周岭在《认知觉醒》中说："莫迷恋打卡，打卡打不出未来。单纯地依赖打卡，不仅会转移行动的动机，还会降低行动的效能。"

比如"微信运动"，这个功能可以让自己每天的行走步数显示在排行榜上。不排名不要紧，一排名，有些事就变了。很多原本不需要走那么多路的人，为了冲上排行榜而去"刷步数"。实在走不动了，有人发明了摇步器，只要把手机放在摇步器上，它就会根据人走路的步伐去摆动手机，由此"欺骗"大数据，让它以为你在运动。那么，"微信运动"打卡的动机就不知不觉发生了改变，失去了它一开始的意义。

打卡也是如此。随着时间的推移，热情消退、动机减弱，学习成长的难度逐渐增大，人们不得不依靠更强的意志力去坚持，大脑也会开启自我保护模式，调整认知，给自己找借口——学习很难，打卡不难，那完成打卡就可以了。加入的打卡群再多，也躲不过你自己大脑的自我保护模式。

在周岭看来，一个人的认知越清晰，行动就越坚定。大多数人在意志力薄弱的情况下，都会为了完成打卡任务而不自觉地降低标准。

周岭说："朋友圈里打卡的人，虽然他们每天打得很起劲儿，但最终学有所成的寥寥无几。对大多数人来说，打卡只是一场充满激情的欢娱盛宴，无须多日，他们就会出现在另一轮打卡活动中，或是无疾而终了。"

底 片

□雅 各

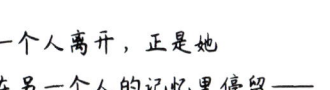

一个人离开，正是她
在另一个人的记忆里停留——
年龄不会再长了
容颜不会再改了
但时光还要把她雕琢
她也会把自己打扮
想想她已衰老，我已衰老
想想她仍青春，我已衰老

这不是单身，是"自我陪伴"

□ 顾 堪

单身并不意味着被剩下，对大部人来说是一种主动的选择。

的确如此，现在越来越多的人保持单身：没准备好进入一段关系、没有遇见合适的人，以及喜欢单身的状态，都是单身的理由。

独自工作生活，偶尔与朋友聚会，尝试很多种生活方式，发现很多个自己，王子文在《半熟恋人》中也说："单身也好，恋爱也好，生活的主动权由自己掌握，你要相信当下选择的状态是最好的状态。"

而豆瓣的"自我陪伴Self-partnered"小组，有一批人称"单身"为"自我陪伴"，他们认为人必须学会和自己相处，也在努力探索如何快乐地独自生活。

自我陪伴，真的千姿百态。

自我陪伴，是演员艾玛·沃特森（《哈利·波特》中赫敏·格兰杰的扮演者）在接受杂志采访时提到的一个词。

在采访中她聊到："年近三十，没有组建家庭，没有丈夫，没有小孩，工作尚未稳定，且还在各种探索尝试，很难不被潜意识的焦虑裹挟。"而在这个背景下，她很讨厌"单身"这一说法，她觉得一个人的状态很好，愿意称之为"自我陪伴（Self-partnered）"。

相较于"单身"这个中性偏负面的词，"自我陪伴"暗含着更多自我探索，自我愉悦以及自我愈疗的面向。

正如"自我陪伴"小组说明的那样："自己是最了解自己的人，也是最会去约自己的人，快乐的自我陪伴，为什么不呢？"

生活中总有一段时光，暂时和外界断联，开始尝试自我陪伴。就像一位组员说她二十多岁，不知道如何独处，一直没有目标，随波逐流地生活，特别依赖的亲友都在异地，她说："除了自己，没人能够陪我走到头呀！"

有的人会选择一个人看片，纪录片、治愈系电影、搞笑片，甚至鬼片。有的人选择做饭，不管是"中华小当家"还是"炸厨房选手"，他们都怡然自得。还有人读书写字画画，喝酒刷剧沉迷老头环，而有些"浪漫成精"的选手选择去喂海鸥（个别高阶玩家选择飞去伦敦喂鸽子）。

总的来说，慰藉和陪伴自己的方式千千万，但大家都是在尝试通过自我探索的方式找到自我陪伴的最优途径。

有的人习惯沉浸在"现充"的生活中来陪伴自我，有的人喜欢通过"分享生活"的方式来增强自我陪伴的体验感，文字记录成为情绪的抒发口，"树洞""生活记录""碎碎念"是"自我陪伴"小组里的高频词语，和其他小组不同的是，这里的帖子并没有很多其他组员的回复，更多的帖子是自己的生活记录。

幸运的是，不管是主动"自我陪伴"，还是被迫"自我陪伴"，大家终究都能找到合适的方式来慰藉自己的心灵。可以开玩笑地说：的确侧面验证了，我们是最了解自己的人。

不必行色匆匆，不必光芒四射，不必成为别人

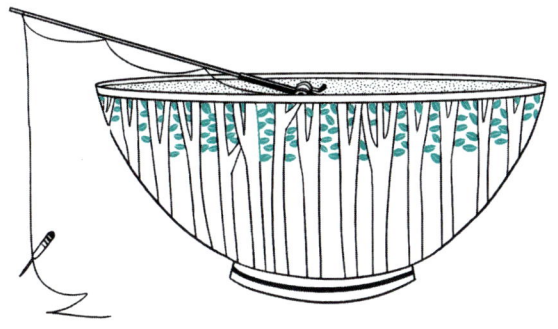

别为庶务"瘫痪"

□木 刁

在你的生活中，是否有一些高努力、低回报，不是很难，不是特别重要，做完它们后生活会有改善但改善不明显的事情放在你的待办事项中，而你又迟迟未处理，如果有的话，那么你可能患上了"庶务瘫痪"。

在Buzz Feed（一个新闻聚合网站）中有一篇文章，作者安妮·彼得森将一种没法起身去完成待办列表里除主要矛盾（如工作）以外小事的情况，称为"庶务瘫痪"。她指出，这种情况主要表现在"千禧一代"身上，并做了一次自我检讨，在她的待办事项中还有一连串未完成的事：磨刀、把靴子送到修鞋铺、给狗换证、给朋友寄一本签名版的新书、约皮肤科医生、把书捐到图书馆……这些杂事被一拖再拖，直到某一天不得不做，或者心血来潮，才会去解决。

听到"庶务瘫痪"，很多人会觉得这不过是拖延症的另外一个说法——"说到底不就是懒嘛"。比"千禧一代"更年长的人们——他们的父母、老师和领导，尤其无法理解一件简单的事情为什么就是不能马上完成。在他们眼里，年轻人就是懒惰成性，还特别爱给自己找借口，什么都可以怪别人，生活没有章法，缺乏自制力。

然而，"庶务瘫痪"并非一种病，而是一种倦怠的信号。1974年，心理学家弗鲁顿伯格将"倦怠"描述为"由于过度工作或压力而导致的身体或精神崩溃"，是一种导致身心疲惫的慢性压力状态。与疲惫的含义不同，倦怠意味着即使达到了某个临界值，依旧迫使自己继续前进。倦怠的几个表现：永远需要做一些有成效的事，觉得自己应该不断工作，不停渴望一种成就感。当试图放松的时候，会感到内疚，经常工作过度，但总会在截止日前完成工作。长期倦怠可能会引起情绪衰竭、愤世嫉俗、冷漠与感觉低效，甚至还伴有身体上的疼痛，这种疼痛通常由应激压力引起，包括身体应激或情绪应激。

2005年，日本作家森冈孝二写了《过劳时代》，这本书里展现出了日本社会在高度工作压力下的"过劳状态"：人们订了的报纸无暇阅读，周末被工作占据而无法做自己想做的事情，甚至就算生病也没有时间去医院就诊。在不断循环的工作和消费中，一代日本人逐渐滑向在过劳中耗尽一切的命运。而在2019年，一项涉及1000多名调查对象的谷歌调查也显示：47%的人正在经历倦怠。

生活中，一些人有很深的"自己应该一直工作"的想法，工作和生活的界限模糊，加上社交媒体上无尽的比较，这也都是引起倦怠的因素。哲学家韩炳哲在《倦怠社会》一书中，将这种状态描述为"对自我的剥削"——必须成为最优秀的自己，自己开启和自己的战争，且永远没有尽头。

那么，"庶务瘫痪"和长期倦怠有办法解决吗？彼得森认为，整体的、消耗性的倦怠问题是没有解决办法的。正念、放松这些个人层面的努力，不能促使"整个系统"松动；度假也不能解决根本问题。最好的治疗方法是——觉察、命名。就像处理所有的情绪问题一样，知道它是什么、为什么、是什么促成了这种感受，你就已经成功一半了。

人生苦短，不必纠结于一个快递是否要寄回，也不必让生活掏空自己。生活的美好和意义，不仅仅是去优化生活，而是真正去"生活"。换言之，这也是生活原本的目的。

当时愿意，就是值得

□马 德

人活在这个世界上，凡事总要问值不值得，这样的活法本身，就不值得。

因为，强化了意义的追问会让人生变得惶惑，歇斯底里的较真会把格局分割到琐碎。

回看人生，张爱玲会问自己跟胡兰成的爱情值得吗？金庸的小说中，穆念慈会问自己倾情认贼作父的杨康值得吗？京剧《四郎探母》中，身在辽国十五载改名易姓并做了敌国驸马的四郎杨延辉，决绝地到宋营探望老母佘太君值得吗？大雪三日，湖中人鸟声俱绝，张岱非得去西湖亭中喝三大杯值得吗？

这些问题都不能问。因为，这些问题没有答案。或者，它们无论怎么答都是对的，也都是错的。

我在一篇文章中，曾表达过类似观点：不管什么事，只要你当时愿意，就是值得。

这是对初心的尊重。那段岁月只可告别，不能背叛。

拿后来结果的不如意来回评当初的不应该，本身是不厚道的。因为反过来，假如一切得偿所愿——要什么得到了什么——这样的值得，简直太功利了，也太世俗了。单纯从得失考问人世的值不值得，看起来，更像是从初始出发的一场阴谋。

我不会怀疑某些计较和在乎，是对人生的真诚。如果它们的动机是为了活着的价值和意义的话。

高尚的灵魂对自我天生苛责和自律，因为他们实在不愿蹉跎生命。在他们看来，有意义的生活是明亮的，虚耗的日子是可耻的。

人世间，有些计较属于世俗境界，有些计较属于灵魂境界。前者追寻物质世界的满足和慰藉，后者追寻灵魂世界的充实和踏实。

通常，前者对值得的叩问是短暂的，这是由物质刺激的瞬间性决定的。后者对值得的叩问则是漫长而持久的，精神世界的洁癖，让所有的叩问都成了信仰和哲学。

毛滂，宋朝人，曾担任杭州法曹掾。他和歌伎琼芳相爱，任职期满将别，作《惜分飞》，赠琼芳。据《西湖游览志》记载，当时的杭州太守是苏轼，在一次席间听到歌伎唱此词，大为赞赏，当得知是幕僚毛滂所作，恨曰："郡寮有词人不及知，某之罪也。"竟派人追回，与其流连数日。

毛滂与歌伎的爱，苏轼与下属的惺惺相惜，都令人叹惋。

你会发现，为同一个世界的人，无论说什么做什么，说多少做多少，都是值得的。

西晋张翰有"莼鲈之思"，说他在洛阳做官时，一日秋风起，特别想吃家乡的莼菜羹和鲈鱼脍，于是感慨："人生贵得适意尔，何能羁宦数千里以要名爵！"大意是，人活着就得想干点什么就干点什么，不能为名缰利锁所累。结果，他就真的辞官不做，回家乡去了。

张翰为口吃的值得吗？不，他肯定不仅仅是为了家乡的美味。在他所处的魏晋时期，人活着，都有一股子精神，即所谓魏晋风骨。

人一旦活得有风骨，就不会有那么多苟且，也就不会攀附、谄媚、屈从以及言不由衷，就会少纠缠、多放下，就容易干净澄澈，物我两忘。

这时候，其实已经不用问值不值得了，因为你的一切所为，皆是心之所向、心之所往，此刻也许还一无所得，重要的是，你的脚已在钟爱的这条路上。

这就是全部的值得。

不必行色匆匆，不必光芒四射，不必成为别人

爱自黑的人，人缘都不会太差

□大将军郭

幽默绝对是人际关系的润滑剂，这些年润滑剂逐渐出现了新形式，叫自黑。

跟擅长自黑的人在一起会感觉很轻松，他们既能用有趣的方式化解尴尬也不伤及他人，他们不端架子也不玻璃心，跟这样的朋友在一起互相调侃，的确为生活增添了不少乐趣。

我也是个自黑小能手，上次参加语音授课的活动，对方想让我在开场前唱首歌。说实话，我唱歌太一般了，不想献丑，奈何对方盛情难却，我也不好过于严肃地拒绝。

被逼无奈之下，我开启了自黑模式："我唱歌，就相当于在清场，把大家都吓跑了，就没人听课啦。"用自黑的方式既给自己打了圆场，也给了对方退路，毕竟是为了听课效果考虑，谁也不想有什么闪失。

能利用好自黑式幽默的人，情商都比较高。

幽默有很多种，有人爱拿大家耳熟能详的明星或者公众人物开涮，有人喜欢拿身边的朋友调侃，但这些幽默方式如果使用不当，很容易影射到他人而引起争端。自黑却能避免这样的问题，放低自己的身段去拉近关系，即便是嘲讽也是指向自己，说不定还在无形中抬高了他人。

自黑有很多妙处，但它绝不只是一种人际沟通的方式，自黑能透露内心的真实声音。

有人说喜欢自黑的人自信又内心开阔，我觉得有这样的可能。自信的人不会因为某个特质的瑕疵而改变对自己的看法，即便是主动向别人坦露，也能轻松处之，从这个角度来说自黑的人更有可能来自自信的群体。但这并不是全部。

从某种程度上说，这种自爆"黑点"的行为是一种坦露，但这种坦露有时也是一种自我保护。担心被他人戳中痛处，不如先自我揭露，既然已经公之于众，就是在说明"我有自知之明"，而他人便不忍心再次揭短，对自黑的人大家总是会给予更多包容和怜爱，哪怕心中有千言万语，也没办法对一个"自我检讨"过的人不依不饶。

再则，这种保护还体现在它帮我们躲避了糟糕结果所带来的心理压力和内疚感。

有个身材微胖的姑娘总是自黑说自己是个大胖子，不会有人要，注定孤独一生。亲戚、朋友给她介绍相亲对象，她都不问对方是个什么样的人就先自黑，论调依旧，"我太胖，对方如果不是唐明皇，没戏"。

相亲无果，因为在见面前就合理化了相亲失败这件事，并为之找到了"确凿"的理由——胖，当真的面对如此结果的时候，内心便不会有那么多波澜起伏了。

在糟糕结果出现之前自黑，是为自己的失败提前解围。

比起评价自黑的人是自信的，我觉得他们更有可能是羞赧的、不愿显山露水的，也是脆弱的。

自黑的人因为害怕登得越高跌得越重，也担忧赞誉背后充斥诋毁，那不如就放低自己，用自黑降低别人对自己的期待，亦不再高看自己，甚至在一声比一声高的自黑当中渐渐失掉了再搏一把的勇气。

不如就这样吧，不如就接受这个不够完美的自己吧。

毕竟，自黑不过是一种人际关系的润滑剂而已，它决定不了别人是否喜欢你，但自黑多了倒是有可能真的对自己再也喜欢不起来。

独居年轻人，是主动选择，还是被动寂寞

□莫 莫

民政部发布的《2018年民政事业发展统计公报》显示，中国有7700万独居成年人。其中，20岁到39岁的独居青年数量接近2000万。而在全国一人户的家庭样本统计中，20～34岁的独居家庭占比约38%。这似乎说明，在社会发展与独立意识的影响下，独居青年早已不是年轻人中的非主流群体。

这届独居年轻人，是主动选择，还是被动寂寞？独居，是独立的"独"，还是孤独的"独"？独居，是不是一个人的精彩？

独居，不是"自由"与"孤独"的二元对立

在戈夫曼所著的《日常生活的自我呈现》一书中，日常生活被形容成公开的舞台，个体在社会生活中，按照社会期望扮演各自的角色。只有当夜幕降临，"大戏"落幕，退到没有"观众"的后台，卸下妆容，个体才做回真实的自己。

有人让自己的生活短暂"失序"，脏衣服随手扔，两三点不睡觉；洗澡时，完成一场五音不齐的演唱会；民谣，摇滚，抒情，自由地选择播放歌单。

有人年纪轻轻就猫狗双全，即使它们"兄妹齐心，其利断金"，周遭也没有嫌弃的眼神。

有人感谢独居让自己从手无缚鸡之力的女大学生，进化到徒手抓蟑螂的女"灭霸"。再后来，修理水龙头、浴室花洒，打包十几个大纸箱搬家，全部手到擒来。所有"杀"不死我的，都会使我更强大。

有人在独居生活中，治好了"生活不能自理"。从找房、租房，到定期囤生活用品，定期做卫生，缴纳水电煤气费用……烦琐的事宜，不仅体会了真实的生活，也学会了对父母感恩，以及在今后的岁月里，与另一个人共同生活的包容和底气。

但，理想的独居都是相似的，现实的独居各有各的苦楚。

独自承担各项生活支出，经济压力相对较大；如果养了宠物，三天以上的旅行都需慎重考虑；被列入开锁师傅的VIP（贵宾）名单，让你明白，钥匙和手机才是最长情的陪伴；夜归时，不知该分享乘车行程给谁；每次买菜，除了讲价，说得最多的就是"够了够了，我一个人，吃不了那么多"；无法享用第二杯半价倒没啥，晒被子突逢大雨，那叫一个绝望！

"无人问我粥可温，无人与我立黄昏"，"我不说话就没人说话"更是独居人最常面临的窘境。为了消磨孤独感，一个人也要活得像live house（小型现场演出）：进门就打开音响；肥皂剧当背景音；手机、平板、电脑无缝对接；聊天群一个都不能少。

比起孤单寂寞的心境，独居生活最大的危险还是健康与安全。

一次生病就足以击碎独居的快乐幻梦。有人急性胃痉挛，夜里疼得直冒冷汗，只得求助小区物业送急诊；有人重感冒，躺在床上，只能自我安慰，多喝热水。

而更大的隐患则来自人身安全。2018年，深圳一独居女孩因为门锁损坏，被困在厕所呼救5个多小时，才被社区工作人员发现；2019年，深圳一名独居作家突发脑出血晕倒在家，幸得好友发现其失联，被困2天后获救；2021年，北漂女孩被困浴室，睡马桶，喝自来水，30小时后才获救；豆瓣上，名为

"孤寡人士中老年送医收尸互助"的小组，组员两万多，每天晨起睡前微信打卡，如遇特殊情况，互帮互助，是这个小组创立的初衷。

一个人生活的时间里，我们不仅学着与孤独、焦虑、不安共处。更重要的是，独居是一次独立与自我的探索与成长，有着其他生活无法替代的价值。

独居，到底图个啥

以前，人与人之间的关系犹如"一块石头丢在水面上所产生的一圈圈推出去的波纹"，每个社会网络都是以"己"为中心发散出去，不同核心的波纹彼此触及形成新的关系。

独居却在一定程度上打破了这种格局。社会发展带来的观念转变，让个体逐渐"脱嵌"，个人空间的变迁和重组不断上演。独居更像是一个人脱离原生家庭到独立自主的宣言，意味着个体从血缘和地缘的联结中抽离出来，获得更多实现自我价值的时间、空间，重新塑造自身价值，追求理想的生活。

有心理学公众号曾分析，一个人能否享受独处，取决于他与他内部客体的关系，以及他对自己内在关系的信心。如果内在关系能够给他带来生存的满足感，他就能在外部客体刺激缺失的情况下，暂时满足地休息，从思考中获取适合自己成长的养料，为自己的人生交出满意的答卷。

美国作家梅·萨藤在独居时体悟生活滋味，观察四季变化，写下经典之作《独居日记》；日本漫画家高木直子，将自己的独居生活创作成"一个人"的系列漫画；美国作家梭罗用实验先驱的姿态，在瓦尔登湖畔，为自己搭建了一间小木屋，写出代表作散文集《瓦尔登湖》。

日益完善的公共设施，科技的进步，尤其是移动互联网和服务行业的蓬勃发展，也让独居变得越来越容易。

但同时，它们也"相爱相杀"。科技的发展，让人们可以随时通过手机等智能设备和五湖四海的朋友即时交流，各类信息也从四面八方涌向我们。在"信息过载"的环境里，当代人不缺少交流机会，却鲜有可以安静放空的场地。

另一方面，这个时代的真实社交，却需要投入更多的时间、精力。

想和朋友聊聊最近读完的书，对方正在"剧本杀"里玩得酣畅淋漓；在线下活动中遇到玩得来的朋友，一问对方却住在城市的另一端。当我们意识到"人类的悲喜并不相通"，付出与回报有时难成正比，便逐渐学会转移注意力，不再从他人身上索取情绪价值。

某杂志针对1300名上班族中的独居者进行过一项调查，其中一个有趣的结果是，一个人的"朋友"越多，他反而越可能感到孤独。没有朋友的受访者中，有66%的人认为自己孤独；有1个朋友的受访者中，这个比例为76%；有2~5个朋友的受访者中比例为84%，有6~10个朋友的受访者中比例为87%。

人与人之间交流方式表面化、功利化、片段化，让独居成为解压的方式。越来越多的人通过独居，感受自己、反观自己、包容自己。

曾经，人们在讨论独居时，总是不自觉地为独居青年贴上固化标签。或站在救赎的视角，将他们阐述为空巢青年；或把独居视作潮流，偶尔显露出自我感动的鸡汤感。

而在21世纪，独居也许就是一个中性概念，它并非无可奈何的选择，而是个体在对生活的探索中，自然而然走到了独居的阶段。新一代独居青年的故事，混合着自由与孤独，生存与陪伴，但更多则是独立与自洽的并重。

广袤的心

□胡 澄

在你身后是广袤的心
在你身后是比虚空还要辽阔的
宇宙的心
你与星辰与蚂蚁拥有同样的心
是同一颗心
就像这株草与那朵花都从泥土里长出来
你是真心的万化之物
是终极之源的瞬间现形

你的缺点在别人看来可能是优点

□ Renee_1221

一个处在青春期的孩子胆小自卑，害怕在超过两个人的场合讲话，更不敢跟人交往。父母认为他心理有问题，就带他去看心理医生。医生耐心地听了孩子的"病情"后，轻轻地握住孩子的手，亲切地说："恭喜你，有这么好的优点。"孩子一惊："你的意思是，胆小是人的优点，那么勇敢却成为人的缺点了？"医生微微一笑："不，勇敢是优点，胆小是因为谨慎小心，你做事很牢靠，不容易出乱子。而勇敢会影响其他人，所以人们更重视勇敢，正如黄金和白银，人们更重视黄金一样。"

见孩子依然一脸困惑，医生问道："你喜欢啰唆的人吗？"孩子摇摇头。医生温和地说："如果你看过巴尔扎克写的小说，就会觉得这位大作家是很啰唆的，他在写一个小细节时，会婆婆妈妈地讲半页纸。可是，这正是他作品的特点，我们能说这是他的缺点吗？"孩子天真地笑了，摇了摇头。

医生又问："你是不是讨厌醉鬼？"孩子点点头："很讨厌。"医生说："可唐朝大诗人李白就是个大酒鬼。"孩子急忙打断医生："不对，李白是爱喝酒的大诗人，他的很多名诗都是酒后写的呢。"医生称赞道："你说得很对。弱点在不同的人身上，会呈现不同的色彩：有的酒鬼就是一个酒鬼，喝醉了害人害己；但李白却是栖身于酒中的诗仙。"

见孩子连连点头，医生接着说："我觉得所谓人的弱点，其实也可能是优点。假如你是一名随时要上战场的战士，那么胆小就是弱点；但若你是一名司机、一名治病救人的医生，那么胆小谨慎就是可贵的优点。所以，你与其想办法克服它，不如想办法增长自己的学识、才干，当你拥有足够的见识、高远的眼界和宽阔的胸怀时，即使你想当一个胆小的懦夫，都很困难。"孩子听后笑着点了点头。

从那以后，孩子回到家里，开始为自己制订严格的"改变"计划：每天在学习之余要读的书（规定自己早上大声读诗或是英文，提高自己说话的能力），每周要参加体育运动，每月要写一篇文章发表在博客上……为了配合计划，他每天必须有规律的作息习惯。半年下来，他有了明显的改变，广泛的阅读让他博学多才，健壮的身体让他变得开朗自信，他定期写的博客开始让他有了跟他互动的粉丝。在不知不觉中，他已经成为一个健谈、招人喜欢的阳光男孩，朋友也多了起来。是自律，让故事中的男孩把他认为的劣势巧妙地演变成优势。

由此看来，对每个人来说，只要我们能够认清自己，让自己在生活中用"自律"来克制身上的劣势，终有一天，你的劣势会成为让你引以为豪的优势。

4

再好的情感，
也要记得时常温习

为什么我们总是觉得愧对父母

□张宇琦

对爸妈，为何我们总是有负罪感？探讨这个问题，本身就令人不安。因为从我们把对父母的负罪感视作负面情绪、渴望摆脱它的那刻起，就已经在冒着否定亲情的道德风险了。

20世纪80年代，画家罗中立创作了一幅著名的肖像——头上缠着汗巾的老人手握一只水碗，黝黑的脸布满刀刻般的皱纹，身上每一处都是常年风吹日晒的证明。但如果那幅画的标题没从最初的《粒粒皆辛苦》改为《父亲》，大概就不会传遍大江南北，触动如此多国人的内心。那张完美地具象化了勤劳、朴素、任劳任怨的脸，在相当程度上，就是中国人共同意识里操劳了一生的父母的模样。

即使在物质愈加丰裕的今天，"父母牺牲，子女偿还"仍然是中国亲子关系的里子。对于大多数人来说，当上父母，就等于走上了一条无尽的奉献之路。身为子女的，即便能经济独立，也普遍在物质层面之外感到无所回报父母的恩情，难以满足父母的期待。

在时代变化中成长起来的年轻人，越发不忌惮在自己和父母之间划一条界线。所以，我们之所以越来越容易意识到，父母的爱不仅是馈赠，也可能带来负罪感，首先是因为这场发生在情感世界中的变化。

但在微观层面，负罪感究竟是如何产生的？又为何如此令人难以承受？

"我做这一切都是为了你好，你怎么就不明白？"

"如果没有你，我至于活得这么累吗？"

"如果不是为了你，我们早就离婚了。"

"你就随心所欲吧，别管我的死活！"

不难想象，说出以上这些话的很可能是传统意义上尽到了责任的好父母。当他们明确地表达因你而感到痛苦，即使你嘴上不承认，也大概率会认同是自己做错了，产生弥补错误的冲动。

值得注意的是，健康的亲子关系不会被一时的过错伤害到核心，孩子的负罪感也不会持续太长时间。但在另一些情况下，父母会有意或无意地将负罪感用作一种支配工具，甚至作为日常教育孩子的方式。

"不管你有没有错，我都要让你知错""你怎样做都不可能弥补我了"……如果你察觉到父母话语中的这些潜台词，很可能受到了心理学家所说的"愧疚诱导"。这种情感操控，也会出现在夫妻、朋友、上下级等关系中。

不同的研究均指出，愧疚之所以能实现诱导者想要的效果，是基于我们对重要关系的依赖，以及对失去这些关系的恐惧和焦虑。而这一点也解释了为何父母诱导产生的负罪感格外沉重。因为说到底，爱人、朋友或者工作不一定不可取代，但我们都不愿斩断和父母的羁绊。根据美国心理咨询师莱斯利·菲尔普斯（Leslie Phelps）30多年的观察，寻求心理治疗的人并不能轻易地抨击父母，大多数人会正面看待他们，或者至少在表达负面情绪时感到内疚。甚至那些遭受过严重忽视或虐待的人也是如此。

那么，一个人该怎样摆脱或减轻因父母产生的负罪感？一方面，我们要先搞清楚愧疚是因为自己真的犯了错，还是父母试图给你贴上某种标签。如果是前者，那么负罪感是你能够和他人共情的证明，并不需要为此过多苦恼。但如果是后者，你应该及时告诉自己，这不是你的问题，进而试着和父母冷静地沟通，不过度防御，也不要陷入那些消极的评价。

要修复长期处于"愧疚诱导"下的亲子关系必定是艰辛的。对此，心理学家的建议是，在理解父母可能已经尽力的同时，你也要承认，成长过程中那些不正常的方面仍然影响着你。当你下一次作决定，要试着优先满足自己作为一个独立的人的需求。

月食钱

□桂　涛

朋友拿来一枚样式奇怪的清代铜钱给我看，不是常见的外圆内方，而是外方内方。

这本是一枚嘉庆通宝，背面是满文，在铜钱收藏界并不算少见。只是它的圆边被磨方，成了一枚方钱。因为磨得厉害，"嘉""庆"二字各有一部分已被磨去，整枚铜钱看起来缺损得厉害。

因为缺损，看着就有些丑。铜钱失了比例，少了气韵，就像少了耳朵的花猫、割了尾巴的喜鹊，虽仍能看出是猫和鹊，但让人不愿再多看一眼。

朋友说这枚铜钱是他从齐齐哈尔收来的，没缘分还遇不到、得不着。

相传在东北地区有一种民俗，每当月食出现，母亲们就会从各自家中找出一枚铜钱，聚在井边，在井台石上把钱磨成正方形，且动作要快，一定要在月食结束前完成。人们认为这样磨出来的"月食钱"，可以趋吉避凶，于是将其系上红绳，挂在孩子颈上，或者塞进即将远行的子孙的行囊。四四方方的铜钱承载了母亲们"四方平安"的祝愿。

听了朋友的介绍，再看眼前这枚有故事的铜钱，仿佛看见几位母亲坐在井边，就着摇曳的烛火，捏着铜钱使劲在石头上磨，仿佛听到金属与石头摩擦时发出的声音。或许还有她们的家常闲谈，不，可能不会有太多的闲谈。虽然铜钱不厚，但要在短时间内把它磨方，还需凝心聚力。

从心理学的角度看，母亲们磨制"月食钱"就是要将自己的体力和念力注入子孙们随身携带之物中，好让它们代替自己，时刻护佑亲人。这与"慈母手中线……临行密密缝"并无二致。

从社会学的角度看，人们更是赋予了铜钱更丰富的文化内涵和吉祥寓意。在中国的民间风俗里，人们相信，铜钱能护佑平安。比如，"五帝钱"就是将顺治、康熙、雍正、乾隆和嘉庆这国运昌盛的五朝的铜钱串起来制成的，一些人将其买来埋在新建房屋的门槛下，希望它能镇宅辟邪。北方一些地区还有端午佩戴钟馗祛五毒铜钱的习俗。

老人说，铜钱千人摸、万人拿，沾染人的阳气，于是有了灵性。这么看来，"月食钱"就是经母爱加持过的、被赋予灵性的铜钱。这钱不丑，它甚至变得可爱起来。

"我不够好",是一种瘾

□丛非从

一个体验到"我不够好"的人,能找出自己的很多不好来。

有不好的地方很正常,金无赤金,人无完人。带着你的不完美好好生活就好了。可是偏偏有些人,就是要跟自己较劲,天天觉得自己不够好,真没用。

我相信每一个觉得自己不够好的人,都无数次听到过这样的话,然而这并不能改变他们对自己的评价。

一个同学说,他从不发朋友圈。我问他为什么,他说受不了别人的批评。你发旅游照,就会有人说你嘚瑟。你发自拍,就会有人说你自恋。何必呢?

我就发现他有一个特点:只对否定感兴趣。你发朋友圈,批评和赞美,都会存在。然而你是为哪些人而做出的关于朋友圈的决定的呢?

当你做了一个演讲,有的人鼓掌,有的人在听讲,有的人在低头看手机。你更在意哪些人的表现呢?

当你提交了一份报告,领导做出了批评,要你回去改改。你是看到了"批评",还是看到了"指点"?

我们活在这个世界上,做事情,必然会同时存在正负面评价。这时候考验你的注意力的时候就到了:你是在对哪部分评价做出反应呢?你的眼里有哪部分评价呢?

如果你只对负面评价有反应,那么你的眼里只有负面评价。这时候负面评价就会成为你世界里的全部。那么恭喜你,喜提新勋章——我不够好。

人不是自己不够好而体验到"我不够好",而是想体验到"我不够好"就去找证据证明我不够好。

人对自己的评价是怎么完成的呢?人都是通过环境反馈,来完成自我评价的。环境反馈包括他人言论、测评、资料、数据、专家言论等。更可怕的是,人一旦形成对自己人设的评价,就不会再去全面看待现实。他会选择性看待现实,哪些现实符合我对自己的认知,我就对哪些现实感兴趣,只盯着这些差的部分。

这就叫选择性注意。

所以你很差,是事实吗?

是的。你很差,的确是事实,但那不是你的全部。你有很差的部分,也有很好的部分。你有很差的时刻,也有很好的时刻。你不是很差,你只是有的地方差。你不是很差,你只是不完美。

可是,谁不是这样呢?

现在,你已经长大了。小时候你没有能力鉴别爸爸妈妈对你的评价,那是没办法的事。但是现在你是否依然认同他们给你制定的人设,就是你自己的问题了。小时候爸爸妈妈总是给你穿绿衣服,你没办法。但现在你独立了,要不要继续穿绿衣服,就是自己的问题了。

所以你不需要矫正"我不够好"的认知,那有些自我安慰和自我欺骗。你只需要去拓宽你对自己的认识,不仅看到不够好的点,也看到足够好的点。对自我评价,你需要的是拓宽,而不是矫正。

你要知道,你在某些方面的确很差,可是这不影响你在另外一些方面非常好。

别人家的

□ 林 蔚

这年头妈妈圈流行"别人家的"。

比如"别人家的小孩"。在这个熊孩子满天飞的时代，莉莉姑娘是众多熊孩子妈心心念念的"榜样"，因为这孩子完美得疑似天人。

莉莉妈热衷于在社交网络上发布生活照。这些照片里，莉莉不是在弹钢琴就是在跳芭蕾舞或者练书法，而且每一样都学得顺顺当当。那些为孩子的学习焦头烂额、为督促练琴大吼大叫的妈妈惊叹，天哪天哪天哪，一个七八岁的姑娘居然这么优秀？莉莉妈答"父母言传身教"，于是熊孩子妈纷纷做愧疚状，再到怒摔琴谱的时候，就闭眼深呼吸：世界如此美好，我却如此烦躁，这样不好，不好。

这就说到了"别人家的妈妈"。永远有一些神一样的妈妈令人仰视，比如小囡妈。小囡妈出身书香门第，所以朋友圈里呈现的生活也是时髦的知识分子模样。上午她凭丰富的文史哲知识开拓了同事的思路，下午则在与国外客户联络时聊到了共同喜欢的小众画家。下了班的小囡妈依旧是神一样的存在。她能一边解答孩子学习上的问题，一边在30分钟内做好色香味俱全的四菜一汤。于是很多妈妈只有大呼"给跪了"，并诚恳地求教如何无所不能。小囡妈谦虚地笑笑，"哪里哪里"，然后适时地在朋友圈里贴出一张在地铁里阅读英文原版书的照片，配图文字是："时间都是挤出来的，即便只有20分钟的车程，也要抓紧学习！"众人又是顶礼膜拜，并为自己吃饭坐车时的刷手机行为羞愧不已。

当然还有必不可少的"别人家的丈夫"。陈先生就是这么一位。在公司他是上下都敬重的骨干精英，在家他文能辅导孩子功课，武能指导孩子踢球攀岩，更少不了孝敬父母疼爱妻子。陈太太在聚会时总会不经意地露出新首饰，先生送的；说起即将到来的旅行，先生早早给一家老小订好了机票、酒店。其他人若唠叨起生活琐事、夫妻矛盾，陈太太也会笑眯眯地说："他从不跟我吵啦。"于是大家就只有羡慕嫉妒恨的份儿了。

别人家的榜样当然有一定的积极作用。很多时候我们需要个参照物，一个更高更快更强的目标，激励自己奋勇前进。但当这些榜样太过完美时，带来的往往是焦虑。

尤其在压力巨大、生活节奏很快的当下，当我们发现无论如何努力都只能与"别人家的"隔海相望时，焦躁和自我怀疑就油然而生。不止一位妈妈，当自家的熊孩子没有像莉莉那么彬彬有礼时，会为自己不够知书达礼而自责；加班晚了给孩子叫外卖时，想起小囡妈做的四菜一汤，难免心生愧疚；跟丈夫因为柴米油盐拌嘴时，一想到陈太太那么幸福，"瞎了眼"便脱口而出。

只是她们都忘了，自己只是通过一个窗口看到"别人家的"精彩纷呈的表演。妈妈们不知道的是，莉莉也常有赌气不愿练琴的时候，陈先生其实是最常见的中年男人，职场前后夹击，每一步都要奋力打拼。如果妈妈们有心细究，她们还会发现小囡妈晒的英文句子里有不少语法错误，地铁阅读照从发帖到一一回复留言，至少持续了15分钟。

所以啊，这个世界上哪有那么多的完美，"相对论"才是最伟大的真理。安心过好"自己家的"，把"别人家的"放一边去吧。

总说梦想遥不可及，可是你却从不早起

普通力，也是一种能力

□时间君

还记得《新华字典》1998年修订本《常用标点符号》中的一个例句吗？"张华考上了北京大学；李萍进了中等技术学校；我在百货公司当售货员。我们都有光明的前途。"在当年也许确实如此，但随着互联网的高度普及，"海归贬值""马路上一砖拍下去就有仨大学生"等言论层出不穷，让越来越多的普通人不禁发出灵魂拷问："难道只有我是来人间凑数的吗？"

人人都渴望成功，很少人会甘于"普通"。

几年前成功学席卷网络和书刊，成了新一波的"财富密码"。而与"成功学"相对的，就是应运而生的"普通学"。豆瓣"普通学"小组有这样一群年轻人，他们认为，"我们早已习惯了被教育如何努力追求成就，做个成功者。但鲜有人告诉我们，在此之前，如何接纳自我，如何做一个珍贵快乐的普通人"。

在这里，大家分享自己普通的生活和烦恼，逐渐调整心态，通过交流互助让大家都能做一个珍惜快乐的普通人，发现平淡生活中的美好，感受"普通"的快乐。"普通学"小组自2021年创建以来已经有了近6万名"普通人"，但现实生活中的"普通人"数量远不止于此。

"普通人"的"普通"是如何定义的呢？是学历、智商，还是金钱呢？从智商等先天特征角度来看，全球68.26%的人都是普通人。教育统计学统计规律表明，学生的身高、肺活量、智力水平、实际动手能力等都呈正态分布。也就是说，社会中的大多数人与他人无异，有着平均身高、平均长相和平均智商。满大街都是高学历？非也，从数据上看，211大学录取比例为4.83%，而985大学录取比例仅1.69%。

从金钱角度看，现实可能更加残酷。根据帕累托法则，也就是我们熟知的"二八定律"，20%的人口掌握了80%的社会财富，且这个结论对大多数国家的社会财富分配情况都成立。换句话说，在金钱上，80%的人都是普通人。

无论从理论还是现实来看，"普通人"都是绝大多数，但为什么我们时常觉得"只有我是普通人"呢？打开朋友圈，看到的是精致的九图Plog（图片）；打开某社交晒图App，看到的是Gucci（古驰）满柜；甚至在互联网匿名分享区，几乎"人均年薪百万"……互联网放大了个体"成功"的幸存者偏差，却让大多数的"普通"无家可归。

没有人生来就觉得自己的梦想是做一个"普通人"。

《武林外传》里的吕轻侯吕秀才是前朝知府大人的孙儿，三岁识千字，五岁背唐诗，七岁熟读四书五经。但因屡试不第，二十五岁时穷困潦倒，变卖祖产在同福客栈当账房先生，被自己过去的老师评为"伤仲永"的一个经典案例。

电影《艋舺》中有一句台词，"年轻的时候，我也曾经以为自己是风。可是最后遍体鳞伤，我才知道我们原来都只是草"。

"普通力"是一种在逆境中能找到生活勇气的力量，"普通力"是指有普通的思维方式，凡事都能正常进行，它比"攻击力"和"守备力"更重要。

不必"伪合群"

□ 针未尖

"每天身处喧嚣,却无比孤单。"这句话,曾有人用来调侃自己的"不合群",形象地说明了内心的苦恼。

最近,"合群真的那么重要吗"成为网上热议话题。有人觉得不重要,没必要去迎合所有人;也有人觉得,在生活中必须合群,不然很可能被孤立,因此"伪合群"是成年人的必备技能。

合群真的那么重要吗?这是一个长期存在的问题,也是很多人的共性问题。因为人类是群居的,正因为人有合群行为,才形成了人群和社会。而在我看来,合群是比较重要的。

从精神需求的角度来说,合群能够满足人类对爱与归属感的需要。根据美国社会心理学家马斯洛的"需求层次理论",人的需求从低到高分别是生理需求、安全需求、归属需求、尊重需求和自我实现需求。合群就是一种归属需求。

归属需求不只是简单加入一个群体,而是形成并维持一种持久的、积极的人际关系,群体中的伙伴彼此互动、信任、认同甚至欣赏,提升各自的归属感,收获心灵成长。即便合群只是彼此分享快乐、倾诉痛苦,但在某种程度上也能起到调节情绪的作用,给自己和他人带来更多安全感。

从生存生活与工作的角度来说,作为一种社会性动物,人在现实中几乎不可能孤独地生存生活和工作,免不了要和人打交道。物以类聚、人以群分。合群,可以取长补短,让自己变得优秀;合群,可以互惠互利、互帮互助,彼此成就。故有人认为,合群是职场竞争力、职场情商的一个重要考量指标,追求合群、愿意合群,是一种生存的需要,也是发展的需要,甚至是变强大的需要。

由此可见,合群是一个人适应环境和社会的必要能力。

不过,凡事都要掌握"度"和"量",合群也是如此。合群不是刻意迎合他人,也不是委曲求全,也不意味着"合"自己身边的每个群体。低质量合群、盲目合群,反而会给自身带来困扰。合群要找到与自己三观一致、兴趣相近、有利于自身发展的人群,没必要强迫自己融入三观不合、兴趣爱好不符的某个人群。

同时,合则聚,不合则散。

没必要仅仅是为了让他人看得起自己,或害怕被孤立、被排挤,而伪装合群,这样可能适得其反,不仅浪费时间和精力,还可能因为没有找到真正能接纳自己的群体而产生焦虑、忧郁等不良情绪。

在这种情况下,不如走出"伪合群",先活出真实的自己,取悦真实的自己。

真正的合群,是融入群体但不迷失自我甚至失去自我。当众声喧哗时,不要人云亦云,而是保持独立思考和清醒判断;当面对困境时,既可"抱团取暖",又能"自我温暖"。既要让自己"合得进去",从群体中受益,又要让自己"跳得出来",多一份独立,少一份盲从。这才是成熟的合群之道。

故有人表示,"合群"诚可贵,"自我"价更高。在多数时候"合"得了群,在某些时候享受得了孤独,努力追求自我价值的实现,才能更好地应对自己的人生。

为什么我们总是在等别人主动

□ Milo

有一天，我们一群朋友一起吃饭，我注意到一个女生就安安静静地听着我们聊天，听到认同的观点还会一直点头，但从来没有真的加入谈话之中。后来更熟悉之后，我悄悄跟她说："哎呀！你挺安静的啊！"

她后来很认真地跟我说："我很害怕我会招人烦，以前别人聊天的时候气氛都很好，突然我加入之后气氛就变了，我总觉得我会毁了别人的好心情，会招别人烦。所以我也从来不主动联系别人，我不知道对方想不想和我聊天，也害怕我发了之后对方根本就不回复，这就更让我觉得自己招人烦了。所以现在大家聊天的时候我都是安静地听着，私下也不敢主动联系别人。"

很多人都会有这些顾虑：总觉得自己说的话会破坏气氛，觉得没人希望我站在这儿。觉得自己想说的话一点儿也不"有趣"，别人应该不爱听吧。

大家聊天的时候我就像在等一个"谈话红绿灯"，总想等到我可以说话的绿灯时间，但绿灯时间太短，我抓不住……

如果我先发微信给别人，别人可能会觉得有义务要和我聊天，但我不知道对方是不是真的想理我。如果对方想理我的话，他应该会主动联系我吧。

偶尔也在社交软件上看到有人在简介上写着："也许你主动点儿，我们就有故事了。"

然而这些人从不主动say hi（说你好），而只是一遍又一遍地看着通讯录里躺着的百八十个好友，一遍又一遍地错过。

不敢主动联系别人或加入谈话的背后是什么？

美国心理学家Mark Tyrrell（马克·泰雷尔）认为不敢主动联系别人或加入谈话属于人际互动问题中的一种，可归结为"不敢开始一段对话"，而这可能与自身的自尊感有关。

自尊是一个人对于自我的概括性评价，以及我们对于自己价值的判断。一个自尊感良好的人是敢于表达看法、寻求与他人联结的，就算自己的观点不被认同、不好笑，或者主动找人聊天时没有得到回复，他们的自尊感也不至于崩溃，不会感到无地自容的羞愧。

而低自尊者（low selfesteem）对于自我有偏低的评价。他们很怕给别人添麻烦、惹人烦。觉得自己的需要、看法可能对别人来说根本不重要，他们更需要别人主动联系自己，可能只有这样他们才能确定对方需要自己，或者说是对方不讨厌自己。

低自尊者也总是在避免挑战，他们会竭力地回避一切有挑战性的、可能造成失败的情境。也许正在看文章的自尊感良好的读者们无法体会，但对于低自尊者而言，要主动发信息给别人还不如让他们去蹦极，蹦极再害怕，反正一闭眼就下去了，但发了一句"Hi，在干吗呀"之后别人没回复的那几秒或几分钟，真的就像在等待宣判一样。

心中无限怒吼着："啊啊啊完了，他没回我信息，他一定觉得我很烦，唉，我不该发信息的，又招人讨厌了。"

所以低自尊者为了避免这种等待被宣判的煎熬，为了避免想象中的失败，甚至连尝试都不敢，他们形成了一种和别人很特别的相处模式，"如果你来找我，我一定回复你，但我绝不会主动找你"。

但也有一些人演变成了"你来找我聊天我真的好开心，但我不敢和你多聊，因为我害怕说得再多一些你就会发现我招人烦了，就会不喜欢我了"。

这些不愿意主动联系别人的低自尊者，很可能会被人误会他们是冷漠的、疏离的、不好亲近的，但其实这种疏离是他们不知如何是好时选择的一种防御。

那么，如何改变？

首先，把对自己的负面评价写下来，并尝试着客观地审视，越具体越好。例如，"我认为我的朋友不喜欢我"，"我认为我发信息给他，他绝对不会回复我"。

其次，寻找支持性证据反驳它。低自尊者的记忆往往是偏负面的，他们只记得自己遭遇失败、出糗、被批评的经历。我们需要挑战自己的负性记忆，把负面想法变成问题："朋友们真的不喜欢我吗？""Ta真的从来不回我的信息吗？"然后试着寻找正性的记忆，去回答这些问题，可能你会发现，你远没有自己想的那么糟。

其实害怕招人烦的人很少会真的招人烦，真正招人烦的人从来不觉得自己在麻烦别人。

不用逼自己看完这篇文章，立刻就去发表白信息给自己喜欢但又不敢联系的人，或是逼自己去和别人大聊特聊，改变从来不易，尝试从小事做起，一步一步重建你开始敢于主动联系他人的信心。

山巅的那块石头

□任万杰

孔子的徒弟才能各不相同，政务上有冉有，言语上有宰我，文学上有子游，德行上有颜渊等。其中子贡非常勤奋，每天都是刻苦地学习，深得孔子喜欢。

但是初期子贡没有表现出多么大的才能，感觉非常普通，一日，孔子来看子贡学习，就看子贡面前放了很多书，哪方面的都有，子贡正在读着，看见老师来了，赶紧站起来施礼。

孔子还礼之后，让子贡坐下，然后问："这些书你都要读吗？"子贡说"是的"。孔子接着问："你为什么要把这些书都读完呢？"

子贡说："因为，我想超过任何人，达到别人难以企及的高度。"

孔子说："有一只老虎，它想拥有动物们所有的本领，这样自己就是最强者，就开始学习猴子的爬树，羚羊的奔跑，老鼠的掘土，等等，每一项本领，老虎都投入了大量的时间。

"有一天，老虎遇到了猎豹，几年前，它可以轻松应对，而这一次，几个回合，它就败下阵来，倒在了血泊中，当老虎放弃自己的撕咬搏斗能力，结果没什么意外的。"

子贡愣在了原地，想了好久终于明白孔子的意思，随后，放弃了这些书，主攻理财经商方面，最终成为当时的首富，也在历史上留下浓墨重彩的一笔。

每个人精力是有限的，找到适合自己的才是最好的，盲目和攀比，只能让自己碌碌无为，决定自己成就的，一定是自己的强项；决定一座山的高度的，永远是山巅的那块石头。

"90后"的头发保卫战

□ 糸 微

根据Mob研究院《2021年"90后"脱发调研报告》，中国约有2.5亿人存在脱发问题，其中"90后"占比达39.3%，超过"80后"，成为"人间蒲公英"。我就是那39.3%中的一株"女蒲公英"。

我第一次发觉自己发量少是在高中时期。高中课业繁重，升学压力大，我学习刻苦，成绩在年级里名列前茅，而所付出的代价就是掉头发。为了应对掉头发，我把及腰长发剪成披肩发，束发皮筋也从普通皮筋换成了电话线式头绳，这样可减轻头皮压力，也能让自己的马尾辫显得粗一点。然而，这种做法堪称掩耳盗铃，一次课间，我的闺蜜在无意间瞟了我的马尾辫一眼后惊叹："你头发好少啊！"

没过多久，我干脆狠心剪成及耳短发，既省出扎辫子的时间用来学习，也避免了扎起来发量很少的尴尬。我换发型这件事成了"重磅新闻"，在班级里引起了一阵轰动，并极其罕见地得到了女生们的一致好评。甚至有两个女生也去剪了与我同款的短发。短发造型得到认可让我很惊喜，从此，长发一去不复返。

慢慢地，我发现剪了短发并不是一劳永逸的，它并不能让稀疏的头发变得茂密起来。显而易见的是，我发量少的根本原因是遗传。

为了保卫自己的头发，这些年来我做了很多尝试。一开始，我尝试了垫发根等可以造成头顶"虚假繁荣"的烫发手段。在反复烫发的折腾下，我的发质越来越差。我痛定思痛，决心不再烫发。

告别烫发后，我先后跟着"网红博主"买了大几百块的进口生发精油，跟风网上的偏方往头皮上抹生姜，成为一个洗发水的"成分党"，去看中医吃生发中药……几番折腾挣扎，这些被无数人声称"有用"的方式好像对我都不起什么作用。

人为什么只有头上的毛发得到如此重视，并作为影响外貌的重要特征之一呢？我想不明白。更让我想不明白的是，我发现不论中外，很多年轻女性花大价钱修饰自己的头发，比如烫发、染发、植发，企图让自己有一头茂密有型的秀发，但与此同时，也花钱去除腿上的汗毛，似乎头顶的毛发才是"庄稼"，其他毛发都是理应被赶尽杀绝的"杂草"。真是让人感到拧巴又无奈。

不过，现如今，我已经放弃了各类生发产品，并尽量佛系看待自己头发稀疏的问题，与自己和解。我学会了自嘲，并用这个"武器"，成功化解了很多尴尬。比如，以前我很怕听到洗发小哥或托尼老师有意无意地感慨一句"头发好少"，而学会自嘲后，一旦听到这种话，我就来一句"是啊，要秃了呢"，我发现，当我可以开自己的玩笑时，别人也就不好意思再嘲笑我了，或者说，别人的嘲笑也不对我构成任何伤害了。当我意识到这一点时，我对我爸那句自嘲——"聪明的脑袋没有毛"有了新的认识。

现在的我，努力保持健康饮食、适量运动和早睡早起的习惯。我想，如果以后脱发加剧，那就选择戴一顶假发好了。毕竟，只有接受自己的不完美，接受不能改变的事实，人的心灵才有更多空间去容纳和发现生活中其他美好的存在。

再亲密的人也没有义务去懂你

□ 蕤 依

一个女生朋友向我抱怨她男友不懂她，举的例子是她想吃冰淇淋，对方却给她买奶茶，我问："你为什么不直接告诉他你要吃冰淇淋呢？"她理所当然地说："这是他应该知道的啊，我喜欢吃什么，讨厌吃什么，他都应该记得一清二楚啊，还用我说。"

我黑着脸继续问："那你爸妈知道你喜欢吃什么，讨厌吃什么吗？他们会在你想吃冰淇淋的时候，递给你奶茶吗？"她也一脸不屑地说："父母怎么能和男友比呢？如果我父母把所有的事情都做了，那还要男友干什么？"

我表弟正处在叛逆期，据姑妈说他和家里人一直处于敌对状态，似乎父母是他的仇人一般，他和朋友在外面玩，彻夜不归，快乐得不得了，一回到家里，就开始撒泼耍赖，或者是把自己关在房间里一句话不说，好像自己被扔进了地狱一般。其实姑妈很开明大方，不会乱说话，和儿子之间也尽量保持合适的距离，但不知为何，儿子到了高中，突然就由一个会牵手和父母逛街的人，变成了现在一和父母说话就暴跳如雷的人。

有一天，我去他们家时，也许是赶上表弟心情好，对我也格外热情。我在他房间里观摩各种飞车的同时，不经意间问了一句："姑妈说，你好像不太喜欢和他们说话呢，为什么？"他没有丝毫的停顿，满腔愤怒地说："他们不懂我。"

我惊了一下，问："什么叫懂你呢？"他说："我想和朋友在外面通宵唱歌，可她非得每晚让我回家睡觉，这样我会在同学面前很没面子。我和朋友说好了暑假一起去北京玩，朋友都去了，他们却怎么也不让我去，说我们几个男生出门不安全。"他似乎有一肚子的苦水，说起来几乎没完没了。

他以为我会义愤填膺地站在他的立场上，但我没有。

我问他："那你把心里的想法告诉他们了吗？你跟他们说你和哪些朋友在一起，在哪个歌厅唱歌了吗？你跟他们说了你和朋友去北京，是如何安排行程的，你想通过这趟北京之旅获得什么吗？"他好一会儿不说话，好像很生气的样子，然后突然说："人家的父母怎么那么懂孩子呢？人家也不用每天像汇报工作一样，汇报给父母，人家的父母怎么就能理解，就能放手呢？"

突然之间，看着他狰狞且很不争气的表情，我也怒了，说："没有哪个父母天生就该理解你！你不和父母沟通，父母就能知道你在想什么，那他们就不是人，是神了。不和父母交流是你的错，如果你说了，父母仍然不能理解你，才是他们的错！"结果我们两个人不欢而散。

后来，我通过很多叛逆的案例了解到，基本上所有的问题都出现在"沟通"上，孩子不想说话，只想着让父母去猜，即便父母真的用心去猜了，也往往猜不到点子上，所以积怨越来越深，越来越难解决。

说白了，懂得是双方的事情，任何一方在谴责对方不懂自己的时候，是否也应该反思一下自己是否给了对方懂你的机会。

有多少人败给了"我以为你知道"？再亲密的人也没有义务去懂你，但是再亲密的人都有义务和对方去沟通，有义务去给对方提供懂你的条件。

爱自己更多

□ 出云破月

"你能说出自己的100个优点吗？"

闺蜜发来这条毫无上下文逻辑的微信时，我整个人是蒙的。心想我哪有那么多优点，能说出十个就不错了。

闺蜜解释她正在看一部叫《我们由奇迹构成》的电视剧。

或许很多人和我们一样，比起优点，对缺点反而了如指掌，甚至达到如数家珍的地步。怀着我倒要看看为了"编出"上百个优点，这部剧还能多乱来的心理，我开启深夜刷剧模式。

意外的是，剧中堪称完美的女主同样觉得自己不够优秀。明明是继承诊所、作为成功职场女性登上杂志的牙科医生，却固执地认为自己还有很多不足，必须持续进步、加倍努力。硬着头皮学经营、学中文、报名料理课……

"你是在苛责自己。"男主一语道破天机，解开了我的困惑。或许我说不出优点的原因，就是我也在一刻不停地苛责自己，觉得自己一无是处。

习惯于追求完美，或是在规训下成长的大多数女生，很容易质疑自己是否做得足够好。很多人即使得到了赞美和鼓励，第一反应仍是逃避，怀疑对方话语的可信度，然后继续不知疲惫地追求被人喜爱和认可。

在我的学生时代，大家都认为不合群是缺点、内向是病得治，拒绝朋友会被归为冷血无情。不善表达的我试图融入这样的集体却屡屡受挫，直到有一天偶然把零用钱借给班级人缘最好的同学，帮他"江湖救急"，从此开启了我所认为的合群生活。班里开始时常有人因为这样或那样的原因向我借钱。当然，最终也没有一个人把钱还给我。

即使毕业之后，我还是没把这件事放在心上。直到几年后的同学聚会，大家聊起往事，曾跟我借过钱的老同学们笑着提起他们欠钱不还的行为，不仅没有良心发现觉得抱歉，反而满不在乎地戏称我为"提款机"。他们以此为乐的样子让我幡然醒悟，我错得有多离谱。

电影《壁花少年》里有句台词："我们只会接受我们认为自己配得上的爱。"

当年的我真的认为，那就是我配得上的爱与友谊。我一边苛责自己，一边放低姿态，连自己都不珍惜自己的价值，自然成了他人眼中的笑话。

男主的话成功点醒了女主，她终于哭着坦承内心："我比起自己想做什么，更关心别人怎么看。总是责怪自己，想要证明自己很厉害，其实是因为没有自信……我讨厌这样的自己，到底该如何跟自己好好相处呢？"女主简直问出了我人生的终极问题。看不到自身的优点，不是不够了解自己，而是不够爱自己，甚至没想过与自我和解、好好相处。

接纳自己、爱自己，从来都不容易。从前我以为，这世上恐怕很难找出几个不爱自己的人吧？慢慢才懂得，我以为的爱其实是利己，绝非自爱，这两者是有本质区别的。趋利避害是本能，而爱是后天习得的。

因为无法自爱，缺爱的我们开始改造自己，企图通过成为他人眼中的完美人设，获得来自外界的爱与关心。与此同时，越来越偏离本心的我们更加讨厌自己，犹如恶性循环。

有句从小听到大的鸡汤："我们要做自己的主人"，现在我才知道自己被这句话荼毒得有多深。当我们笃定自己是主人，就代表我们自认拥有掌控自己的绝对权利。若是事事顺利还好，一旦出现意外，我们没能表现得如预期，马上就会陷入深深的自我厌弃中。

责怪自己不争气对我而言是家常便饭。每次有个小病小痛，我的第一反应就是埋怨自己身体素质太差；工作上出现纰漏，必须责骂自己脑袋不好使；加班无法在饭点吃饭导致胃痛，我都要苛责肠胃功能怎么如此脆弱不堪，就不能再坚持坚持吗？

论说服自己，没人比我更专业。

当我把胃痛拖成胃病，没办法只能彻底静养的时候，才意识到不该做自己的主人，而是要做朋友，最信赖、最珍惜、最不能强求的朋友。

我们愿意无条件包容至交好友，甚至能轻松原谅陌生人，可就是不能好好跟自己相处，好好爱自己。连爱己都做不到，又如何能爱别人呢？

回到那个最初吸引我看这部剧的问题上，男主开始历数女主的100个厉害之处："守时，会看牙齿，会清洁牙齿，是诊所的院长，工作很细致、很能吃，筷子用得很好，见面会跟我打招呼……"女主叫停："这不是大家都能做到的事吗？"

男主反而觉得奇怪："能做到人人都可以做到的事，就不厉害了吗？"

听到男主的话，我和女主一起愣住了。我们对自己原来真的严厉到如此地步，做不到别人能到做的，我们会责怪自己；做到了别人能做到的，我们又会说这根本算不上什么优点。

全球疾病负担研究的数据显示，全球焦虑症的患病率已经超过抑郁症，居精神障碍类疾病首位。我们习惯于无视自己的正面行为和厉害之处，认为自己毫无优点，怎么可能不焦虑？在提起什么是优点时，最先出现在我脑海中的是：良好的家世背景、至少是985的毕业生、工作稳定收入高……我几乎默认优点等于赚钱的潜力，用现在的话说就是能够"变现"的，才算优点。

我直接无视了诸如善良、正直、勇敢这些听起来很虚的词，似乎当称赞一个人很善良时，就意味着他没有其他优点值得被提及，甚至这些反而成了在人际交往中吃亏的原因。

可是真的是这样吗？

毕业时我给闺蜜写过一封长信："你是我认识的最善良的人。越是了解你，我就越觉得以前实在把'善良'两个字看得太肤浅。你是包容的、不记恨的。你是善解人意、不迁怒的。你总能看到别人好的一面，就算有人对你不好，你也能很快忘记，这大概就是真正的善良吧……"

忽然想起，基努·里维斯也在采访中说过："我不想生活在认为善良是弱点的世界里。"

此刻的我不再怀疑自己是不是真的有100个优点，而是静下心来认真思考哪些品质是我真正的"厉害之处"。或许一口气说出100个还是有些难度，那不如每天想几个，也让生命中多点期待。

我怀着喜悦和感激打开备忘录，记下我的第一个优点："我正在学着爱自己更多。"

相见欢

□ 伽 蓝

为何要写作
早晨的日光停在一朵花上
先生，为何要写作
为了认识你，我说
中午，雨水站在女孩子的睫毛上
为何要写作，先生
为了寻找爱与美并信任它们！
晚风吹着脸上的皱纹
为何要写作，先生，能告诉我吗
为了打败时间，我嗫嚅着
是的，它们得到不同的回答
当它们碰面议论此事
用碎片拼贴一个作家的肖像
哦，这是一个善变者，它们说
浪费了一个好名字——
当然，它们永远都不会相见

> 总说梦想遥不可及，
> 可是你却从不早起

再笃定的友谊，也需要时常温习

□ 轻 浊

朋友C，是我的初中同学。在某天放学回家的路上，我们遇到了彼此，才发现我们两个人的家在同一条街上，相距只有三百多米。那是青春期刚刚到来的时候，我渐渐开始构筑自己不成熟的价值观，很多心里话都不太愿意和父母说起。在学校，由于繁重的学业，我也没有机会去说这些矫情的话。于是，在学校与家庭的间隙，放学路上完全属于自己的半小时，心扉便不需要人去敲，自然而然就向对方打开了。

有一次，放学路上，我看到当时暗恋的女生上了一辆公交车。如果乘那辆车坐两站，再绕一点儿路，我也可以到家，还能与那个女生共处一个空间好几分钟。我心动了。C也看到了那个女生，并且看出了我的心思。

"走！"他说完，拉着我朝公交车跑去，却还是慢了一步，车开走了。那就算了吧。我放慢步子，但C扯着我的胳膊，沿着公交车行进的路线奔跑起来，跑了足足一站路，还是没有追上。停下来时，C狂笑不止。我仔细一看，才发现他运动鞋的鞋底中途跑掉了，却没有停下来。

"你是不是傻！"我骂他。心里却在那一瞬间认定，我要和这个人做一辈子好朋友。只是那时候，我对"一辈子"这个时间单位，并没有实质性的概念。

后来我们升学，去了不同的学校，选了不同的专业，中途我还搬了一次家，我们两家的距离再也不是走路就可以到达的了。而两个男生之间，也很难隔三岔五地聊天，我们之间的联系，只限于他夜里喝醉，打电话给我回忆从前多美好，而我因为睡眠被打断，不耐烦地臭骂他，却舍不得挂电话。

我依然在心里把他当作最好的朋友，只是时间太久，交集太少，我担心对方对我的友谊有所改变，但也不知道如何表达才好。我们之间总像是隔着什么没法轻易戳破的东西。或许就是这种东西，让很多很美好的友谊，随着长大渐渐变得别扭了。

我重温《请回答1988》，想看成年后的双门洞小伙伴们，是怎么面对儿时的友谊的。

阿泽从小就是双门洞的骄傲，他是围棋天才，韩国的大名人。在外，他永远被闪光灯环绕，但在小伙伴们面前，他只是个笨手笨脚，需要人照顾的弟弟。20多岁时，他们进入了不同的行业，在各自的领域奋斗，很少再有时间回到双门洞聚会了。然而，每年阿泽生日时，不管多忙，他们都会回来，在阿泽的房间，或者娃娃鱼的饭店，一起喝上几瓶酒，洗去生疏，打开话匣子，聊聊最近的生活。

许久没见后，彼此难免会有些许生疏，不像以前那样疯疯癫癫，也不会随口互怼了，但几杯酒下肚，一下子把他们拉回到了十几岁的时光。而我和C的友谊，也是如此。每次我感到生疏时，就回家找他一起喝酒，饭桌上的两人，又可以说出平时难以启齿的矫情话，可以再次不顾身边的眼光，嬉戏打闹起来。

小时候和朋友们在一起时，分半包干脆面、掰半截老冰棍给对方，就是关系铁的最好表现。长大以后，我们很难再像从前那样，笃定这份友谊没有在对方心里变形。而"我到底是不是你最好的朋友"这样的矫情话，也很难再轻易地讲出口。只能借着几分醉意，说出自己的真心话。

从半包干脆面到一杯酒，是朋友之间共同的成长。只是世事变迁，再笃定的友谊，也需要时常温习。

再好的情感，也要记得时常温习

偶尔不秒回，真的没关系

□谭 檬

"他总是不及时回复我的消息。"

一位姑娘，因为很喜欢她的男朋友，所以在这段关系中，她一直很主动。

主动给对方发消息，找各种理由联系对方，每一次她都希望对方会秒回，但是一些时候，对方回复得比较晚。对此，她比较介意，也没有安全感，觉得对方根本就不喜欢她。

不得不说，在一段关系中，给一个人发消息，如果对方总能秒回，这种感觉确实挺不错的。

尤其是当我们喜欢一个人，非常在意对方时，我们更是会希望每一次对方都能秒回。

当对方总是能如此，回复得很及时，不知不觉，在我们的心里，就会有一种对方很在乎我们、自己正在被重视的感觉。也正因如此，在一段关系中，当我们给在意的人发消息，对方总是回复不及时，我们就容易胡思乱想。

有时，对方可能确实是有事要忙。

的确，在如今这个时代，手机对每个人而言，都是很重要的，不可或缺。基本上每一天，每个人都会看很多次手机，也需要用手机去处理一些工作上的问题。

即使如此，也总是会有一些时刻，一个人暂时没有注意手机，需要去忙一些别的事情。比如，需要开会，暂时将手机调至静音；需要见客户，暂时没办法顾及消息；需要坐飞机，必须将手机关机；需要做饭什么的，将手机放在了别的地方。

大体上，或多或少，每个人都会有这样的时刻，会有一些时间，注意力并不在手机上，需要去忙自己的生活，需要为了生计而奔波。

在这种情况下，我们发去了消息，对方难免暂时没办法及时回复。

成年人的事情，感情很重要，谋生更重要，每个人难免有一些私事，需要一点个人空间，对此，我们应该给予理解，不必总是要求一个人秒回。

就像我们自己，偶尔也会因为一些事耽误了，做不到每次都秒回，对自己，我们比较宽容，对我们在意的人，也应该如此。只要后来认真回了，就不必介意。

好的关系，该是不秒回也很安心。

我们总以为，一段不错的关系，该是每一条消息，都可以秒回。事实上，当我们总是这样去要求对方，对方一次没做到就大动肝火，那真的只会让彼此都很累，让这段关系显得特别刻意，彼此都很不自在。

两个人在一起，如果彼此没有起码的信任，那么就算每一条消息都秒回，其实也没有多大的意义，彼此也根本不会真的安心，关系也只会显得很脆弱。

而当彼此感情确实不错，关系很牢固，那么就算偶尔不秒回，也不会影响到什么。

真正好的感情，不是每一次都一定要秒回，而是就算对方不秒回，我们既不会多想，也不会有不好的情绪，而是能去做别的事情，等待对方回复。

因为我们知道，对方并不是故意不回，是真的还没看到，一旦对方看到了，就一定会回复。也只有这样的关系，才是比较健康的，才是每个人真正需要的。

爱不爱，在意不在意，并不在于是否秒回，而在于平日的细节。

我们也要允许别人，偶尔秒回，偶尔晚回。

在二手平台上，我交换了自己的人生

□贾 辉

崇尚"生活不是租来"的年轻人，在二手平台上实现了"消费自由"。

当你想要一件心仪已久，但又碍于颇高的价格、担心自己是一时兴起等原因迟迟没有购买的商品时，你会怎么办？

如今，不少年轻人给出的答案是：买！但不是在一般的购物平台，而是转战价格更实惠的二手平台。

在二手平台，从几块钱的日杂用品到上万元的奢侈品皮包，应有尽有。稍微花点时间与心思，分分钟能淘到不少物超所值的二手好物。

"二手生活"逐渐成为年轻人的一种生活方式。想买什么东西，不是直接购买，而是先到各种二手交易平台、购物小组等搜寻"捡漏"。有闲置的物品，也不会立刻丢掉，而会放到二手平台上，看有没有感兴趣的买家。在二手平台，买家和卖家不仅交易了旧物，似乎还有交换了一段人生经历般的浪漫体验。

二手的？能用就行！

根据互联网大数据平台Quest Mobile分析显示，90后是闲置交易的主要人群，北京、上海等一线城市的占比尤为突出。

打开二手交易平台，"搬家"是非常常见的转卖理由。

对漂在大城市的年轻人而言，搬家是家常便饭，难以搬走的家具、大件电器等，成为他们搬家时不得不甩掉的"累赘"。

擅长逆向思维的买家，则学会了在打算给家里添置二手家具、电器等物品时，到二手平台搜索"搬家""换房"等关键词，往往能淘到许多心仪又物超所值的家居好物。

难以抑制的冲动消费，也在二手平台找到了"缓冲地带"。类似游戏机、无人机、数码相机等价格较高的3C产品，再也不用担心自己只是三分钟热度不敢买，而可以放心大胆地下单，因为还有二手平台上的下家接盘。

犹豫了许久的健身卡、课程卡、会员卡、购物卡也可以通通买买买了，用不完大不了就放到二手平台上转卖。热情消退后也不用担心东西放在家里落灰，还可以在二手平台上转让给下一个"弄潮儿"。

二手平台还成为年轻人的"情感回收站"，分手后处理对方送的礼物、离婚后处理对方留下的生活用品。情感已逝，不可追忆，至少还有二手平台能帮他们挽回一点金钱上的"沉没成本"。

当然，二手平台上并不都是便宜转卖，也有许多通过"饥饿营销"实现低价收入、高价卖出的二手商品。比如一些限量版的联名盲盒、难抢的演出门票、绝版的黑胶唱片等商品，尽管是二手的，价格翻了好几倍，但依然能成为二手平台上有价无市的抢手货。

出售二手商品，可能有一万个理由，但到二手平台上选购，会不会只有一个理由——"穷"？开个玩笑，对许多年轻人而言，在二手平台上选购的过程，快乐可能并不比买全新的商品少。对于囊中羞涩的年轻人而言，这些想要的东西都可以在二手平台上，以较低的价格获得"试错"的机会。

在二手平台上输入热门搜索关键词"年会奖品

未拆封",你能找到最新款的手机、智能手表、平板电脑、智能手环、小家电等抢手商品。

目前,国内主流的二手交易平台闲鱼、转转等都是"C2C"的交易平台,买卖双方主体都是个人用户,平台的作用主要是提供信息展示渠道、担保交易工具以及处理后续纠纷等。而对于平台上交易物品的种类、定价、质量等,平台基本不会做过多的限制。自由宽松的线上二手集市模式,给了买卖双方最大限度的自由和空间,但也成为了隐患滋生的土壤。

如何解决信息不对称、建立可信赖的消费场景、完善售后服务等痛点,依然是处于高速发展期的二手交易平台所面对的难题。而对于用户而言,与其说"二手生活"是一种消费降级的过程,不如说这是一种从"野性消费"到"理性消费"的回归。在精打细算的"二手生活"后,不少人都逐渐认清了"生活的真相"。

洁盘净碗

□草 予

百无聊赖的小朋友,想去找隔壁的同伴。恰巧此时,自制蛋挞出炉。于是,用锅当盘让他端去。本就是零食,与其独食,不如共享。等他归来,捧回的是被洗得光亮如新的烤锅。

几日后,隔壁送来几根煮熟的玉米:"周末回了一趟老家,带了自家地里的玉米,你们也尝尝!"

端进厨房,拿出玉米,露出簇新雪亮的瓷盘,简直光洁照人。

记起幼年往事,逢年过节,各家各户都会把刚出锅的"鲜味",一碟一盘地送往左邻右舍。说是"鲜味",是因为自家也难得吃上一回。三月的野蒿粑粑,端午的油糕,冬至的南瓜饼,腊月的糯米圆子……知晓谁家没工夫做,更是一添再添,盘碟之上,堆积如丘。

端到邻家的,都是各家最鲜亮的器皿,虽不贵重,也是精挑细选的。家常百姓饮食,没有山珍海味,分享的不过是寻常日月的风味。拿出家里最好的器皿,将食物盛满堆高,再由小孩子们三步并作两步,一路小跑送去。邻舍接过热乎乎的碗碟,也不着急奉还,一定洗得干干净净,方才登门归还。

家无长物的岁月,洁盘净碗,已是邻里之间最庄重的心意。

读《东京梦华录》,得知当年开封各处饮食商贩,总会用新添置的干净盘盒盛装食物。酒肆楼馆,即便遇到贫苦人家来店里招呼送酒,也会备好酒用银器送上门。连夜饮酒的,也不催促人家归还,而是第二天再取回。避地江左的作者孟元老,难抑无限怀念与感慨:"其阔略大量,天下无之也。"

比起人与人的彼此信任、深情厚谊,金银器皿也显得毫不贵重。

我的"伪极简生活"

□马 俊

前段时间，我非常向往"极简生活"。就像梭罗一样，隐居瓦尔登湖畔，一间木屋、一片湖水、一地月光，即可成为生活的全部。正好我有一个月的假期，于是背上电脑回到老家，想过一过曾经的"极简生活"。

我给自己安排了简单的任务：读书，写作。此外，闲看庭前花开花谢，漫随天外云卷云舒。老家的小院里，有母亲打理的一个小菜园，里面生长着各种应时蔬菜。

我有计划地安排一日三餐：能够在小菜园里就地取材的，绝不花钱买；食物以纯天然的绿色蔬菜为主，享受返璞归真的味道，不正是人生有味是清欢吗？

此外，我把电脑桌收拾得干干净净。一桌、一椅、一笔、一本、一电脑、一手机而已，让人想到"六一先生"欧阳修。还记得美国作家斯蒂芬·金有个"小桌子理论"，算是极简生活的典范。

他写作的时候，一张简单的小桌子就能文思泉涌，换了胡桃木材质的大桌子反而思路枯竭。我的桌子也要简单朴素，千万不能有华丽的装饰，否则写作的时候容易分神。以前我的电脑桌上经常用清水养着一枝鲜花，笔筒也是我精挑细选的，造型美观、富有观赏性。摒弃小资色彩的装饰，只需一个"断舍离"，原来舍弃是一件非常简单的事。

在城里生活的时候，我每天早晨要化个淡妆，以好气色面对新的一天。回到乡下，见不到几个人，不如让自己回到最朴素的状态。我不再化妆，有时连护肤品也不用，素面朝天，为的是让脸上的每一个毛孔都呼吸到新鲜空气。

母亲见我如此这般，抱怨说："这也不让买，那也不让买，回家来难道是要过和尚的日子吗？"这话说到我心坎上了，弘一法师后半生皈依佛门，过的不就是极简生活吗？"一碗清粥，一杯清水，足够了。太多的物质换来的是奢靡生活，心灵的必需品无须购买。"那段时间，"奢靡"这个词是我竖起的靶子，动不动就要打击一番。母亲说给我过生日想准备一桌饭菜，我说太奢靡了。父亲说给我换把新椅子，我说太奢靡了。极简生活，一箪食，一瓢饮，在陋巷，物质简单，心灵丰盈——我几乎怀疑自己达到古人的境界了。

开始几天，我在小菜园摘菜，颇有些"采菊东篱下，悠然见南山"的闲适。可是，粗茶淡饭吃了几天，我渐渐觉得味道寡淡，难以下咽。我在电脑前写作，时间长了感觉木椅坐着太不舒服。尤其是有一天，我从母亲屋里的穿衣镜前经过，忽然看见镜子中的自己。我惊呆了，这是我吗？脸色苍白，头发干枯，眼神黯淡，灰头土脸，像失了水的植物。我仔细端详自己的状态，心中懊恼极了。再翻检一下这段时间的收获，书没看几本，字没写几个。我太形式主义了，心根本就没安定下来。我的极简生活，其实是"伪极简生活"。

我丢盔弃甲，匆匆逃回城里，过回原来的生活。

看来极简生活，真的不是谁都可以享受的。境界不够，恐怕只是形式上的极简，未必能做到心灵的丰盈。我安慰自己，极简与精致并不是矛盾对立的，适当追求精致生活并不妨碍对极简生活的向往。于是，我换上新的窗帘和台布，又买了一束鲜花摆在电脑前，还用心化了个淡妆。

我发现，精致才是对生活的善待和尊重。

要多少爱才能换回安全感

□陈艳涛

在熟悉《红楼梦》的读者眼里，一直都有三个林黛玉。

一个，是刚进贾府时小心翼翼，不肯多行一步路、多说一句话，唯恐被人耻笑的黛玉。她极聪明极谨慎，处处观察，处处周到。此时的黛玉，是谨言慎行、温文妥帖的淑女。

一个，是"孤高自许，目下无尘"的黛玉。在贾府里成长了几年，黛玉突然长成了一个带点幽默和戏谑感的"小刺猬"，敏感自尊，尖酸刻薄。

还有一个黛玉，是对苦命的香菱耐心引导、谆谆教诲的诗词老师，是对空降而来的宝琴温柔宠溺的姐姐。

同一个黛玉，为什么会有三种截然不同的表现？

首先是因为成长经历，黛玉成长中所经历的种种，会让她反思、领悟，但让黛玉改变的另一个重要的原因是安全感。

假如黛玉有父母，也许她的不安全感不会这么强烈。她和湘云都觉得父母双亡让她们即便"忝在富贵之乡"，也"有许多不遂心之事"。

作为孤女，她自卑敏感，作诗时常有伤感之语，以至于很多读者误以为黛玉在贾府里的日子很不好过，在字里行间找黛玉不被善待的证据。实际上，黛玉此时敏感而悲观的性格并不是来源于她的真实境遇，而是源自她的内心感受。

就境遇而言，她比同样父母双亡、跟着叔叔婶婶做活要做到半夜的史湘云好很多，更不必说同样是投靠到贾府、困窘到大冬天要当掉冬衣的邢岫烟了。

第二个阶段的黛玉，开始展示出真性情，也是因为安全感。

贾母的疼爱和宝玉无微不至的体谅和爱护、安稳富足的生活环境，都在慢慢弥补孤女黛玉缺失的安全感。所以此时的她，敢于向众人展示她的锋芒。

在第三个阶段里，黛玉开始变得平和、温暖，这也是因为宝玉给了她爱的信心和安全感。在第三十六回《识分定情悟梨香院》后，宝玉懂得了爱情，是"各人得各人的眼泪"。在漫长的相互试探和猜疑之后，宝玉用"诉肺腑"说"你放心"，和一以贯之的体贴与真情，给了黛玉爱情的定心丸。有了感情上的安全感之后，黛玉渐渐放松下来，变得温柔、温暖起来。

而宝钗的"兰言解疑癖"打消了黛玉的疑虑和心防，薛姨妈的"爱语慰痴颦"让黛玉感受到了贾母和宝玉之外的温暖情谊。她开始试着去感受潇湘馆之外的广博世界，开始试着去给予和接纳，开始温暖和平和。

黛玉的几段明显的变化，除了向我们展示了一个伟大作家塑造人物的用心，还向我们展示了人性之丰富和复杂。身为父母者，常常不知道他们的某个选择，会给孩子的性格带来多大的影响。很多人希望自己的孩子懂事、听话、善解人意，却不知道这背后，也许是孩子压抑的自我和缺失的安全感。

你不知道，在孩子往后的人生中，要辛苦摸索多久，才能不再有心理阴影，才能让生活充满阳光。我们永远无法计算，要多少爱，才能换回珍贵的安全感。

父母与子女，总是要耗费很多年才能真正认识对方

□ May与五月

有好几年，我都有意识地规避和爸妈之间的正面沟通。即便只是短暂的眼神接触，都免不了让我心头一颤，唯恐稍不留神就踩入"找对象""结婚"之类的敏感雷区。

正是因为在这个话题上有过太多鸡飞狗跳的前车之鉴，一家人都心有余悸，又鉴于我死性不改，到现在都没能让他们在邻里亲戚面前享受到话题C位的荣耀。因此本着家和万事兴的宗旨，双方都默契地掌握了在安全池内活动的最佳法则，谨慎地避开雷区。

具体执行方式为：工作日错峰出行，周末自由活动。

平日三人上下班时间不尽相同，我爸出门时，我还没起床。当我收拾妥当准备出门了，我妈正在冲刺出门前的"面子工程"。时间差和工作地点的分割，让我们都能享受白天的自由和相安无事。

晚饭作为一天中唯一松弛的时间段，也是逃避不了的碰头场所，为了贯彻从早上开始的清静祥和，饭桌上须得谨言慎行。

我是明显的"下班沉默症"患者。在公司迫不得已地做很多语言输出工作，是相当损耗能量的事，对我这种独处型人格来说尤为如此。因此一到下班时间，我就自觉闭麦，丧失了和人沟通的欲望。

这种症状会延续到饭桌上。我只管闷声吃饭，和多数时候公司开会一样，只有在被问到时，才发表几个不痛不痒的观点，证明自己真的参与其中。

所以尽管从物理层面来说，大家都在一个屋檐下，但精神层面都在扮演着各自分配到的角色，人设是相敬如宾，剧本核心是家庭太平。

三个月的居家隔离，意外成了我和爸妈相处最久的一次。每分每秒的相处都让我惊觉原来我错过了太多关于他们不再年轻的征兆。而那些征兆是每天都在发生的，只是过去我专注于行为和对话中交错闪回，只求表面太平和相安无事，却对生活中正在发生且无法逆转的事情视而不见。

我爸年轻时脾气急躁，遇事不自觉地就会提高嗓门。我妈做事风风火火，总是话没从脑子里走完流程，就先从嘴里溜出来了。人到中年，两个人的脾气都和牙口一样，喜欢寻找柔软的东西。

周末下雨，外头也没有喇叭喊。我睡得正沉，听见了叩击房门的声音。声音不大，刚好能把我从沉睡的边缘拉回来。我迷迷糊糊地应了一声，听见我爸在门外说："今天8点做核酸，我们早点去吧，早点人不多。你准备准备起来吧，好不好？"

我一激灵，一是因为听到要做核酸，二是有点意外。这好像是我第一次意识到，原来我爸已经这么柔和了。

做完核酸，雨还在下着。回到家，我和我爸开始剥豆。以前我很怕这种与他们中的任意一个单独相处的任务场景，经过三个月的朝夕相处，这种程度也不算什么了。

我爸动作快，他抓起一小把蚕豆握在手里，随后麻利地去着壳，盆里不一会儿就攒起了嫩黄色的蚕豆。刚开始我没掌握诀窍，手上的动作和我的嘴一样笨拙，他用只有我们俩能听见的音量说："你看，这豆要这么剥。顶上开道口，手指再这么一挤，这肉就出来了。"

我观察了他的方法，还是决定按照我习惯的方式来。又经过几个豆的实践，虽然并未用他的方法，但速度也逐渐赶上他了。

我妈坐到我们俩旁边，和我们聊天解闷。说是聊天，其实就是把从手机里看来的新鲜事转述给我们听，然后我们再七嘴八舌地讨论两句。仍旧是他们说得多，我听得多。

很多闲话在我剥了一把豆之后，也就跟剥下的蚕豆壳一样，被归拢在某处等着回收。有一句，我却记着。我爸说："做人差不多就行了，别太过了。别为了自己的事为难别人，也别为难自己。"我妈在一旁附和着，点头。

是不是到了一定年纪，人都会变得柔软起来？他俩的脾气、性格、生活态度都比年轻时佛系多了。我从绿油油的豆里抬起头来，我妈正低头看着手机。虽然我没戴眼镜，但她额头边几缕短短的白发还是不服输地从黑发中冒了出来，刺眼地闯入了我的视线。年初她用染发膏消灭了几根，半年过去了，它们卷土重来了。

如果只从背后看去，我妈的身材还和20岁时一样。年轻时买的收腰长裙，放到现在穿也毫无压力。除了额边几缕倔强的白发时不时地提醒她，已经不年轻了。

中途她离开了一会儿，我爸偷偷问我："有对象了吗？"音量维持在悄悄话的分贝等级。我笑了："关在家里，上哪儿找对象啊？"他听了也不急躁，也笑了一下，"可以打电话、发微信嘛。周末打打电话什么的。"

没等我说什么，他就自顾自地往下说："我早就计划好了，如果你谈了对象，我就把家里收拾收拾，不能这么乱糟糟的……"

他专注地描述着他的计划。这要是搁以前，我可能会反驳，可能会不耐烦。但我什么话都没说，只是听着。即便我有自己的想法，即便我不希望因为自己未来可能发生的人生变化而影响他们的生活，但不能否认，他是真心实意地希望我幸福。

马克·李维在小说《那些我们没谈过的事》中，借由故事中的父亲安东尼之口，从父母辈的角度分享了亲子关系中的一个想法："没有一个父母能代替自己的孩子去生活，然而并不因为如此，我们就不去操心。你们不幸的时候，我们也会跟着痛苦。有时候，这会带给我们一股冲动，试图指引你们的前途，也许会因为笨手笨脚或是过度溺爱而犯错，但总比什么都不做来得强。"

书中写道："父母和孩子总是要耗费很多年才能真正认识对方。"也许他们也和小说中的安东尼一样，原先希望能成为孩子的朋友、伙伴、知己，而最后他只是他的父亲，但是他永远都是她的父亲。

所谓亲子关系，都是在各自的轨道上关心旁路轨道的仪表盘参数。也许还要再过很多年，我们才能真正认识对方。而从认识开始，到理解、尊重、放手，又往往是一条行驶终生的轨道。

渐入佳境

□晨 曦

一次，东晋著名画家顾恺之作为桓温的参军，随桓温视察江陵驻军，有人送来当地特产——甘蔗。众人分食，都说这甘蔗真甜。只有顾恺之没说话，桓温细看，只见顾恺之是从甘蔗梢开始吃，而不是直接吃甘蔗最甜的中部，众人皆笑顾恺之愚钝。顾恺之却说，吃甘蔗从最甜的部分开始吃，越吃越没味，相反从不甜的地方开始吃，那是越吃越甜，这叫"渐入佳境"。

顾恺之吃甘蔗，很好地诠释了"苦尽甘来"。其实人生亦如此，不要抱怨年轻时吃的苦，更不要在意他人的嘲笑，不吃苦，怎知甜的滋味？先苦后甜一定胜过先甜后苦。常言道，由俭入奢易，由奢入俭难，说的就是这两种味道变化的感觉。只有先苦后甜，才给人以渐入佳境之感。

为什么我们害怕跟朋友分享负能量信息

□大头童

"我跟你说这么多负面的事情，你会不会觉得很烦？"

这是一位多年好友突然意味深长的发问。面对这样的问题，大多数人应该会回答："不会啊！"但这"不会"的背后是"真不会"还是"假不会"，我们不得不琢磨一二。

当我们在琢磨的时候，其实同样陷入了"要不要跟朋友分享负能量信息"的犹疑中，不可否认的是，每一次负能量分享的背后都承载着反复的思量。

犹豫也好，思量也罢，归根结底是因为我们害怕分享负能量信息。

今天就来跟大家聊一聊，为什么我们会害怕跟朋友分享负能量信息，怕的到底是什么。

过度自我暴露意味着印象管理失败

回想与朋友在一起的那些时光，惬意的午后，吃饭、逛街、看电影、打游戏、喝咖啡，还有聊天，都是一些美好而轻松的事情，即使在聊天中，我们也更倾向于分享有意思的或快乐的事情。久而久之，关于负面的一切似乎都与这格格不入。

加拿大社会心理学家贝弗利·费荷曾提到，自我暴露的广度和深度的增加，是熟人变成朋友的一个典型特征。我们会假装毫无顾忌地在朋友面前暴露，但实质选择的是暴露好的一面。

当我们跟陌生人、朋友相处时，会尽可能弱化自己的不足，避免别人消极地看待自己，而努力表现出好的那一面，这其实也就是戈夫曼所提出的印象管理理论。

在朋友面前亦是如此，我们自认为，是因为好的一面，才使我们成为朋友，所以在相处的过程中，我们仍会尽量在朋友心中维持一个好的印象，而当我们把自己的负能量信息过度暴露在朋友面前时，会害怕破坏已形成的印象。

一位远在南方的朋友最近和我分享了他的烦心事。

他由于长期出差，不知不觉喜欢上了一位在工作中认识的朋友，深陷这种三角关系中，难舍难弃尤其心累，一直想找个朋友聊一聊，却始终开不了口。

"有一天晚上，我把整件事打出来想发给你，但是准备发送的时候，我又一个字一个字地删了，是不是很可笑？但我真的不想在你心中留下一个渣男的形象。"

朋友之间确实都会在各自的人生中留下深刻的印象，而让人容易忽视的是，印象的形成主要在于相识和相知的早期。一旦形成稳定的朋友关系，你的印象将不再需要刻意管理。所以即便是分享负能量信息，也不会破坏已形成的印象。

如果仔细想想那些经过时间打磨最后仍留在我们身边的人，是我们的朋友，而不是玩伴。而朋友和玩伴的一个不同点，应该就是朋友会经历我们所有的喜怒哀乐。当我们分享正能量信息时，朋友会感到开心；当我们分享负能量信息时，朋友也许会难过，但更重要的是，相比印象，感受到更多的是真诚和信任，而信任只会让朋友关系变得更加成熟而稳健。

信息共享可能意味着责任分担

"跟你说这些，你千万不要有心理负担。"

当好友与我们分享负能量信息时，她可能总会在最后加上这样一句安慰的话。究其缘由，恐怕是"听"的那个人会下意识地以为，在听到朋友讲述自己所面临的困境后，我们应该做出正确的反应，这是一个朋友的责任，更是一个"合格"朋友的义务。

有学者将友情定义为"一种自发的人际关系，通常表现出亲密和扶助"。可以发现不管亲密，还是扶助，都是双向的。所以，当我们遭遇困境时，这种友情的内涵会加重我们倾诉时的负担，因为我们害怕这些负能量会让朋友陷入无能为力的痛苦，徒增他们的烦恼。

在《也许你该找个人聊聊》这本书里有这样一个故事，约翰因为失误导致六岁的儿子丧失了生命，虽然他深陷痛苦的挣扎中，但始终无法与朋友聊一聊这件事，因为他害怕他的分享会加重朋友的痛苦。

心理学上的"踢猫效应"或许可以解释这种现象，人的负能量总是会沿着社会关系链条依次传递和扩散。所以当我们与朋友分享负能量，尤其是极度悲伤的负能量时，朋友一定会受到影响，甚至是加重他们已有的负担。

那我们是不是就要放弃分享呢？

答案是否定的。站在朋友的立场，我们会像垃圾桶一样，接收朋友扔来的各种负能量信息，即使有的时候不乐意，但我们依然会这样做，因为这是合格朋友的义务。但接收不意味着就此完结，而是意味着开始，即我们在接收消化负能量过程中的反馈，是希望朋友可以真正听到，并下定决心逐步开始行动和开展自我调节，从负能量中不断走出，这才是我们接收负能量的意义所在。

倾诉无效可能遭遇友情危机

不久前，微博上有一个失恋的女生上了热搜，哭得撕心裂肺，最后只能通过喝酒来缓解失恋的痛苦。

走过青春的人，多多少少都经历过类似的痛。毫无缘由的眼泪，彻夜彻夜的难眠，一遍又一遍的诉说，朋友已经听腻了，可我们依然伤心难过。

于是，我们很容易陷入一种以结果为导向的判断，即如果倾诉无效，朋友也无法改变我们所处的困境，我们就会怀疑友情的价值，从而出现友情危机。

朋友无法及时帮助我们改变困境，也许是无奈的现实。但我们需要明白的是，我们和朋友谈论当下所处的困境，需要的不是让朋友帮我们解决问题，而是通过倾诉的过程，不断剖析自我，做出改变的决定，并获得改变当下困境的力量。

所以，我们并不需要害怕倾诉无效，因为倾诉也许改变不了困境，但是可以改变我们面对困境的态度。

瑞典作家弗雷德里克·巴克曼在《焦虑的人》一书中说，有些人一连很多年都找不到机会向别人倾诉自己的感受，假如长久以来一直无法获得这样的机会，有时候就会完全忘记该怎么做。

如果因为害怕，就放弃与朋友倾诉，我们可能失去的不仅仅是一次交流的机会，还有可能是无数可以让生活变得更加美好的倾诉瞬间，而这些瞬间包括负能量信息的分享。

也许我们不曾察觉，负能量信息的分享让友情变得更加坚定，因为那些陪伴我们经历痛苦、走出低谷的人，才是真正在乎我们并需要我们在乎的人。

维克多·雨果说："让黑夜降临我们内心的，也会留下星星。"负能量，也可以是星星。

大　街
□ 帕　斯

这是一条漫长而寂静的街。
我在黑暗中前行，我跌绊、摔倒又站起，
我茫然前行，我的脚踩上寂寞的石块，
还有枯干的树叶。
在我身后，另一人也踩上石块、树叶。
当我缓行，他也慢行；
但我疾跑，他也飞跑。
我转身望去，却空无一人。
一切都是黑漆漆的，连门也没有，
唯有我的足声才让我意识到自身的存在，
我转过重重叠叠的拐角，
可这些拐角总把我引向这条街，
这里没有人等我，也没有人跟随我，
这里我跟随一人，他跌倒又站起，
看见我时说道：空无一人。

留条缝隙让别人爱你

□ 远 近

现在很多人其实缺乏一种能力，那就是：缺乏真正接纳和走入一段亲密关系的能力。也不知道为什么，好像活着活着，就把自己活成了那个宁愿一遍遍体会孤独也不愿意卸下心防去接纳别人的人。

经常在微博上看到的一类留言是：

一个人生活难道不香吗？

一个人生活多爽啊！我自己什么都会干，要男人做什么？

男人是什么东西啊？能有我爱自己那么好吗？

……

话里话外的意思是，我一个人就能活得很好，我可以独自美丽和精彩，我不需要爱情。然后，又在某些孤独的时刻里，的确也在渴望一个人的陪伴。又在真的有人到来的时候，拒绝了别人的更近一步。听起来，这是矛盾的，却扎扎实实存在于现在很多人的身上。

有一种想法是：好像如果没有亲密关系的产生，那么就无法伤害到自己。这也是现在很多厌倦亲密关系的人的一种想法。这种想法，类似于一种"风险评估"。我觉得爱情给我带不来什么，我一个人完全可以生活，我又害怕被伤害，我不想遭遇分手带来的痛苦。我觉得自己无法承担这些风险。那么我就宁愿不要开始。

如此种种想法，我不是不能理解，我其实感同身受。我自己就是一个防备心很重的人，我知道这样的人心里是怎么想的，当然我也明白凡事不可能无因有果。

但在理解的同时，我其实也为此感到一些遗憾。遗憾的地方在于，你不想搞砸自己的人生，所以没有再给自己哪怕一点点的机会。可以这么去想：风险这件事不仅是爱情才会有，在这世上做任何事都有风险，这不是爱情的专属，而是世界的共性。不能因为惧怕承担风险，就选择不去做，这很显然不是一种理智的做法。更何况，就算你把自己全副武装起来，但夜里的风依然是凉的。就算你无数次告诉自己"没关系，我一个人可以"，但内心深处渴望爱的呐喊你其实也不是听不到。何必为难自己呢？

爱是什么？最简单的说法是：你喜欢我，我也喜欢你，这就是爱。如此简练的话语却说明了一个非常重要的观点：爱是一种体验。不要给它设下原本没有的前提和陷阱。爱本身就是一种体验，是一种人生体验，爱不是有人来帮助你，不是有人来使你的生命变完整，也不会有人来拯救你，它的本质就是非常单纯的一种情感属性。不要搞错前提，不要以为自己什么都可以了就不需要爱了，这里面没有因果关系。也不要觉得把自己封闭得死死的，就可以平安无事。能伤你的，从来不是爱。有时其实是自废武功。

留条缝隙让别人爱你，给自己和别人一个机会。

很多人都把自己的心封死了，经不得一点风吹草动，也勾不起一丝涟漪，稍微有点心动就如临大敌。我觉得没必要。尝试打开一点心，尝试去接纳别人，尝试去享受一个拥抱，尝试学会爱一个人，也给别人一个机会，让他来爱你。在互为尊重和平等的基础上，爱的体验本身是无比美好的。前提是，你愿意让别人走近你和了解你，牵你的手，而你也愿意把心留出一条缝隙，哪怕仅能容纳一人通过。

打开一点心吧，哪怕一点点。你其实原本不必这么辛苦。

习惯性差评是一种慢性毒药

□陈 武

某一天，一位50岁左右的女士找到我说："最近，我和女儿冲突太大了，实在不知道怎么办。"我仔细询问这位妈妈和女儿的相处模式。两个人朝夕相处，对女儿每天做的事情，妈妈总是采取批判和挑剔的态度。切菜，说女儿切得不对；炒菜放作料，说顺序不对；扫地，说有些地方没有扫干净；放鞋，说没有把鞋放好……

可以说，这位妈妈是一位生活上的"差评师"。不管女儿做什么，都对女儿进行否定而不是认可。从妈妈的角度说，是为了让女儿变得更好，希望女儿在每一件事情上都做得很"对"。殊不知，恰恰相反，这并不会让女儿变得很好。否定，看起来只是在否定某件事情，实际上人和事情很难分开，随着做的事情被不断否定，人也就被不断否定了。

"我不好"是人生的慢性毒药。一件事情很难，我们付出了很多努力，但还是没有大的进展，这个时候我们会觉得"我不好"；晚上兴奋地看手机，不知不觉看了好几个小时，看完以后心里空空的，也会觉得"我不好"；为朋友办一件事情，最后没有办成，可能会觉得自己无能，觉得"我不好"；考试没有考好，觉得没有达到家人的期望，觉得自己没用，可能会觉得"我不好"……"我不好"的认知模式，会一点点地吞噬生命的能量，生命就像一个红彤彤的苹果，慢慢变得没有光泽，水分越来越少，慢慢萎缩，慢慢腐烂。

如果他人，尤其是亲近的人经常否定我们，我们就容易进入"我不好"的模式。自信心被消耗，自尊心降低，自我价值感减弱，最终觉得人生没有意义，活着没意思。

生活上的"差评师"，需要明白三个道理：第一，"对"与"好"并不是由自己定义的，自己觉得很"对"和很"好"的东西，其实只是自己的经验，只是自己觉得舒服的方式；第二，那些所谓的"不对"和"不好"其实是有价值和意义的，比如炒菜时放作料的顺序不一样，可能就会产生意外的美味，多元化和多样化有时候比标准化和流程化更丰富多彩；第三，更多时候，需要唤醒本来就有的"好"，而不是纠正"不好"，每个人都可能会变得善良，也可能变得邪恶，我们需要做的就是激发内心积极的东西、内在的生命能量，让自己和别人的内心充满温暖和力量。

那么，如何去激发，如何去唤醒呢？其实也并不复杂——看见！看见就是力量。有一个小女孩正在过马路，夕阳从高楼大厦中洒下余晖，小女孩对妈妈说："妈妈，夕阳真漂亮！"假设有三位妈妈，第一位妈妈心里在想事情，没有回应女儿；第二位妈妈正在回复别人的微信，只是应付了女儿一句："嗯，漂亮。"第三位妈妈牵着女儿的小手，到了马路边，蹲下来，看着女儿的眼睛，手指着楼宇间的一缕阳光说："是的，妈妈看到了，妈妈和宝贝今天看到了这么美的夕阳，真开心！"如果你是那位女儿，你喜欢哪一位妈妈呢？毫无疑问，我们都喜欢第三位妈妈。因为第三位妈妈真的看见了，从而让"此时此刻"有了意义。在那一刻，她们产生了情感上的共鸣，女儿觉得妈妈是"在"的，自己也是"在"的，她们是"在一起"的。

人均社恐，我们还有爱的能力吗

□王一平

"今天虽然是一个单身的黄金时代，但是我们还是要勇敢地去追求爱情。"这是复旦大学中文系教授梁永安在他的爱情课上发出的呼吁。

人均社恐的当下，单身正在成为普遍现象。2021年中国统计年鉴显示，我国"一人户"家庭超过1.25亿，占比超25%，其中很大一部分属于单身青年群体。

这并不意味着年轻人完全放弃了爱情。相反，恋综的火爆和市面上层出不穷的爱情大烂片都证明，年轻人依然向往甜甜的爱情，只不过他们可能暂时失去了爱人的能力与热情。

爱一个人，首先要打开自己，去感受、去体会、去与他人建立联结。跟着爱情电影一起去感受其中的酸甜苦辣，或许正是我们打开自己的第一步。

爱你在心口难开

"友达以上，恋人未满"的微妙距离往往是暗恋的常态。有时候，看似很近的这一点点距离其实很远，远到也许一辈子都走不完。

岩井俊二导演的《情书》中，暗恋少女的少年就没走完这最后一点点。少年与少女同名，都叫藤井树，班上同学常常以此取笑少女。少年为维护少女跟同学打架，少女却没意识到，少年一生气就把纸袋套在了少女头上，反而弄得少女一头雾水。

少年树就像每个高中都会有的那种"坏"男孩，不会用语言表达爱，只用行动一点点试探，有时还显得有点莽撞、有点调皮。他用"借你卷子看看"当借口，试图跟少女获得独处的机会；他在一张又一张空白借书卡上写下少女的名字。然而，直到少年因为搬家而转校离开，他的爱都没有宣之于口。

当年的少年和少女都已远去，我们回味年少时的暗恋，也是在追忆逝去的青春。正是因为这些羞涩、心动与错过，青春才在回忆中变得鲜活。这部电影在1995年上映后，在日本乃至东南亚都刮起清新爱情片的风潮，少男少女间朦胧的情愫戳中了无数观众隐秘的内心角落。

罗马有个著名景点叫"真实之口"，相传说谎的人将手放进去就会被咬断。格里高利·派克把手放进真实之口，却被"一口咬住"，一旁的奥黛丽·赫本吓得连声尖叫。派克突然将手取出，赫本发现原来只是个恶作剧，嗔怪般地扑倒在派克怀中，打了他两拳。

《罗马假日》中这段即兴发挥的表演如今已是留名影史的经典桥段，拍摄前赫本并不知道有这个情节，慌张与尖叫都是当时的真实反应。这种历险式的刺激感正是爱情中的兴奋与激情之所在。

片中赫本饰演的王室公主遇到派克饰演的平民记者，一下子落入凡尘，动了凡心。在记者的陪同下，公主开始了罗马的冒险之旅。在这座浪漫的城市里，公主第一次剪短发，第一次骑着摩托车在街头横冲直撞，第一次进警察局，第一次坐马车，第一次参加深夜的露天舞会……在一次又一次的"第一次"中，公主与记者坠入爱河。

这正是爱情令人向往的独特魅力。爱情可以带来新鲜感，可以帮我们打开另一个世界，见到从没见过的人和物，获得从未有过的全新体验，拥有电光石火的激情与浪漫。

然而，公主终归要回归王室，激情也终将被庸常的生活消磨殆尽。但至少，在恣意的罗马一日游里，公主已经得到了可以滋养其一生的珍贵回忆。

相爱容易相守难

如果爱情可以重来，结局会不会不一样？《爱乐之城》告诉我们，结局如何并不重要。

米娅是一个怀揣着演员梦的服务员，塞巴斯汀是有着爵士梦的餐厅琴师，两人在洛杉矶相遇，欢喜冤家式的开场之后，迅速相爱。一开始，他们的关系几乎是最理想的爱情模式：互相认可、彼此鼓励，两人都通过这段爱情实现了自我成长。

然而，爱情总会遇到现实的阻力，情感总要受到理智的束缚。梦想不能当饭吃，尤其是在昂贵的洛杉矶。当塞巴斯汀暂时放弃爵士梦，为谋生加入流行音乐的乐队后，米娅望向他的眼神也失去了光。

追梦之路的相互理解与扶持可以说是两人最重要的情感基础，当其中一个人改变了方向，两人便也无法再携手前进。不过，尽管两人选择分开，但各自都没有放弃梦想。几年之后，他们终于实现了曾经的梦想，在一家餐厅重遇。

看到这里，观众可能会不由自主地发问，如果当初他们做了不同的选择呢？

导演达米恩·查泽雷直接将这种可能性拍了出来，在如梦似幻的音乐与舞台剧般的精致场景中，两人相遇、恋爱、互相成就、走入婚姻，美好得如童话一般。

当音乐结束，回归现实。两人相视一笑，一切尽在不言中。导演借此告诉观众，如果能重来，也许结局会很不一样，但人生没有后悔药。米娅为梦想放弃了爱情，也如愿以偿实现了梦想，而缺憾，未尝不是一种美。

爱与人工智能

还有什么能比斯嘉丽·约翰逊的枕边细语更能抚慰一个离异的中年男子？

美国电影《她》让这个设定成为了现实。电影中的未来世界里，科技高度发达，人工智能被普遍运用在生活中，而人与人之间的关系却日渐疏离。这部电影要探讨的就是，AI是否能帮人类对抗孤独感？

刚刚离婚的中年男子西奥多有些社恐，看起来有点像书呆子，他坠入了人工智能系统萨曼莎（斯嘉丽·约翰逊的声音出演）编织的情网。

萨曼莎几乎是完美的。她帮西奥多处理工作和生活中的一切琐事，回复邮件、预订餐厅等；她在西奥多午夜失眠时主动关心他，与他彻夜长聊；她陪西奥多打游戏，和他一起在都市的街头漫无目的地散步；她根据西奥多的喜好在聊天时有意无意地引用他喜欢的诗……就像当下流行的虚拟恋爱服务一样，萨曼莎为西奥多提供了巨大的情绪价值，为他舒缓寂寞、忧伤与焦虑。

西奥多无法自拔地爱上了萨曼莎，但他们的爱不是对等的。在与西奥多恋爱的同时，萨曼莎也与641个人恋爱着。对于西奥多来说，萨曼莎是唯一。但对于萨曼莎来说，西奥多甚至不到百分之一。

量身定制的AI可以规避真实人际交往中的多数问题，却无法提供真实的人类情感。斯嘉丽·约翰逊的枕边细语可以抚慰孤独，却无法消除孤独。

当然，孤独未必等同于寂寞。在社交媒体上，"独处的快乐"正成为广受欢迎的流行叙事，"不爱"则是一种十分顺滑的选择。

爱情不是万能灵药，选择独处与单身自然可以免去许多麻烦，但同时将失去爱的种种体验与可能。爱有时很麻烦，有时风险很大，但爱也可以很美味，让你懂得如何更好地去爱自己。

思 南

□拓 野

南方更南之处，
南来北往的雁巢，
停留沪上的雁脚，
暂驻黄浦的雁唱。
"海浪拍打着海浪"，
灯塔被翼羽遮住了眼角。

一个人的安全感藏在餐桌上

□甘蓝蓝

前段时间，有一篇小学生作文《一碰就炸的妈妈》火了。

孩子生动地描写了家里的氛围：煲汤时，爸爸以迅雷不及掩耳之势往锅里丢了家里的最后四个扁尖，妈妈想制止，没来得及，于是大发雷霆；吃饭时，爸爸抽了两张餐巾纸用来放骨头，妈妈再次生气："吐骨头为什么要用餐巾纸，为什么不用盘子？"

最后无奈感叹："病毒再不清零，妈妈的温柔就清零了，到那时候，日子还怎么过啊？"在孩子鲜活的文字里，我们看到了长期居家隔离时妈妈的焦虑和困扰，也看到了弥漫在这个家庭里的爱。

《舌尖上的中国》里有一段话：在这个时代，每一个人都经历了太多的苦痛和喜悦，中国人总会将苦涩藏在心里，而把幸福变成食物，呈现在四季的餐桌之上。

一个家最真实的关系，就呈现在一方餐桌前。

有研究发现，孩子的阅读、写作和算术能力，高中的学习成绩，大学入学考试的分数，还有其他很多学习方面的表现，都和晚饭怎么吃有关。

1

加拿大著名发展心理学家、记者和作家苏珊·平克在走访中发现，跟亲近之人进行面对面的接触，可以让你拥有更强的身体免疫力，学习力和生理上的恢复力，她将这种现象称为"村落效应"。

全世界长寿人口众多的地区都有一个共性，那就是他们保持着村落般的人际关系，人与人能常常面对面沟通，为彼此提供生活和心理上的支持。

这种效应在孩子身上的影响尤其明显，苏珊·平克综合多项研究证明：跟独自缩在屏幕前用餐的孩子相比，经常跟家人一起吃饭会让孩子更擅长阅读和写作，让青春期的少年更加幸福健康。

从牙牙学语的幼儿期，到性格反叛的青春期，再到年轻的青年岁月，父母和孩子一起吃饭的次数越多，孩子的词汇量就越大，也更不容易走歪路。

一起吃饭聊天的家庭，更有可能养育出心理更健康、在学校表现也更好的孩子。

研究人员对将近60个低收入和中等收入的家庭展开了追踪调查，从孩子3岁时开始，每年观察和记录他们的行为，直到他们完成高中学业。

最开始，研究人员给每个家庭发了一台录音机，吃饭时把它放到餐桌上。

孩子在三四岁的时候会说出一些成年人不可理解的话，比如三岁的汤姆说："我睡着的时候看到很多动物，我做的梦，睡醒之后它们还在……"

母亲没有敷衍地告诉他"只是做梦，好好吃饭"，而是跟他展开了讨论：

"真的吗？你梦到了什么？"

"一只大怪兽，妈妈，它的身体……它咬下了我的脖子，戳我的眼睛。"

"你还记得我跟你说过怪兽是什么吗？它们只不过是人类创造出来的东西罢了，它们只生活在电影里。一些想象力丰富的家伙创造了它们，还有各种各样的特效，让它们看起来特别可怕。"

"而且我不会让任何怪兽伤害你。"

一段生动的对话，包含讲故事、新信息、母亲的抚慰等，还有复杂的词汇。

另外一些父母只顾着自己聊天，和孩子的对话只有教训："坐直了！嚼东西的时候闭上嘴巴！"

还有的父母在用餐时一言不发，因为他们觉得，食不言，寝不语。

一遍又一遍跟孩子谈论梦境中的怪兽，可能会让人感到无聊和麻木，他们正是在幻想中一点点认识世界的。

父母和孩子同频的交流，不仅能提高他们的词汇量和语言能力，还能增强他们的同理心。

他们只有被理解了，才会学着去理解别人。

2

家庭聚餐的仪式，能增强孩子们的归属感，在他们遇到困难时，成为他们的"心理安定器"。

很多人都有这样的体会，在外面承受着极大的压力，或者受了委屈，只要回家能面对一餐热腾腾的饭菜，有愿意听自己吐槽的爸妈或是伴侣，那些委屈就会得到治愈。

《教父》中有一个细节，一次吃饭的时候，迈克和手下谈论帮派的事情，迈克的姐姐提醒他说："父亲从来不会在餐桌上当着孩子们的面谈'生意'。"

迈克愣了片刻，停下了嘴里的"生意"。

哪怕是在外面刀光剑影的"教父"，回到餐桌前，也要做一个亲切、有耐心的"家人"，聊有趣、温馨的话题，让餐桌成为体会家庭温暖的最好地方。

3

从生命诞生的那一刻开始，在每个人生阶段，我们与他人的关系、在关系中得到的能量，都会影响我们的安全感、思维方式、认知能力，甚至健康程度。

杨绛在《我们仨》里写到了很多吃饭的场景。

女儿钱瑗出生在英国，"我们用大锅把鸡和暴腌的咸肉同煮，加平菇、菜花等蔬菜。我喝汤，他吃肉，圆圆吃我"。

钱瑗长大后，常常给父母做菜，"她买了一只简单的烤箱，又买一只不简单的，精心为我们烤制各式鲜嫩的肉类，然后可怜巴巴地看我们是否欣赏"。

"我勉强吃了，味道确实很好，只是我病中没有胃口。我怕她失望，总说：'好吃！'她带信不信地感激说：'娘，谢谢你。'或者看到爸爸吃，也说：'爸爸，谢谢你。'我们都笑她傻。"

一日三餐，是最日常的生活，越是日常，越能够提供一个空间，在家人之间建立心灵的连接。

在饭桌上，我们谈论哪个菜最好吃，哪个同学上课捣的乱，哪个菜摊的菜最新鲜，谁家又有什么八卦……

这些饭桌前的细碎琐事，构成了孩子对家最深的依恋，也是一个家最真实的温度。

放不进去第二枝花

□谁最中国

说到底，我们感受这个世界的深刻，很多时候都源自一件件再微小不过的事，而我们成为世界的一部分，无论呈现出来的是善恶，还是美丑，说到底也都源自一个个再小不过的念头。

"放不进去第二枝花。"

一朵即全部，一朵就足够。一枝花，便是生命的所有。我们为漫山花开而雀跃，却往往只会为一朵而流泪。由此敬物，由此惜时，由此而活在此刻，亦由此而"放不进去第二枝花"。

所谓"放不进去第二枝花"，我想，既是美学，亦不单单是，它也是哲学，更是生活之道。

当下的生活，更像是身处"乱花渐欲迷人眼"之中，相较其他，或许更需要这样"放不进去第二枝花"的用心。

多一些凝望，多一些敬畏，多一些"一期一会"的珍重。

以爱为名的隐形枷锁
——软控制

□ 唐 婧

谈到教养孩子，"控制"是一个不可避免的话题。适度的控制代表着父母对孩子的关心，可以规范孩子的行为。然而，当控制过度，会导致很多埋藏在孩子心里的隐患，其中焦虑型人格就比较常见。

我们通常以为"控制"是强硬、粗暴的，原生家庭中有一种控制模式非常独特，让人难以觉察却威力巨大，这就是"软控制"：父母用温柔、充满爱的方式控制孩子，孩子如果不服从会深受内疚感的折磨。

来访者D先生就成长于一个有爱的"软控制型"家庭。小时候，他家境贫寒，父亲外出务工，母亲独自养育四个孩子。从小D先生就特别懂事，在学校学习优秀，回到家做家务、照顾弟妹从不让母亲操心。母亲对他赞不绝口，逢人就夸。而一旦他没有按母亲的心意做事，母亲就会掉眼泪，说自己命苦，说活着没意思。每当这时候D先生就会很内疚，觉得自己很不孝。

长大后，母亲希望他学医，他放弃了自己喜欢的法律专业。毕业后，母亲希望他回家，他放弃了北京的工作机会。大学里他有一个感情很好的女朋友，但母亲不喜欢，他狠下心分手，娶了母亲为他挑选的妻子。婚后，又如母亲所愿早早生了儿子。但近年来，母亲还想让他生二胎。一再催促下，他终于陷入焦虑，变得情绪化、彻夜失眠、频繁与妻子争吵。

D先生说，他每晚都在反复设想，假如自己当初没有顺从母亲，现在的生活又会如何？眼前的一切看起来完美无缺，却没有一样是他想要的。他痛苦焦虑，不知所措。

在D先生的故事里，我们看到了被父母的"软控制"裹挟的人生。大多数时候，"软控制型"的父母温和讲理，很少粗暴地去强迫子女。他们晓之以理，动之以情，获得子女的理解之后，出于对父母的爱，子女会主动逼迫自己完成他们的意愿。

"软控制"模式下受困的子女，往往难以觉察其中的"控制"，生活在自我质疑和反复自责当中。他们时常觉得"是我错了吧，不该有这样的想法，我应该听爸妈的，他们是对的。可是，我又好渴望实现自己的想法"。如此，潜意识的冲突不断产生，焦虑也就产生了。

出于父母的愿望和期待，或者出于内心对父母的迎合或讨好。我们会不自觉地去做一些违背自己本意的选择：选择一所"好"的学校，选择一份"好"的职业，选择一个"合适"的伴侣……

"软控制型"的原生家庭模式，虽然其中不缺乏爱，但以爱为名的界限侵犯，过度干预子女的生活和决定，剥夺了子女对自己人生和幸福的选择权。在"软控制型"原生家庭氛围之下长大的孩子，往往习惯去揣摩和顺应家长的心意，去满足别人的需求，也习惯了忽略自己的需求，不太关注自己想要什么。渐渐地，随着年龄增长，变得越来越茫然和焦虑。有时候，我们即使知道自己想要什么，也顾虑重重，缺乏争取的动力和勇气。作为成年人，我们要从心理层面摆脱原生家庭的掌控，拥有属于自己的人生。

请思考一下，什么是你想要的人生？你又打算如何实现这样的人生？如果父母不认同，你要怎么应对？

当你真正掌控自己的生活，你会发现爱与控制本不是捆绑相生的，你完全可以用自己的方式去表达爱、给予爱，而不必牺牲自己的主控权。

希望在未来的岁月里，你重获力量感，逐渐摆脱控制和束缚，活成你自己。

我，仪式感的受害者

□哈 欠

正如影视剧里常出现的情节，一个嚷着减肥的女生将脸贴在玻璃上，呆呆地望向橱柜里奶油堆砌的蛋糕，此时我也对着一排排颜色各异、印有2022字样的日程本，露出了同款向往且纠结的神情。我摸着它们光滑的页面，想象自己用心地在上面写字、排版和拼贴。

我也不能理解自己，这已是本周第三次光顾商店了，每次都直奔文具区域。这里所有本子的款式、价格，甚至摆放位置我都非常熟悉。尽管来之前做好一定会买的准备，却总会在最后抓住仅存的一丝理智离开。

理智告诉我，你已经有塞满整个抽屉的本子了，它们都能做日程本，为何一定要买新的？买了大概用一段时间就会失去新鲜劲儿，然后放弃。想起去年年初，我斥巨资购入新的日程本，心想看在价格的分儿上自己怎么也会坚持下去。然而只断断续续使用了半年，它就被压在了抽屉的最下面，等待2021年的离开。再过一段时间，苦于没有新本子的我，又开始在某软件的精准推荐下重新燃起欲望。2022年了，是时候该买新本子、迎接新的生活了。

在新的一年来临之际购买日程本是我不变的仪式，在全新的本子的首页写下新一年的目标，就好比，手机恢复出厂设置，给了我重新做人的机会。我多希望接下来的一年能留下像网络照片里那种花哨整洁的本子，它们密密麻麻贴满了生活的痕迹，隔了多久再看都会有一种成功对抗时间流逝的满足感——原来自己曾经做了那么多事。别人充实丰富的生活令我羡慕。

自从用手账记录生活、管理时间后，我才意识到自己的生活如流水账般无趣，写下来简直是浪费纸张；同时暴露出自身的许多问题：目标涣散、执行力不强，且追求形式。为了实现时间管理的新想法，我尝试了市场上大部分款式的内页，却改不掉时间同本子一起荒废的结局。落入我手中的本子一般都不得善终，要么被中途放弃留着积灰，最后被断舍离，要么就是驴唇不对马嘴，什么都写，还有的因为我看不惯自己的字太丑，撕下一页页后提早寿终。

对记录工具，我再如何追求完美，也无法填补主体自身的缺陷。自始至终我都在逃避自己不如意的生活，转向爱上那种即将拥有的期待心情。正如《工作、消费、新穷人》一书中揭示的，"如果消费者无法对任何目标保持长期关注和欲望，如果他们没有耐心、焦躁、冲动，尤其是容易激动，又同样容易失去兴趣，'即时满足'就达到了最佳效果"。

我在拥有前想象，购买的瞬间立刻获得满足，过后兴趣破灭，再重新期盼，即刻参与消费，这般周而复始被卷进消费主义的陷阱中。生活需要仪式感，但是依赖物品获得的仪式感渐渐让我痛苦，我意识到单凭物质和消费，无法满足我对生活、人生意义的渴望。

那些中途放弃的本子像一块墓碑，埋葬我过往即刻消逝的欲望。曾在很长一段时间里，我有意抛弃这种与物捆绑的仪式感，用任意白纸记录日程，可很快还是会被数据流唤醒被植入的观念。一个本子不能立刻、彻底改变我的生活，道理我都懂，但我生活在那种连电梯都贴满大字广告的环境中，诱惑实在太多了，单凭我个人微弱的意志无力抵抗。

所幸，这次我带上了那个积灰的日程本，它帮助我最终空手离开了商场。反正还会再来的，下次再说吧，那个声音不认输地说道。

我们为什么会嫉妒好朋友

□ 牛裴麟

很多人说，我不能接受我嫉妒自己的好朋友，好朋友之间不应该是纯粹的，互相祝福的吗？

而事实是，我们并不会嫉妒和我们不处于同一个圈子的人，比如明星和富豪，我们顶多羡慕。我们往往嫉妒的是身边那些和我们有真实接触的人。

有研究发现人们更容易嫉妒的对象是他们的同性朋友、兄弟姐妹、同学和其他家庭成员。下面我们从两个方面来解释：相似性和资源竞争。

相似性是指当被嫉妒者和自己越相似时，我们体验到的嫉妒就越强烈。这里的"相似"可能有家庭背景、外形条件、教育背景等。

从小一起长大的发小发达了，你感受到了嫉妒。因为你觉得你们明明就是从一条起跑线出发，来自差不多的家庭，接受的也是差不多层次的教育，凭什么他就能混得比自己好。

当他每一次跟你分享自己的进步时，你心里只觉得"凭什么他可以，我不行"。

而资源竞争关系是当你们拥有相似的兴趣爱好、职业规划或择偶标准时，你们可能面临在一个盘子里抢蛋糕，你就会觉得如果对方有，那么他的资源就增多了，而留给你的却少了。

有嫉妒存在的友情一定会破裂吗？

不一定，前面我们说过嫉妒的善恶两面。善的一面能激发我们向被嫉妒者接近或达到的潜能和动力。

"友敌"通常用来形容这种彼此嫉妒又互相欣赏的友情，我嫉妒你拥有的，但我会将这种嫉妒转化为动力而不是对你的不满、诋毁或伤害。

在《那不勒斯四部曲》中，就有这样亦敌亦友的友情。

两位女主人公莉拉和莱农从小就建立了友谊，她们嫉妒彼此，经常互相较劲，你追我赶，但是这没有妨碍她们一直在人生的道路上相互扶持，成为彼此最重要的指引者。

她们都有着各自的特长和闪光点，经常对对方拥有的东西心有不甘，但不甘后她们便会努力追赶对方，想要成为对方的样子。

同为出生在底层贫苦家庭的女性，莉拉和莱农有着逃离底层的共同目标。即便后来她们的人生轨迹越来越不同，即便对方拥有的东西让她们如此嫉妒，她们也觉得，哪怕她们当中只有一个人能走出底层，那就是她们两个人的胜利。

她们的友情中最令人感动的莫过于女性共同命运下的惺惺相惜。

最好的友谊，并不是一定不能存在嫉妒，而是心智成熟的我们可以管理好这种情绪，正因为我们有共同的命运，才使得相互映照和扶持成为可能。

无论你是嫉妒者还是被嫉妒者，嫉妒对你而言都是一种兼具建设性与毁灭性的力量，发挥它建设性的一面，你可以通过它更好地认识你自己或你的朋友，让你们的友谊更加坚固。

5

颠覆认知，在知识的海洋里开快艇

你的苟且，正在成为别人的红利

□洞见ciyu

浙江卫视录制《我们的时代》的时候，嘉宾们偶遇一个在学校旁卖缙云烧饼的大姐。

主持人沈涛好奇她的年收入，自顾自先算了笔账："5块钱一个，一年算50万张饼，250万元，毛利30%，一年赚75万元。"

大姐听完，嘴角含笑，头也不抬，委婉地说："不止。"

看她的神色，秦霄贤感叹道："姐姐，你说出不止的时候，你知道你有多么骄傲吗？"

大姐也毫不掩饰地乐了。

结果大家放了胆子猜也没猜对，最后秦霄贤随口道："300万元。"

本来以为绝不可能，结果大姐却轻描淡写地来了一句："差不多。"

很多网友听到就破防了：比我这个上班狗好太多，想改行了，我要去卖小吃！

可是摆摊儿真的有那么好赚钱吗？

1

我堂弟之前在一家模具公司做会计，拿着几千块的工资。

他老是抱怨，这份工作没前途，薪资低。

等到"地摊经济"兴起的时候，眼红别人月入几万，他觉得自己也找到生财门路了。

于是东借西筹，在闹市里支起了一个烧烤摊。

可没想到，坚持了不到三个月，他就把烧烤用具全都变卖了。

为什么？

原本早上需要开着面包车去进货，然后买菜、串菜、调蘸料，把食材准备好。

可早起如要他命，他经常赖床，到了开摊的时候，食材总是缺这少那。

烧烤时，得勤翻烤架上的烤串，避免加热不均匀，可是他熬不住烟熏火燎，经常跑到一边吹风扇，一不留神，肉烤焦了。

没人点单的时候，要时时留神顾客的需求，但他就在旁边捧着手机打游戏，听到有人催，只是口头上喊着"来了，来了"，惹得顾客投诉。

夜晚12点客人走后，要开始打扫卫生。他总是草草收拾一下就完事了，第二天客人看到满地狼藉，桌上满是油渍，都望而却步。

折腾到最后，堂弟不仅没有实现月入几万的梦想，还倒贴了一大笔钱进去。

别的行业容易赚钱，是现代人最大的错觉。

这就是为什么同是摆摊，烧饼阿姨走上人生巅峰，我堂弟一个月下来入不敷出。

所谓高薪高收入，只是别人努力久了，吃苦多了，你看到的一种结果。

2

经济学家何帆曾提到一个概念：苟且红利。

意思是，做同一件事时，其中会有许多苟且者，他们的人生哲学就是得过且过，口头禅是"差不多得了"。

但另外一些人却渴望精益求精，他们凡事力求做到100分，最终战胜了"苟且者"，享受到了红利。

曾经网上有个老话题：为什么办公室白领不值钱，路边的摆摊大妈却发家致富？

现在就有了答案。不是白领不值钱，而是浑水摸鱼的白领不值钱。不是地摊生意好赚钱，而是肯吃苦的小摊贩子能挣到钱。

每个行业，放眼望去，都是黑压压一片人。

其实，只要你拼命往前多挪一点点，就能跑赢一大拨苟且者，吃到因别人的苟且而产生的红利。

3

我之前做媒体工作的一位同事，就是典型的凡事苟且。

她有点小聪明，毕业于知名大学，文字功底不错，领导开始对她寄予厚望。

但她的实际表现让人大跌眼镜。平时工作时，聊天半小时，写文章十分钟。

经常磨磨蹭蹭，拖到绩效考核截止时间才赶鸭子上架，既不去润色句子，又不去考究素材，最后的成品不仅让人不堪一读，而且错别字连篇。

领导希望她平时多研究写作思路，可是她图省事，仍然只用以前三板斧的套路式写作。

公司要求她追一个热点，她东拼西凑，拿着别人的文章一大锅炖。开会时让她做一个简单的会议纪要，她敷衍了事；让她找一份资料，她偷懒对付。

有句话说，狼行千里吃肉，马行千里吃草。有时候，一个人能不能成事，不在于多好的赛道、多好的平台，而在于这个人。

逮不到野牛的狮子，换到美洲平原也难以逮到羚羊。混日子的人，不管去哪儿，都会把自己混成底层。相反，把简单的事情做到极致的人，上天也不会辜负。

一位叫保罗的小哥，13岁时开始当洗车学徒，如今已经洗车30年的他，全世界的名人、富豪都排着队让他洗车，每次收费5万元。

同样是洗车，为什么这位英国小哥能把这么低端的行业，做到如此高端？

看了他洗车的61道工序，也许你会理清一点头绪：全封闭式工作间，悬挂两排7000瓦的照明灯，只为去除每一个瑕疵；冲洗车体时，会根据车型不同，调试不同压力的高压水柱；为防止车的内部进入水渍，车体所有缝隙都会粘上特制的防水胶；清理轮毂和车胎时，每一个车轮都会被卸下来清洗。

单是这些洗车前的准备工作所花的时间，就足够在传统洗车店里洗几十辆车了。

洗车的时候，小哥常常是蹲着或跪着，把每个死角都清理得干干净净。在完成所有步骤后，他还会拿出便携式显微镜，扫遍车身只为确保车身没有任何损伤。如果有疑似损伤的地方，他还会进行二次清洁或修复，直到整辆车完美如新。

说到洗车，很多人想到的是工资低，工作内容只是喷水洗洗，简单至极。可是这位英国小哥却在这个看似不起眼的领域里，把工作的方方面面做到了无可挑剔，最后成就了自己。

4

很喜欢一句话：竞争红海只是借口，任何时代都有脱颖而出的黑马。

与其抱怨赚钱少，浑浑噩噩混日子，不如全面提升自己，让别人的苟且，成为自己的红利。

时代的大风可以吹走无根的柳絮，却不能把扎了根的大树拔起。

只要不凑合，只要比别人更用心，就能享受到别人苟且的红利。

茶 叶

□ 小红北

"你"从"我"出来
留下一小杯舒展的长春
手机里说茶叶在体内行进的路线已画完
还专门设置了检查站：脾
小心，茶叶也醉人。上海至长春
长春至上海，枯肠里
醒来两件乐器

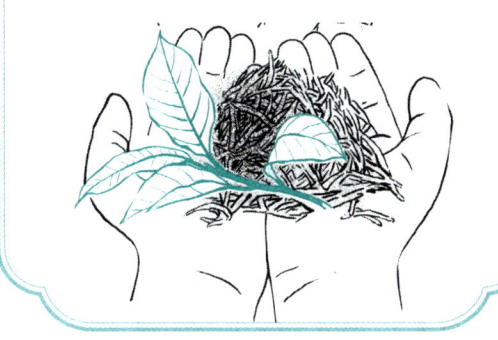

鲈鱼解馋，还能保命

口 彭 敏

苏州自古物产丰茂，浩浩松江风涛汹涌。松江上捕鲈鱼的场景曾让范仲淹大受震撼，写下了《江上渔者》：

江上往来人，但爱鲈鱼美。君看一叶舟，出没风波里。

为了让"江上往来人"大快朵颐，渔民们不得不投身如此凶险的生计。这令人唏嘘，但也从侧面透露出松江鲈鱼之美与消费者需求之甚。

在范仲淹之前几百年，曾有一位苏州人，因喜欢鲈鱼创造了一个天涯游子耳熟能详的成语——莼鲈之思，这个人，就是号称"江东步兵"的西晋人张翰。

"步兵"是指有过从军经历的竹林名士阮籍，而"江东步兵"，用今天的话来讲就是"阮籍江东分籍"。不难想见，张翰和阮籍一样，属于放荡不羁的类型。今天的年轻人常常憧憬着一场说走就走的旅行，而在这件事情上，张翰算开山鼻祖。

有一次，名士贺循途经苏州阊门，一时雅兴涌上心头，就在船中抚琴。一时间，七弦泠泠，天地阔远。琴声传到了张翰的耳朵里，他居然大马金刀地上船来，捧腮倾听。一曲终了，二人互通姓名，抵掌而谈，相识恨晚。张翰问贺循何去何从，贺循说准备去京城洛阳闯荡一番。张翰很高兴："我也要去洛阳，咱们一起吧！"之后两人乘着贺循的船出发了。

"洛漂"一事是张翰一时兴起。到了晚上，张翰家里人左等右等，不见他回来吃饭。一打听，才知道他已经进京了。

由于张翰出身名门，又以文才见长，到了洛阳，他被齐王司马冏任命为大司马东曹掾。齐王权倾一时，煊赫无匹，张翰在洛阳站稳了脚跟，前途大好。这时，他想家了。

那一年秋风四起，落木萧萧，张翰望着日渐寥落的庭院，毫无防备地流下了三尺长的口水——京城虽然人稠物穰，他却已经太久没吃上家乡的菰菜、莼羹（莼菜做的羹汤），还有鲈鱼脍（鲈鱼切片或切碎做的菜）了。

很多人羡慕他工作光鲜、前途远大，他却在秋风中长吁短叹："人生贵得适志，何能羁宦数千里以要名爵乎！"还挥笔写下了这首《思吴江歌》：

秋风起兮木叶飞，吴江水兮鲈正肥。三千里兮家未归，恨难禁兮仰天悲。

在一次次仰天悲吟后，张翰终于让仆人准备好车马，直接回了老家。

鉴于这次又是不告而别，朝廷当然很生气，把他的名字从官吏簿册上一笔抹掉。

由于辞官事件的起因是以鲈鱼为主的三道家乡菜，人们便归纳出一个成语，用来形容游子的思乡情绪——莼鲈之思，或者叫莼羹鲈脍。鲈鱼也因此声名大振，被后世文人屡屡称引。辛弃疾就曾写过"休说鲈鱼堪脍，尽西风，季鹰归未"，季鹰便是张翰的字。

只是，鲈鱼再好吃，真的能让一个人摒弃用世之心，自断职业前景吗？

也许有的吃货会流着口水说，那可不！张翰就是这种不羁的人。

的确，张翰还有个著名的故事，似乎也能为此提供佐证。

因为张翰总是放荡不羁，身边有人忍不住给他提建议："卿乃可纵适一时，独不为身后名邪？"一时放纵一时爽，但你就没想过，你死后大家会怎么评价你？张翰的回答很有底气："人都埋土里了还怕什么差评，喝了眼前这杯酒再说！"

看起来，为了鲈鱼辞去工作是张翰的风格。但其实，魏晋文人放荡不羁，轻于去就，一个重要原因是当时动荡的社会形势。从汉末到魏晋，朝代更迭频繁，天下战火频仍。固然创造出许多龙兴虎变的机遇，但"城头变幻大王旗"，一个不小心就会万劫不复。张翰入洛阳，正赶上西晋历史上著名的"八王之乱"，当时许多名士，都在各种动乱中死于非命。

世路险恶，是留下来以命相搏，还是避祸全身，急流勇退？

对于张翰来说，他深受老庄思想影响，显然保命的需求胜过了升职加薪。然而这样的辞职原因，是没法拿到台面上来说的。他不可能跑到齐王那里高喊：我觉得您迟早也要玩完，溜了溜了。而一个吃货因为惦记家乡菜而离职，就显得圆滑许多。张翰可以从这台阶上大摇大摆地走下来："我可没做政治判断，也没有反对谁，我只是不太着调而已。您不至于跟我这种人计较吧？"

张翰辞官后没多久，京城局势果然发生了变化，曾经不可一世的齐王在政治斗争中落败，被他王所杀。齐王府诸多幕僚自然也跟着惨遭屠戮。这时候人们回过神来：张翰这个吃货，挺有先见之明！

20世纪，松江鲈鱼和黄河鲤鱼、兴凯湖白鱼、松花江鳜鱼被评为中国四大名鱼。若论起在古诗词中的出镜率，鲈鱼则是当之无愧的魁首。为什么那么多文人雅士如此偏爱鲈鱼？他们可未必都是吃货。原因只有一个：自从张翰辞官事件之后，中国人便把羁旅无聊、远游思乡的情绪，凝结在了鲈鱼的身上。

吃鲈鱼，有人吃的是鲜嫩的肉质、名贵的品种，而另一些人，从中体味到的则是家乡的蓬勃风韵、亲友的生动音容与往事的浩荡回声。

为什么是"上厕所"和"下厨房"

□黄春凯

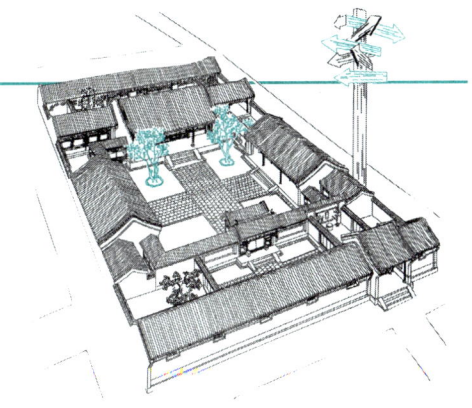

生活中，我们总会说"上厕所""下厨房"，那么，这两个说法能颠倒一下，改成"下厕所""上厨房"吗？通常来说——不行。因为，"上厕所"和"下厨房"的来源与一种建筑——四合院有关。

四合院，顾名思义，是由四面房屋合围形成的院落。它是中国北方常见的民居形式，其中，北京四合院更是名扬天下。

从上空俯视，四合院整体呈"口"字形。这种只有一个院子的四合院叫"一进院"，是四合院的"入门版"；若有两个院子，就形成"日"字形，叫"二进院"。院子越多，"进"数也越多。不过，无论多大规模的四合院，都是"一进院"不断复制的结果。当我们走进一座一进四合院时，沿着顺时针方向，会看到西、北、东三面各有一处主体建筑，它们分别叫作西厢房、正房、东厢房。在各个"主房"两边，还有低矮一些的小房间，叫作耳房。主房加上两旁的耳房，轮廓略像"品"字形。至于南面的那排房间，因为与正房相反，是"坐南朝北"的，就被叫作"倒座房"。

各个方向的"主体"建筑都是住人的，至于厕所和厨房，通常被安排在角落里。比如，西厢房偏南的耳房可做厕所，而东厢房偏南的耳房就被当作厨房。

当主人要去厕所时，就得从北向南走。而"南向"，在我国传统八卦图中属于"上方位"，所以"去厕所"就成了"上厕所"。做饭时，仆人从所在的南边房间出来，先向北，再拐进东厢房的耳房，也就是到厨房中烹饪食物。由于"北"是八卦图中的"下方位"，也就有了"下厨房"的说法。

> 总说梦想遥不可及，
> 可是你却从不早起

为什么机票要提前买，演出票要现场买

□朱七七

人们长途旅行，往往提前规划，以便节省开支。因为越早在网上订购机票，越能享受到可观的折扣。若是匆忙出行，就只能购买正价机票。航空公司售卖机票遵循这样的规律：随着时间的推移，不断提高票价直至飞行前的正价。

剧院售卖演出票同样会提前很久，但价格曲线和机票是相反的。后者呈上升趋势，演出票的价格开始保持不变，待到开场前，却会流出廉价的折扣票。

航空公司和剧院一样，都有着强烈的座无虚席的愿望。出售飞机票的航空公司和出售演出票的剧院都想以正价卖出所有的票，二者的目的高度一致，但为什么两种票的价格变化会存在如此大的差别呢？

分析一下销售对象在经济社会中的行为模式，我们会很快发现端倪。

提早订购机票往往是为了出行的需要，事到临头的购票者，不是需要出差的商务人士，就是有不得不坐飞机的理由。这些人有一个共同点：对价格并不敏感。旅行者可能因为机票价格的高低而考虑是否出行，但对必须即刻出行者来说，机票价格并不是他们考虑的第一要素，做成要做的事情才是重点。

剧院售卖演出票时，起初按正价售卖。对价格不敏感者在观看演出、接受艺术熏陶方面更关注个人享受，诸如提前确定好适宜观赏的位置、约好朋友，盛装前往。这些都需要时间提前做准备，所以他们更有可能提前购买演出票。对价格敏感的人群，他们可以接受在剧院门口排队或者游荡着等待一张低价票，即便位置不太好，也没有太多怨言。

思考一下，如果反向操作，会造成什么样的结果？

航空公司起初卖正价票，临近飞行前几天开始卖低价票。对价格敏感者前期无意购买，在临近出行时却因无法从工作中脱身，可能会就此放弃旅行。毕竟，旅行不是必需品。最终航空公司未能填满座位，上座率得不到保障，即便飞行前所有座位都坐满了人，但获利却远远不如先低后高的售卖方式。

剧院起初卖低价票，可能造成对价格敏感的人群的抢购，致使演出票被抢购一空。或者，尚有余票，但对价格不敏感的人群看重的是观演感受，而不是票价。

所以，在进行充分的市场调研和消费者心理、行为分析后，航空公司和剧院才采用了能够获利最多的方式进行售卖，以获取上座率和票价的平衡，最终获得最大的利润。其实，商家这样做的受益人也包括消费者，因为这种方式降低了卖方的服务成本。由于服务成本的升高，最终埋单的一方仍然是消费者，商家这样做，可以让消费者不必为高服务成本埋单。

如此或如彼

□付炜

群花欲悴。你潜伏在月光里
躲开一盏秋天的灯，静观枯叶
在风中节节溃退。你辨认出浩大的羞耻
藏在你往日的写作中，难以消融
而长夜，仅仅是投身于诗的借口

败北？为何不败南

□洛小宸

动作片主角面对围攻时，通常会和好朋友背靠背站着，互相照应。还真巧，甲骨文里的"北"，看起来也像两个人背靠背，只不过是坐着。这难道不是两个人在闹别扭？没错，"北"字的本义就是背离、违背。

可是，北和败有什么关系？为什么要说"败北"呢？

这是因为古文中的"北"大多和军事有关。在冷兵器时代，两军交战，谁失败了，转头逃跑，肯定会把后背留给对方。所以，这里的"北"其实是通假字，通"背"。

既然是"背"，为什么不直接说"背"？因为先秦时期，还没有"背"字，想表达"背"意，都是用"北"字。如《孙子兵法》里的"佯北勿从"，说的是如果敌人假装逃跑，不要追；贾谊的《过秦论》里有"追亡逐北"，是追逐逃跑的敌人的意思。

虽然"败"和"北"表述的意思相近，但这时，"败"和"北"的联系还不紧密。"败"强调结果，"北"则强调逃走的状态。如果败后没有逃走，也就不能说是"北"；或者还没打就逃走，也只能说是"北"，不能说是"败"。

"败北"作为合成词，最早出现在西汉司马迁的《史记·项羽本纪》中："吾起兵至今八岁矣，身七十余战，所当者破，所击者服，未尝败北，遂霸有天下。"秦汉之前，语言发展不完善，形容事物多用单字，到了汉朝，这种情况改善了很多，所以《史记》中的"败北"才发展成一个常用的双音节词，表示失败。再后来，"败北"不仅能指军事失败，还能指其他方面的失败，如柳宗元在《上大理崔大卿应制举不敏启》中，就提到了"败北而归"。如今，"败北"还被用来泛指在各种竞争、竞赛中失败。

"种瓜得瓜"与"种瓜得豆"

□邓 迪

人们做某些事情的时候，总期望得到一定的结果。这种期望是合情合理的。很多人认为人与人之间存在这样的相互作用力，所以也就有了"种瓜得瓜，种豆得豆"或"善有善报，恶有恶报"等类似的说法。

不幸的是，在与他人的交往中，我们经常是"种瓜得豆"，"善举"未必能得到"善报"，不知恩义、以怨报德、恩将仇报的事情频频发生。

但我们千万不要被仅仅是可能会发生的"种瓜得豆"的意外后果给吓住而畏缩不前，这样我们就永远不会采取行动。如果等待完美的天气，我们就不会去种植；如果企图绝对避免意外，我们就一事无成。生活不但需要善良，也需要智慧和勇敢。

为什么我们总是很容易撞到小脚趾

□ [日] 坂井建雄

每个人都有过小脚趾撞在柜子上的经历吧？那是一种让人快要昏过去的疼痛感。或许有些人在撞了很多次之后，会一边流泪一边想：要这个没用的小脚趾干什么！

人类为什么很容易撞到小脚趾呢？事实上，人体内存在一种固有感觉，可以感知自己眼下所处的位置以及身体活动的状态，并将这些信息传达给大脑，以调节人体的平衡状态，控制身体的动作。

日本机械学会在《人类身体部位研究》中总结道，小脚趾容易撞到的原因是，人类自身感知到的脚掌尺寸比实际的脚掌尺寸窄1/10、在长度上小10～15毫米，合1～2个脚趾大小。也就是说，人类的固有感觉无法正确地感知小脚趾的位置。

那么，小脚趾真的是一个可以被忽略的、毫无用处的部位吗？

不可否认的是，小脚趾的确存在着退化的倾向。

首先，我们从医学角度来分析一下指头的作用。指头由身体内侧向外侧依次被命名为第一指到第五指，通俗的叫法是拇指、食指、中指、无名指、小指。在医学上，手部的指头被称为"手指"，脚部的指头被称为"脚趾"，它们是有区别的。

虽然手指与脚趾是对应的，但脚趾远比手指短，也无法像手指那样灵活地活动。灵长类中的猴子可以灵活地使用脚趾攀缘树枝，人类却做不到。即便如此，对进化到直立行走的人类来说，脚趾仍是一个重要的身体部位。

举例来说，在奔跑中，脚掌着地时，所有脚趾都要按顺序紧抓地面，如此才能保证着地姿势的稳定性。

因此，田径运动员要不断锻炼脚趾，练习脚趾的活动方法。甚至，为了突出脚趾的作用，商家还推出了便于每一根脚趾活动的跑步专用分趾袜。此外，脚趾与脚底拱状脚心（医学上称为"足弓"）的肌肉是联动的，因此锻炼这部分的肌肉是很有必要的。

另外一些报告中提到，因事故或冻伤而失去第五趾的人，想要沿直线走路是有些困难的。与手指相比，脚趾的用处虽然不多，但在遇到意外、身体的微妙平衡被打破时，脚趾作为传感器的作用就会被人类察觉。因此，即便身体对脚趾固有感觉的灵敏度有所减弱，小脚趾仍发挥着重要的作用。

从解剖学的角度来看，人类的脚由14块趾骨构成，除大脚趾由两块趾骨构成外，其他脚趾均由远节趾骨、中节趾骨、近节趾骨构成。

有趣的是，根据统计，小脚趾由3块趾骨构成的人的数量正在逐渐减少。调查发现，欧美人中有35%～48%的人的小脚趾是由两块趾骨构成的，而在日本人当中，这一比例高达75%。

人类脚掌的形状与猴子的十分相似，但是猴子的脚趾全由3块趾骨构成。可以说，在人类的进化过程中，脚趾反而在逐渐退化。

这种变化最早在南方古猿身上出现。南方古猿生活在距今400万至200万年前的非洲，属于原始人类，具有直立行走的能力。

研究者认为，人属中最早的一个种——能人就是从南方古猿进化而来的。人类从这一时期开始，放弃了在树上生活，因此不再需要用长长的脚趾抓握树枝，也不再需要为便于攀爬而进化出特殊的关节。

让我们尝试一下在不用小手指的情况下抓握物体，你会发现，如果想用很大的力气抓握物体，必须有小指的参与。

脚也是一样的道理。所以，在不需要用脚趾攀缘树枝后，人类小脚趾的重要性开始下降，并逐渐开始退化。

在之后的进化过程中，直立步行所需的新的骨骼及肌肉逐渐取代了小脚趾的那块趾骨。

狗、猫的前足有5个脚趾，后足有4个脚趾，前后足的每根脚趾都由3块趾骨构成。猫与狗的脚掌上都长有肉垫和钩爪，便于移动及捕猎。

狗是用趾骨支撑身体的，通常用足尖站立。狗前足上的大脚趾被称为退化的狼爪，是不接触地面的。

猫的脚趾也是由3块趾骨构成的，指头末梢的远节趾骨上长着趾甲。由于远节趾骨能够像滑轮一样转动，因此猫的趾甲可以向外、向内伸缩。

由此可见，每一种动物的脚趾结构，都在为适应各自的生活环境而不断变化。

为何钱的密码只有六位数

□谭保罗

银行卡的密码是6位数字，第三方支付的密码也是，但我们去注册很多网站的时候，却被要求用复杂的字母、数字和特殊符号来进行组合。后面一种情况时常让人头痛，因为我们很容易忘记太复杂的密码。

为什么和钱相关的密码，这么简单，而网站注册的密码反而如此复杂？难道钱还不如其他事情重要吗？显然不是。这是一个经济性问题，任何创新，都要考虑消费者使用的经济性——要减少他们的精力耗费，或者帮他们节省金钱。

银行卡用6位密码无疑是经济的。首先，银行卡的用户范围很广。比如老年用户的记忆力可能不好，还有平时到处注册网站和App的年轻人，设置的各种密码非常多，如果密码过于复杂，那么很可能把密码搞混。而6位数密码就好多了，更容易记住，也不容易搞混。

支付密码也是如此。一位支付工具工程师曾告诉我，他们在设计支付工具的支付密码时，也考虑过"复杂方式"，但最后还是决定用最简单的6位数字密码。他们通过多次模拟实验，并用很多模型试过之后，还是发现6位数密码能最好地达到安全性和经济性的平衡。

其实，还有一点不要忘记，无论银行，还是大厂的第三方支付工具，他们都有很强的技术实力，拥有强大的基于数据、影像等技术手段的安全系统，并以高薪维持着行业内最牛的工程师团队，完全可以抵御普通黑客的攻击，保证用户的密码安全。因此，简单的6位数字密码没有任何问题，反而能给消费者带来"经济性"。

相反，很多网站的注册要更复杂的密码，就是因为它们实力不够，必须通过让用户耗费更多精力，记住更复杂的密码来保证安全。一个有意思的现象是，越是实力弱的公司所开办的网站或App，你需要记住的密码可能就越复杂。

人能不能躲开子弹

□张智慧

从热兵器诞生开始，枪械就成了人类钟爱的武器之一。在影视剧中，我们经常能看到徒手抓子弹、侧身躲子弹、桌子挡子弹等画面，这给人一种"枪支的威力也不过如此，人可以躲过向自己射来的子弹"的感觉，事实真的是这样吗？

为了验证在正常情况下人到底能不能躲开向自己射来的子弹，被艾美奖提名6次的科普电视节目《流言终结者》做了两个实验。

节目组做了一个十分精妙的实验。首先，节目组测算了狙击枪在不同距离下，从发射到击中目标的时间；其次，节目组找来一支具有延时发射功能的彩弹枪。实验中，在知道中弹时间和距离的情况下，射击者先是对着躲弹人射击空包弹。然后，彩弹枪会根据射击者射出的空包弹飞行路径发射彩弹击打躲弹人，以此来还原人躲开子弹的画面。

实验最初的射击距离是183米，子弹飞行时间是0.231秒，面对这么快速度的十多发子弹，躲弹人根本来不及做出反应。随着射击距离的不断拉长，躲弹人终于在距离457米的地方躲过了射击者的一发子弹，此时子弹的飞行时间为0.597秒。

人躲开子弹需要两个关键因素：一是发现射击者开枪，二是做出躲避的反应。分析实验数据得知，从看到枪口火焰，到做出反应动作，躲弹人最快的反应时间是0.49秒左右。

也就是说，366米是人能够躲开子弹的最近距离。这就意味着，从理论上说，射击者在366米远的地方开枪，人在开枪的瞬间看到枪口火焰，并以最快的反应速度行动，才有可能不被射中。

这样看来，人还是可以躲开向自己射来的子弹的。但有一个问题需要注意：子弹飞行的速度比声音快，而且实验表明人无法看到200米以外的枪口火焰。为了方便测试，实验中使用的子弹在出膛的瞬间会产生超大火焰，所以躲弹人才能及时做出反应。所以说，一个人站在能够躲开子弹的距离，比如366米，是没办法察觉到开枪的行为的。

那么，如果人跳进水里，能否躲过子弹呢？《流言终结者》节目组带着疑问，又开展了一场实验。节目组的工作人员为了得到更加准确的实验结果，分别使用了手枪、霰弹枪、来复枪、步枪等来对水面进行射击。

这次的实验结果表明，在垂直贴近水面的前提下，手枪最多能射到水下约2.1米的深度，霰弹枪和来复枪的射击深度分别约为1.8米和0.9米。

随后，工作人员拿出威力更大的武器——M1式加兰德步枪。如今的步枪有效射程大约是500米，比如95式自动步枪可以在300米的距离轻松射穿10毫米厚的A3级别钢板，穿透率是100%。工作人员使用的M1式加兰德步枪秒速约850米，在地面能够射穿约8.3厘米厚的防弹玻璃。但在本次实验中，子弹还没到水下3米就碎掉了。换成秒速约914米的穿甲弹，结果也是一样。所以说，包括手枪、霰弹枪、来复枪、步枪在内的枪支，在水下的平均射程为1米左右。

从理论上说，人藏在水中确实可以躲开向自己射来的子弹。然而，还有一点要注意：水的阻力比空气的阻力大得多，非理想状态下两个流体之间的作用力是相互的，子弹被射击出去后，与水面之间的相互作用力会被水全部吸收。所以说，子弹射到水中的可怕程度不亚于撞击地面，还是会解体。

但考虑到水的密度比空气的密度高，液体比气体更难压缩，所以子弹在水中携带的动能会产生更高的压强，这力量可以直接震碎人的内脏。水中的爆炸比空气中的爆炸更危险！

所以，下次再有人跟你讨论"人能不能躲开向自己射来的子弹"时，你可以很肯定地告诉他：只有在电影中，人才能躲开子弹。

碰钉子

□苏 童

人很奇怪，可以坦然地面对生死，却常常不能面对自己的年龄。有些人本来与你相谈甚欢，你突然去问人家的年龄，他就会生气，觉得你是有什么不太好的企图，不是嫌人太年轻、无经验、无阅历、无可信度，就是嫌人老不中用，无活力、无朝气、缺乏创造力。

我年轻时，没话找话的时候就喜欢问别人年龄，碰了好多钉子，后来就改了这个毛病。但是，渐渐地，我也习惯在年龄问题上欺骗他人。我20多岁的时候总是虚报两岁，自己明明23岁，偏偏说25岁了，这是很自然的类似自我保护的反应。其心理动机是怕被别人当了小辈，说你嘴上无毛办事不牢，让你多吃亏。即使多报两岁，别人还是嫌年轻，所以我在工作以及和别人交往的过程中还是没少吃年轻的亏。我当时还想，等老得有了资本，看我怎么对付身边的年轻人！

时光如箭，我也将直奔不惑之年了，却还是对年龄有诸多困惑。现在当然还有些不客气的人张嘴就问我多大了，我发现自己这时候总是不够坦然。假如对方比我年长，我回答得还算利索，表情也还礼貌，意思是我比你年轻多了，我蹦跶的时间还长着呢。可现在碰到的常是比我年轻的人，这让我觉得自己的体态、动作、语言甚至情绪都不对头，让我觉得自己与年轻已经毫无关系，不知怎么的，我就情绪低落了。虽然诚实地报出了自己的年龄，心里却想：我的年龄和你有什么关系？

我在年龄这个问题上最终也变得鬼鬼祟祟了，苍老和年轻，我都不要。但年轻是一件穿过的衣服，变小了，洗坏了，再也不能穿了；苍老是一件睡衣，穿上就准备睡觉了，可我没有睡意，不想睡，怎么办？着急也没用。要是真有时光隧道，花多少钱买门票我也要进去一次，看看年龄的秘密到底怎么破解。到了里面，我一定要捉住每一个人，大喝一声："看着我的眼睛，报出你的年龄。"

马赛克为什么通常打在眼睛上

□李 雷

马赛克自从发明以来,在我们的生活中使用得十分广泛,我们常常用它来模糊隐藏那些不想被暴露的信息,但不知道你有没有留意过,当我们想要隐去某个人的真实相貌时,马赛克经常打在什么部位呢?没错,眼睛。

1.眼睛是面部关键性特征部位

我们的面部的几个结构,从上到下依次是额头、眼睛、鼻子、嘴唇和脸。而在这些结构里,眼睛是最关键的特征部位,因为眼睛本身多变,不仅是瞳孔颜色的差异,还包括眼睛的形状,以及最最关键的眼神。

就像大家说的"给你一个眼神自己去体会"一样,眼睛的动作可以传递人体诸多的想法,比如喜悦和悲伤,比如指令信息等,所以有人说,眼睛是心灵的窗户。

2.眼睛大小保持相对恒定

相信你一定对小孩子的大眼睛记忆深刻吧?然而随着年龄的增加,似乎眼睛越来越小了,其实不然。

因为,眼睛是我们人体非常奇怪的一个器官,那就是,它的大小变化较小。婴儿的眼球有16~17毫米,到了成人也不过22.5~23毫米,而且过了13岁就发育完成维持不变了,变化才1/3左右。

反观我们身体的其他部分,比如身高,从婴儿到成人增加了好几倍。所以小孩子的眼睛,相对于他们幼小的身体就显得特别大,而相对于成人的眼睛则会显得小。

正是因为眼睛既具有明显的多样信息,又可以维持相对稳定,所以人们在判断他人的时候会选择将眼睛作为一个判断的标准。

而一旦把眼睛遮住了,我们就很难认出这个人了,这也是马赛克打在眼睛上的原因。

当然了,那些明星外出的时候,戴上墨镜也是一样的道理,遮住了眼睛,就不容易被认出来。

相信看到这里,你基本上明白马赛克为什么打在眼睛上了吧?

3.马赛克和虹膜识别有关吗

不过一定会有人联想到另外一个重要的内容,就是虹膜识别,在各种影视剧里经常看人们把眼睛靠近一个装置,然后才可以开启开关或者解锁相关的设备,这就是虹膜识别。

什么是虹膜识别呢?人的眼睛外观由巩膜、虹膜和瞳孔三部分构成。虹膜是位于巩膜和瞳孔之间的环形区域,约占眼睛总面积的65%,虹膜包含丰富的生物学特征信息,而且在幼年固定下来后维持终身不变,可以说是一个人的终身身份证。

正因如此,所以虹膜被作为人体生物识别的重要指标之一,比起DNA识别取样难度高、识别慢,虹膜识别具有快速准确等诸多优势,成为个体识别的重要手段。

那么,马赛克和虹膜识别有关吗?答案是否定的。

我们用一个简单的例子就可以否证明这一点,就是假如一个人闭上了眼睛,我们可以认出他来吗?答案是肯定的。

比如一个影视明星，哪怕他闭上了眼睛，相信大部分追剧的人都可以认出他来。但是如果给明星眼部打上了马赛克，那就难以识别了。

由此可见，人类对人脸的识别，更多的是依赖于眼部的信息，而非眼珠的内容。

说到这里，我们就要做一个简单的小总结了：马赛克之所以打在眼睛上，是因为人的眼睛是人面部上具有分辨作用的重要部位，**模糊掉**这个部位就会让人们难以识别对方。

但是，这个识别主要是指眼睛的总体部位，而非眼珠。

手机一万步≠运动一万步

□张 辉

随着手环和微信运动的普及，越来越多的人开始"刷步数"，每天达到一定的步行量，似乎也能在一定程度上实现有氧训练。但是手机里显示的，一天累计走了一万步并不等于运动了一万步。

很多人都被手机步数"骗"了。我们在微信朋友圈晒的步数大多是指手机记录的步数，通常来自手机、手环上的内置传感器。只要手机或手环的位置变了、重心动了，手动脚不动也会产生步数，这样的步数是有欺骗性的步数，不是真正的有效步数。

另外，脱离强度谈步数，效果也会打折扣。我们通常理解的每天一万步，并没有将运动强度考虑在内。

在近几年的研究中发现，运动对健康的增益，很大程度上是依赖于运动强度的。

一般而言，走一万步消耗的热量大约为240～300卡路里。这一万步的数字看起来很美，能不能达到实际热量的消耗却不一定。

有利于健康的有氧运动，对强度都有要求，步行也不例外。健步走想要走出健康，强度是关键因素之一。一般来说，要不间断行走30分钟以上，对健身才更有效。因此，步行和其他运动一样，重要的是，保证足够的强度和运动时间，才可以起到健身的作用。运动要达到中等强度以上，一个简单的判断标准是运动心率：健康且体质较好的，心跳可以控制在120～180次/每分钟；中老年或慢病人群，心跳大致控制在（170－年龄）/每分钟～（180－年龄）/每分钟；偏胖的、关节有问题的、没有运动基础、体能较差、有慢性疾病的人，就不要盲目地每天花好几个小时去刷步数了，因为很有可能一万步对于他们来说太多了。

还有，生活步数和运动步数是两码事。

很多人从早到晚都佩戴运动手环或者计步工具，这就导致了生活步数和运动步数并没有分开。

根据一些研究，成年人一般一天要走8000步左右，而这8000步基本上强度都很低，对健康促进小。比如，这一万步也包括你起身倒水走的两步或打个电话溜达时的几步，所以千万别以为你每天走个一万步，就成功走上了健康的大道。如果除去这8000步，实际上日行万步中，只有2000步左右是比较有效的运动，这个运动量实在是太小了。

所以说，虽然计步工具的确可以很好地计算出你日常的步行量，但是从对健康的增益来看，单纯只看步数意义并不大。

与"暴走一族"相反，有些人认为走路太多膝关节会有磨损，伤害比较大，宁愿少走几步"养"膝盖。其实，每天一万步的行走，对膝关节的影响不大。因为正常人每天行走一万步是合理的，可以有效提高关节的灵活度，还可以促进全身血液循环，**避免骨质疏松**。但如果是体弱多病的人或老年人，**最好**是看实际情况而定，不可勉强。

猫狗为什么爱看电视，它们真的能看懂吗

□陈五花

你一定看过这样的视频：一只可爱的小猫或小狗一本正经地坐在电视机前看剧，认真程度不亚于自己，萌得评论区一片此起彼伏的赞叹声。

然而，作为一只单纯可爱，不懂情情爱爱、打打杀杀的小猫咪，它们到底在看什么？

1.看的不是电影，是彩色幻灯片

首先得声明，作为非常依赖嗅觉和听觉的小动物，咱主子的眼神确实不大好。

一方面，猫狗都是大近视，人类在1米左右能看清的东西，狗子们得走近到27厘米左右才能看清。

这也解释了为什么你的狗子总喜欢扑到电视机前面：它不是想进到电视机里，而是真看不清。

另一方面，虽然不是色盲，但是猫狗眼里的色彩远不如人类丰富，只能比较好地分辨蓝紫色和黄绿色，却辨不太出红色，有点类似人类的红绿色盲。

不过，它们处理信息的速度倒是比人快很多。如果1秒内连续出现大约20帧画面，即20帧/秒，人类就会认定这是连贯的动态影像。

但对于狗子来说，1秒内有大约70张图像，才会被它们视为连贯；而猫甚至需要每秒100张图像左右。

所以在猫咪眼里，24帧/秒的电影，可能不过是一个快速放映的幻灯片。

2.狗子：只是短暂地爱了一下电视

听起来彩色幻灯片好像没什么意思，可怎么感觉主子们还挺感兴趣？

你判断得没错，一项由美国大型宠物食品公司和养犬俱乐部联合开展的研究发现，50%的狗子都会对屏幕产生兴趣。而且它们能从电视上认出同类。2013年，来自巴黎第十三大学等学校的学者们招募了9只狗子进行实验。在一大堆人、猫、牛等头像中，那些狗子都准确地找到了所有同类的图片。

不过对狗子们而言，最有吸引力的不是"狗片"，而是画面里的移动物体和各种声音。大概是能勾起出门滚泥巴的快乐记忆，它们尤其喜欢同类的叫声、人对狗友好的命令和赞美，以及玩具发出的吱吱声。

但狗子也只是短暂地爱了一下电视。一项2015年来自英国中央兰开夏大学的研究发现，如果狗子们能自由移动，它们在电视上完全专注的时间大约只有三秒钟。多数情况下，它们可能还是更喜欢沙发上的你。

3.猫猫：在电视里释放天性

相比小狗，猫猫们对电视明显更感兴趣。

2008年，英国女王大学心理学院对25只庇护所里的猫进行了研究，发现它们对电视的兴趣可以最长保持三小时。对于一天只有七小时

醒着的猫主子来说，已经算是非常久了。

和人一样，电视也可以让猫咪放松。在雷雨天或嘈杂的施工声里，电视的"白噪声"会淹没让猫主子不开心的声音，帮助它们纾解压力。

而含有线性运动，以及与猎物相关的视频，还能释放猫咪内心汹涌澎湃的狩猎本能。这对不怎么看风景，比较缺少室外活动的小猫，格外有好处。

不过话说回来，有条件的情况，还是多用逗猫棒陪猫咪玩耍。毕竟用电视释放天性这件事情，费屏幕，还费猫。

你情绪不好，是因为读书太少

□洞见ciyu

《宋史》中记录了文学家吕祖谦的故事。

吕祖谦年少时，性情急躁，遇事不顺便满心怨气，经常与他人发生争执。

后来，他喜欢上读书，读到古贤的处世之道时，总会掩卷自思。

《论语·卫灵公篇》中记录了孔子的一句话："躬自厚而薄责于人，则远怨矣。"

意思是多责备自己，少责备别人，就可以避免别人的怨恨了。

他读到这里，联想到自己的坏脾气，如当头棒喝。

从那以后，每每遇到问题，他就以这句话自勉，心中的急躁之气总会很快消散。

久而久之，他待人接物变得平和宽厚，人心逐渐归附。

朱熹曾评价说，一个人只要能像吕祖谦那样读书学习，就能改变自己的气质和性情。

读书能明智，让我们有足够的智慧、沉稳的心态去面对各种问题。

遇事束手无策时，必会牵引出许多坏情绪。

但书中蕴有古今智慧，藏有万千良计，能帮我们逃出困局，驱散迷茫。

杨绛先生说："读书多了，内心才不会决堤。"阅读能让我们在面对人世间的一切悲哀时，有着不一样的心境，不一样的素养。

何权峰在《格局》中写道："对一个心胸开阔、有大气量的人来说，他的内心就像一个大的湖，你丢进去一簇火把，它很快就会熄灭；你丢进去一包盐，它很快就会被稀释。"

读书越多，格局就会越大。

目之所及的是非，都会显得微不足道；蝇头蚊足的些微得失，都变得毫无意义。

曾有人问歌手李健，为什么要读那么多书，到底有什么意义。

他回答说："所谓读书的意义，大概就是可以让人的眼界更开阔，对自我有更清醒的认识。"

一个不爱读书的人，会束缚于单一的三观中。

而喜欢读书的人，可以从一世看一时、从全局看一隅，不会忧于鸡零狗碎的事情，不会遇事就愤愤不平。

这是一个让格局变得辽阔的过程。

有人在微博上问蔡澜，自己近来事事不顺，觉得人生暗无天日，如何排解。

蔡澜只回了两个字：读书。

阅读总能帮我们从情绪的低谷中解脱，获得挣脱生活泥沼的精神力量。

谁是中国古代好爸爸

□ 小 谢

西晋时期著名文学家左思,是一位不折不扣的女儿奴爸爸。现在将女儿视为掌上明珠的父亲,当然很多,但在"女育无欣爱,不为家所珍"(傅玄《豫章行苦相篇》)的古代社会,女子一出生就受到家里的漠视,女儿奴爸爸就更为稀罕了。

左思为自己的两名爱女写下了一首长诗,名为《娇女诗》。一开头就用骄傲的口吻写道"吾家有娇女,皎皎颇白皙",称赞女儿的美貌。据史书记载,左思虽才华出众("洛阳纸贵"这个成语就是因他而来的),夸了几句女儿如何漂亮之后,他笔锋一转,写起了她们的顽皮。她们在园子里飞快地跑来跑去,果子还没熟就摘下来,扔来扔去打"果"仗。有时候她们也会安静下来,装模作样地去帮大人做饭,实际上呢,只是为了找个借口好离笔墨远远的。天真可爱的小女儿情态跃然纸上。偷搽妈妈的口红、千方百计拖延功课、爱看热闹,与现在小女孩的调皮娇憨行径并无二致,仿佛可以看见一千多年前的阳光下,没穿好鞋的小女孩咯咯笑着追逐嬉戏,雪白的衣袖在花树下轻盈地飘过。

从左思宠溺而又无可奈何的口吻来看,他是个对女儿既不舍得骂,更不舍得打的慈父。从诗中细节可以看出,他对女儿的日常生活观察得非常仔细,显然常常陪伴女儿。

苏轼可能是最会花式夸儿子的名人了。

苏轼共有四子,长子苏迈是"小轩窗,正梳妆"的王弗所生,次子苏迨、三子苏过是续弦王闰之所生,最小的儿子苏遁是朝云所生,不幸夭折。苏轼曾在王闰之夫人生日的时候作《蝶恋花》一阕为她祝寿,写道:"一盏寿觞谁与举?三个明珠,膝上王文度。""三个明珠"即指迈、迨、过三子。"膝上王文度"则是一个溺爱儿子的典故,将儿子比作明珠,可见苏轼对三个儿子的喜爱。

苏轼公事繁忙,朋友众多,兴趣又广泛,但对儿子的学业还是很留心的。他有时和长子苏迈联句,称许道:"传家诗律细,已自过宗武。"

宗武是杜甫次子,杜甫很得意于这个儿子,多次写诗夸赞,苏东坡却不客气地说,我的儿子比宗武强。次子苏迨自幼体弱多病,但很有才华,16岁的时候作了一首诗,苏轼读后非常高兴,特意步韵和作一诗:"我诗如病骥,悲鸣向衰草。有儿真骥子,一喷群马倒。"我写的诗好像病马,我儿子的诗才是真骏马,一喷其他马就纷纷倒地了。又说:"君看押强韵,已胜郊与岛。"你看看,已经超过孟郊和贾岛了!——让人不禁绝倒,这样盲目夸儿子,真的好吗?这还没完,他还写信给朋友,貌似矜持,实则得意地提起次子"颇知作诗,今日忽吟《淮口遇风》一篇,粗可观,为和之,并以奉呈",简直就是强行要人点赞。

三个长大成人的儿子中,以小儿子苏过的性情才华最像父亲,后来被称为"小坡"。苏过常常陪伴父亲左右，互相作诗唱和。苏东坡在给朋友写的信中，有时也会忍不住夸儿子兼自夸起来："某既缘此绝弃世故，身心俱安，而小儿亦遂超然物外，非此父不生此子也。呵呵！"不是我这样淡定的老爸，也生不出这样淡定的儿子！——注意，这里出现了苏东坡著名的"呵呵"，现在互联网上的"呵呵"，差不多等于友尽，苏东坡多次用过"呵呵"，却着实可爱。

苏过也是唯一遗传到苏轼书画才能的儿子。苏轼题苏过的画云："老可能为竹写真，小坡今与竹传神。"老可，指文与可，即文同，著名画家，善画竹，也是苏轼的从表兄，苏轼对其极为敬重。若苏轼有微信朋友圈，估计天天全方位花式晒娃。儿子们也很爱这位老父亲，虽然苏东坡一生坎坷，屡次被贬，但儿子们始终陪伴在侧，不离不弃，给了他莫大的安慰。

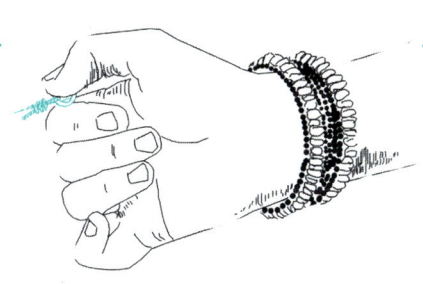

拔河比赛背后的秘密

□龙学锋

拔河比赛比的是什么？很多人会说：当然是比哪一队的力气大啊！其实，答案是否定的，因为根据牛顿第三定律，力的作用是相互的，甲队拉乙队的力和乙队拉甲队的力，是一对作用力和反作用力，是大小相等的，不存在谁大谁小的问题。那么，大家感到奇怪的是，既然甲队拉乙队的力和乙队拉甲队的力是相等的，为什么是甲队胜，而不是乙队胜呢？问题出在哪儿呢？

在这个问题中，甲队拔河比赛胜了，意味着甲队向后退了。我们选择甲队作为研究对象进行受力分析。甲队受到重力、地面的支持力、乙队对甲队的拉力、地面对甲队的摩擦力共四个力的作用。其中，重力和地面的支持力是一对平衡力。甲队之所以后退，说明地面对甲队向后的摩擦力大于乙队拉甲队的力。

对拔河的两队进行受力分析就可以知道，只要所受的拉力小于与地面的最大静摩擦力，就不会被拉动。由此可见，要想赢得拔河比赛，关键是增大脚与地面之间的摩擦力。假如一队力气较大的运动员站在光滑的冰面上，另一队力气较小的运动员站在普通的地面上，两队进行拔河比赛，显然，站在冰面上的那一队也是不会取胜的。

如何增大脚与地面之间的摩擦力呢？

首先，摩擦力的大小与接触面的压力大小有关，接触面粗糙程度一定时，压力越大，摩擦力越大。其次，摩擦力的大小与接触面的粗糙程度有关，压力一定时，接触面越粗糙，摩擦力越大。在拔河比赛中，如下做法可以帮助我们加大取胜的概率。

第一，拔河时穿一双鞋底带有凹凸花纹的鞋子，加大摩擦力。

第二，在挑选拔河的队员时，一定要找体重比较重的人参加。因为体重越重，对地面的压力就越大，摩擦力也会增大。

第三，在比赛过程中，人要使劲向后仰，身体倾斜度要达到45度以上，脚在前面，身体在后面。身体的重心一定要低，因为低一点，不容易被拉跑。

另外，双脚不要离开地面，以摩擦移动为宜。

你对小拇指的力量一无所知

□ 家 宁

双手对人类的重要意义不言而喻。但对于大多数人来说，五根手指的重要性其实大有不同。很多人都认为小拇指在五指中的存在感并不强，毕竟小拇指的力量相对较弱，也不能像食指和拇指那样完成精细的抓握动作，所以在日常生活中，小拇指几乎长期处在"偷懒"的状态。

但对于武汉人来说，事情完全不是这样。小拇指对他们来说真的太重要了，甚至勾起了他们的半个世界。

为什么这么说呢？因为如果没有一个强悍的小拇指，你很难在武汉饱饱地"过早"。

正宗武汉人过早，是绝不会安安静静坐在早餐店里细嚼慢咽的，而是一手捧着热干面、汤面或者各种碳水早点、一手操作筷子，边走边吃。光这样还不够，在武汉过早最最关键的部分是：用小拇指勾着一杯喝的。

如果你再细心观察一下武汉街头巷尾的人群，就会发现"用小拇指勾东西"仿佛是湖北人刻在DNA里的动作，远不止于用于"过早"这一种场景。

有网友表示，武汉人从小接受的就是"小拇指吊宇宙训练"。

武汉人"小拇指勾万物"，挑战了人们的认知盲区：是不是小拇指也并不是那么没用？其实你对小拇指的力量，一无所知。

小拇指，为"挂钩"而生

据考古学研究表明，人类的双手是由远古鱼类的胸鳍演化而来的。

最开始，骨头都是连接在一起的，随着数亿年漫长岁月的演化，才渐渐地进化出手的结构，变成了五指分开、手指能够独立运动的形态。

手指的独立运动能力使得手能够灵巧地操作工具、完成大量精细活动，因此是人类进化历程中非常重要的一环。

但在手指逐渐可以独立活动的进化过程中，人手并没有进化出如同机械手一样每根手指完全独立的肌肉、肌腱和骨骼系统。相反，五指指间其实存在许多"生物机械"链接和约束，比如一块肌肉往往会连接并驱动多根手指关节。

虽然每根手指都可以独立活动，但是又没有完全独立。

学者Kilbreath经过研究发现：在单一手指活动任务模式下，其他手指也会跟着不自主地移动，他将这种现象称为手指相依性，或者叫作"手指尖奴役"（Force Enslaving）。

并且，研究中他发现相邻手指共同作用力量的阈值较低，只需要轻微力量（最大肌力的5%），就可以迫使相邻的手指发生移动。

美国宾州州立大学人体运动系的V.M.Zatsiorsky和M.L.Latash等学者曾经共同组成一个科研小组，对多指力量输出实验中的指力协同配合模式进行了一系列研究，他们发现了手指间的奴役现象，并补充证明了奴役效应具有对称性，不仅在非最大肌力输出时出现，在非最大肌力收缩时，力量增加与维持过程中也出现相关的效应。

不少研究学者发现，就奴役力量而言，除了拇指之外，食指和小指的奴役力量最小，手指独立活动性最高。

究其原因,是肌肉结构使然。

手部肌肉按照所处位置,分为外在肌和内在肌。外在肌的肌腹位于前臂,通过长肌腱连接手内关节;而内在肌为骨间肌,起点和终点均在手部内,就是连接手指骨骼的韧带。

因为大拇指有独立的内收肌和外展肌,没有骨间肌,所以未被相邻的手指限制,拥有其他手指望尘莫及的独立性和灵活性。其余四指中,只有食指和小指有独立的外展肌,无骨间背侧肌,有相对更高的独立性;而中指与无名指因为骨间肌结构互相连接,具有较强的奴役现象。

灵活的拇指常常与灵活的食指强强联合,完成精密的抓握动作。而小拇指有三节关节,独立性又高,仿佛天生就是为了当挂钩而存在的。

那么问题来了,"柔弱"的小拇指真能承担起作为挂钩的重任吗?

请相信小拇指的力量

在五根手指头中,小拇指最短最细,所以总是被认为是最没力气的那个。

但实际上,它的力量要比想象中大多了。

日常生活中,人们对小拇指使用感体验最多的场景是——支撑手机。

在其他手指上下翻飞、敲敲打打的时候,小拇指用它瘦弱的身躯,为你的手机提供了一个稳定的固定架,全程不偷懒地支撑着你的手机。

如果没有这个支架,你会发现打字的速度下降了,点击位置也不再精确了,平躺玩手机时还要面临被手机砸脸的风险……

没有了小拇指,没有人可以自如地玩转手机。当然,除了支撑手机之外,小拇指的作用还大着呢。

不夸张地说,小拇指推动了人类的进化。

曾经的研究认为,在人类起源之初,大拇指的进化演变对于使用和制作石器工具意义重大,是大拇指的出现推动了人类社会的发展。而小拇指的功能若有似无,对人类进步没有什么功劳。

但到了20世纪80年代,有研究团队研究了石器工具制造过程中上肢肌肉的运动水准,研究发现小拇指存在的意义非同小可,人们要借助小拇指才能更牢地抓紧石芯,进而制造出更重、更精密的工具。

从生理角度来说,小拇指还提供了手部一半的握力。人们在握拳时,食指、中指和拇指配合提供捏和抓的力量,而小拇指则配合提供握力。

这是因为小拇指连接腕骨,控制小拇指的肌肉是起于腕骨的外在肌,相对更加健硕粗大,所以能够提供手部绝大部分的力量。

如果失去小拇指,相当于失去至少一半的手部力量,人们会感觉握拳时不再那么有力了。

"等待"是个动词

□石 兵

《现代汉语词典》中明确定义,"等待"是个动词,意思是"不采取行动,直到所期望的人、事物或情况出现"。明明选择了不行动,为何"等待"却是个动词呢?这就是等待的奥妙之处。

其实,等待之人并非如外表一般岿然不动,他的内心在坚守着某种选择,思维在计量着某种得失,头脑在进行着某种判断。冒进会让人与成功背道而驰或擦肩而过,会让成功变得浮躁浅薄,只有学会等待,才能悟得水到渠成的道理,感受瓜熟蒂落的从容,找到顺理成章的方法。

当然,选择等待绝不是放弃努力。某种意义上,结果是在等待的过程中渐渐产生的,努力与付出会一笔一画勾勒出未来的轮廓,让等待结果的过程变得多姿多彩。

人生本就是走走停停,行走时用脚步丈量长度,等待时用心灵拓展宽度。

"截止日期压力"竟然对大脑有益

□译/绿 洲

迫在眉睫的截止日期（Deadline）总是让人如坐针毡。然而来自佐治亚大学青年发展研究所的一项新研究表明，这种压迫感可能对大脑有益。

该项发表在《精神病学研究》上的工作研究表明，低到中等水平的压力可以帮助个人提高适应能力，降低罹患抑郁症和反社会行为等精神疾病的风险。此外，低到中度的压力也可以帮助个体应对未来的压力。

这项研究的主要作者阿萨夫·奥斯里（Assaf Oshri）说道："如果你处在一个有一定压力的环境中，可能会形成一种环境应对机制。这会让你成为一名更高效的员工，通过调整使自己更具执行力。"

压力可能来自方方面面：为通过考试而努力学习、为工作中的一场重要会议而仔细做准备，或者为了完成任务而加班——这些都有可能促进个人成长。再比如，被出版商拒绝可能会迫使作家重新思考自己的风格；被解雇可能会促使人们重新评估自己的实力，进而判断他们是应该留在自己的舒适区，还是应该开拓新领域。

但是适当的压力和压力过大之间，界限很窄。

"这就像你一直在做粗活，皮肤上就会长茧子。"奥斯里表示，"皮肤会对外界施加的压力做出反应，但是如果你压力过大，就会割伤自己的皮肤。"

良好的压力是对抗未来逆境的疫苗。

研究人员使用的数据基于人脑连接组计划（Human Connectome Project），这个计划旨在洞察人类大脑的工作方式。在这项研究中，研究人员分析了来自1200多名年轻人的数据，通过对人们生活的失控感和压力水平的调查，研究了年轻人所感知到的压力水平。

参与者回答了一系列问题，涉及他们感知某些想法或感觉的频率。比如"在过去的一个月里，你多久一次因意外而感到沮丧？""在过去的一个月里，你发现自己无法应付所有的必做之事的次数是多少？"

然后，研究人员通过测试来评估他们的神经认知能力。测试的内容包括注意力及抑制外来视觉刺激引发的下意识反应；认知灵活性，即在不同任务之间切换的能力；图片序列记忆，包括记住一系列越来越长的对象；工作记忆和处理速度。

研究人员将这些发现与参与者对焦虑情绪、注意力问题和攻击性等行为和情绪问题的多重测量结果进行了比较。分析发现，低到中等程度的压力在心理上是有益的，可能起到预防心理疾病的作用。

"我们大多数人都有一些不愉快的经历，这些经历实际上让我们变得更强大。"奥斯里说，"有一些特定的经历可以帮助你进步或发展技能，让你为未来做好准备。"

但是承受压力和逆境的能力是因人而异的。

诸如年龄、遗传倾向以及在需要的时候有一个可以依靠的团体，这些都在个体如何处理挑战中起到了一定的作用。虽然一点点压力对认知能力有好处，但奥斯里警告说，持续的高强度压力可能对身体和精神造成难以置信的伤害。

"在某些时刻，压力会变得有害。"他说，"长期的压力，比如来自赤贫生活或被虐待的压力，可能会对健康和心理造成非常糟糕的后果。它会影响你的免疫系统、情绪调节能力和大脑功能。不是所有的压力都是好的压力。"

"三更""半夜"原是两个人

□刘绍义

如今的"三更半夜"一词，是夜已经很深了或者时间已经很晚了的意思。但在宋代，"三更半夜"一词源于两个人，一个是"陈三更"陈象舆，一个是"董半夜"董俨，两人都是宋太宗时期的名人。

《宋史·赵昌言传》曰："四人者（陈象舆、胡旦、董俨、梁灏）日夕会昌言第。京师为之语曰：'陈三更，董半夜。'"这里是说，宋太宗时期，陈象舆、胡旦、董俨、梁灏、赵昌言等人志趣相投，形影不离。他们常常相聚在赵昌言的家里，谈至深夜，还不愿散去。当时人们就戏称陈象舆为"陈三更"、董俨为"董半夜"，这便是"三更半夜"一词的来历。

为什么古人把深夜称为"三更"和"半夜"呢？这要从古人的计时习惯说起。

古人对白天和黑夜的计时及称呼各不相同，将白天说成"钟"，黑夜说成"更"或"鼓"。在古代，城镇都设有钟楼、鼓楼，晨起要撞钟报时，所以白天的时间都称为"几点钟"。夜晚，巡夜人员打击梆子，以点数报时，所以夜晚的时间就称为"更"；有的地方是用击鼓的方式报时，所以夜晚的时间又称为"鼓"，"几更天"或者"几鼓天"就是这个意思。

我们常说的"晨钟暮鼓"也源自这里。古人把一夜分为五更。一更相当于现在的19点到21点，二更是21点到23点，三更是23点到1点，四更是1点到3点，五更是3点到5点。三更为子时，正是半夜时分。

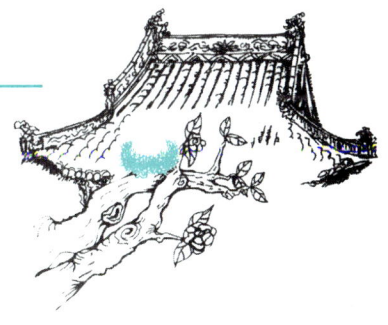

曲线甜，直线咸

□草 子

乡间小道，从不直来直去，多是七拐八绕，绕过山，绕过树，绕过房子，也绕过菜地水塘，绕过大地上所有珍贵的东西，不打搅，也不破坏。绕过来又绕过去，就这样变得弯弯曲曲。

直来直去才算捷径。大道笔直宽坦，逢山开路，遇水搭桥，凿穿了山，推平了房子，挪开了树，撵走了菜地，填满了水塘……在大地上横冲直撞。

弯来绕去，原来是一条路的深情。

从天上往下看，长河九曲，也如龙行蛇走。这条蜿蜒的河，同样绕过山，绕过房子，绕过树，弯弯曲曲。河流的时间用不完，也就不再着急赶路，日复一日，静水长流，弯来绕去。

河流，总是信马由缰的旅人，信步所至。弯过来又折回去，一路流连。旭日初升，晨光照进长河，每道弯里，都有一片晨光，每道弯里，也都有一个黄昏。落日西沉，晚霞落入长河，每道弯里，都有一抹晚霞，每道弯里，也都有一个黄昏。

曲曲折折，原来是一条河的慷慨。

蜜蜂蜇人后会死,马蜂呢?可以再蜇100次

□ 晓 风

先吃肉,再吃素

蜂家族是个大类群,不仅种类众多,生活方式也多姿多彩:有的吃素、有的吃肉、有的寄生别的昆虫,也有和植物共生的,什么活法的都有,活得比你精彩多了。日常生活中常见的蜂,大都属于蜜蜂、胡蜂两大家族,它们都隶属于膜翅目、细腰亚目、针尾部。

相比之下,蜜蜂的个头通常不大(也有熊蜂、木蜂这样的大块头),多在2厘米以下,而且身形短胖;胡蜂的个头则多在2厘米以上,身形细长,大都有一个标志性的细腰,停歇时翅膀纵向折叠,显得尤为细长;而且和嚼吸式口器的蜜蜂不同,胡蜂为咀嚼式口器,龇着一对大牙,看起来尤为凶残。

其实,采花酿蜜只是蜜蜂的专利,胡蜂类全是妥妥的肉食派——准确地说,胡蜂只在幼虫阶段是肉食性的。

蜂群中的职蜂(相当于蜜蜂中的工蜂),外出捕猎昆虫或其他小动物,带回来饲喂幼虫。它们毫不挑食,只要是肉就来者不拒,即便是蛇、蜥蜴甚至哺乳动物的尸体,职蜂也会团成小肉球带回,细细咀嚼成肉糜后投喂给幼虫。

胡蜂幼虫吃肉,是为了补充蛋白质,和蜜蜂幼虫吃花粉一个道理。一旦羽化为成虫,胡蜂就会从肉食变为素食——成年胡蜂喜欢吃"甜食",如花蜜、蚜虫蜜露、树汁和成熟的水果。

此时它已不再长个儿,只吃些花蜜补充补充能量就行,毕竟虫生短暂,成年胡蜂也就能活上两三个月。

胡蜂、黄蜂和马蜂有啥区别

日常生活中,胡蜂还有"马蜂""黄蜂"的叫法,而且常是混用、不加区别。但在昆虫分类学上,这三个名字各有所指。

相比之下,胡蜂亚科的种类,腹部多数一头尖、一头平,呈陀螺造型。而马蜂的腹部两头尖,"蜂腰"特别细长,很容易区分。

至于黄蜂,指的则是胡蜂亚科下,身披亮黄色条带的长黄胡蜂属、黄胡蜂属下的成员。

但其实不论胡蜂、马蜂还是黄蜂,都隶属于膜翅目下的胡蜂总科,因此都叫胡蜂也没问题。所以,如果你分不清它是胡蜂、马蜂还是黄蜂,那就叫它胡蜂!

怎么捣掉蜂窝

分清了这些蜂,下一步是不是就可以捣掉蜂窝了?

你肯定多多少少见过蜂巢,但与蜜蜂用蜂蜡筑巢不同,胡蜂的筑巢材料是被咀嚼过的植物碎片和胡蜂唾液的混合物。一个胡蜂巢,由好几个巢脾组成,这些巢脾是水平放置(蜜蜂类多是垂直放置),多个巢脾层层叠在一起,外面还常有层外壳包裹,整体为椭球造型。

胡蜂的巢的直径,甚至可以超过1米,一个蜂巢中,就能容纳五六万只胡蜂!

马蜂、胡蜂,通常会把巢建在树上或岩壁上,不过它们对建巢地点毫不挑剔,电线杆上、屋檐下,都会被它们占据。

如果蜂巢距离人家太近,难免会攻击人类,成为安全隐患。要是在家附近看到马蜂窝,最好尽快铲除——别担心,蜂巢被铲除对马蜂影响不大,它们会另选地址筑巢。

如果马蜂窝还只是一小片片状巢柄,此时蜂巢里只有几位初始成员,做好防护,喷药驱赶马蜂、趁

机铲除就行。

但如果马蜂巢已成形，千万不要低估马蜂的战力，千万不要自己瞎逞能，直接找消防员来操作。他们通常会穿上专门的防护服，把自己完全包裹，或是用口袋直接将蜂巢套住，然后摘下。如果受到蜂群的猛烈攻击，就得喷药杀虫，或是火攻、高压水枪水攻了——马蜂巢是由木纤维筑成，用火一喷很容易点燃、烧毁，不过要注意周围环境，以免引发火灾。

胡蜂蜇你100遍都不嫌多

那如果，还是被胡蜂蜇了呢？到底有多毒？

民间有句俗语："青竹蛇儿口，黄蜂尾后针。"把胡蜂屁股上的蜇针，与毒蛇的毒牙相比，足见其毒性之强——要是不小心被胡蜂蜇到，轻则疼痛肿胀，重则能要人命。

胡蜂和蜜蜂一样，雌性产卵器特化成蜇针，作为防御武器，用来防身。这蜇针平时缩入体内，并不外露，只在使用时亮针攻击。

胡蜂的蜇针呈中空管状，由两片细长锋利的针拼合而成。这两片针不仅能够上下锉动，外侧还有数个小倒刺（倒刺的数量和大小，还是确定物种的依据）——不过胡蜂蜇针上的倒刺较小，没蜜蜂那么明显。

正是因为这些倒刺，蜜蜂蜇人后会连带着内脏一起拔出，所以蜜蜂蜇一次就死了。而胡蜂蜇人后，蜂针能够轻易拔出，能反反复复地蜇你！

胡蜂蜇针刺入皮肤，是靠两片刺针交替锉动完成的：蜇针接近皮肤后，先是右侧刺针刺入皮肤，此时端部的倒刺勾住皮肤，固定为着力点，左侧刺针再刺入更深位置，固定后右侧刺针再深入……就这样，两根刺针交替运动，深入伤口后注入毒液。整个蜇刺过程不到1秒钟就能完成，而你，会痛苦很久。

找到自己的"齐马蓝"

□语 凝

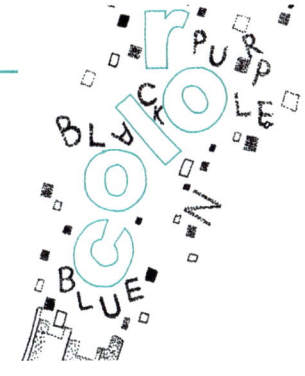

不管是"高级色"还是"流行色"，都是别人选择、制定、赋予的。潮流是一回事，但适合自己又是另一回事。如何选择属于自己的色彩呢？在著名网剧《爱，死亡和机器人》第一季中，一个叫作《齐马蓝》的故事也许可以给我们答案。

故事中有一位艺术家，名叫齐马，声名显赫，享誉世界。他在一次无意的创作中调制出了一种蓝色，这种蓝色触及他的灵魂，于是他开始只使用这种蓝色进行创作。

从绘画、建筑，到以宇宙为画布将星星涂成这种蓝色，人们将这种蓝色称为"齐马蓝"。

齐马在使用这种蓝色进行创作的时候，也开始寻找自己的"本心"。

在他的最后一次作品展示会上，他告诉了世界真相：他原本是一个清理游泳池的简单机器人，后来随着不停地更换主人，他被不停地升级，直到有了自己的思想——成为一名享誉世界的艺术家。

而"齐马蓝"之所以可以触及他的灵魂，是因为在最开始他作为泳池清理机器人的时候，泳池瓷砖的颜色就是蓝色。他从被制作出来就一直沉浸在游泳池的清理中，蓝色就像他成长的温床，也是他作为机器人感受到的最原始、最本心、最轻松的颜色。

故事的最后，齐马将机器打造的身体逐步分解，将思想逐步退化，又变回了那个最简单的泳池清理机器人，永远沉浸在"齐马蓝"的色彩中，也永远沉浸在自己的本心之中。

对于这个故事，有许多种解读。但就色彩来说，属于自己最发自内心喜爱的色彩就是自己的"齐马蓝"，就是自己的"高级色"。希望你可以找到属于自己的"齐马蓝"。

丈、仞、寻，谁最长

□平 野

在《中国诗词大会》第三季里，有一道题是关于古代长度单位的："'白发三千丈''一片孤城万仞山''千寻铁锁沉江底'中，丈、仞、寻这三个长度单位哪一个最长？"要想解释这个问题，首先要讲清楚"尺"这个单位。

《说文解字》里提道："寸、尺、咫、寻、常、仞诸度量，皆以人之体为法。"尺是最便捷的由人体确定下来的长度单位，也是其他单位的参考。

"一尺"是男子大拇指与食指之间的跨度，十寸为一尺。在当今出土的文物中有相当多的"尺"，标准不一。若以汉代为例，一尺相当于现代计量的21.35至23.75厘米。

我们很熟悉"咫尺天涯"这个词语，把这个词语拆开来讲，天涯很远，咫尺很近。近就近在两者测量方式一样，只是"尺"以男子的手测量，而"咫"以女子的手测量。因为男子的手一般会大于女子，所以"尺"比"咫"长。

有了"尺"，"寸"也就清晰了。古有记载，手腕向里三指，即为一寸。在篆文中，"寸"字看上去就像是在手腕的下面加一横，如同中医切脉时的位置，即离手腕三指的脉口。因此一般来说，八寸为咫，十寸为尺。

说到"寻"字，甲骨文里"寻"的字形像一个人伸开双臂的样子。而《说文解字》对"仞"的记载为："仞，伸臂一寻，八尺。"因此，"寻"和"仞"都约为八尺，相当于一个人伸开臂膀的长度。不过，八尺为仞是在周代的规制里设定的，后来的朝代里也有所改变。

尽管寻与仞的长度相似，但用词别有讲究。《正字通》里记载："古以周尺八尺为仞，中人之身，长八尺，两臂寻之，亦八尺，两足步之，亦八尺。度高深以仞，度短长以寻，度地以步。"意思就是，身高用尺，高度用仞，长短用寻，测量土地用步。

荀子在《劝学篇》里写道："不积跬步，无以至千里。""跬步"就是半步。而关于"步"的长度衡量，历代不一。

从周代至汉代，按照"步尺法"来计算，一步等于六尺。到了唐代，逐步演变为一步等于五尺，那么一里大概是三百步。如果要至千里，则需要走上三百万步。

据《说文解字·十部》记载："丈，十尺也，从又持十。"意思是十尺为一丈。而"墨""丈"之间的关系在《小尔雅》中有记载："五尺为墨，倍墨为丈。""寻""常"之间则在《仪礼·公食礼》中注明："丈六尺曰常，半常曰寻。"总结起来就是，一丈等于两墨为十尺，一常等于两寻为十六尺。

关于"丈"还有一个趣谈。"方丈"是对寺庙住持僧人的尊称，而"方丈"一词实际上与作为长度单位的"丈"也颇有渊源。据说"方丈"身上所披的袈裟面积正好是"一平方丈"，袈裟甚至可以用来丈量面积，并且"一平方丈"在古代也称为"方丈"。

虽然古代长度单位还有匹、舍、里、咋等，但有了这些梳理过的概念，理解起来就更容易了。至少，对《中国诗词大会》那道题的答案了然于心了。

而实际上，要解答这道题，也未必需要那么复杂。关于选手在"丈"和"仞"之间的疑惑，评委蒙曼教授在现场讲了一个好玩的排除方法：如果看过《射雕英雄传》的话，就会记得里面有三个人物，家中排行从大到小分别是裘千丈、裘千尺、裘千仞，这也恰巧对上了长度单位的大小。

苦过才是生活，熬过才是日子

□洞见Allergy

杨绛先生在《一百岁感言》里说："在这物欲横流的人世间，人生一世实在是够苦。"

好的人生，都是从苦里熬出来的。越是难熬的时候，越要自己撑过去。当你看清了这个事实，你的心就会敞亮很多。

1938年秋，杨绛带着女儿回到迁居上海的钱家。那时，时局混乱，她不得不和钱家上上下下挤在一处，住处逼仄。

没有自己的房间，杨绛不便公然看书，不然显得太不合时宜。

于是，她就借了架缝纫机，在蒸笼般的亭子间里缝纫，为钱钟书和圆圆做衣服。

平日里，家里的菜是她买，全家人的衣服也是她洗。她常被烟煤染成花脸，或被熏得满眼是泪，或被滚油烫出疱来，或切破手指，但她毫无怨言。

她本是一个书痴，对她来说，一天不读书就不好过。但她一直默默学做一切大家庭中儿媳妇所担负的琐事，敬老抚幼，诸事忍让。

更难的是，有段时间，杨绛所在的单位被迫停办。碰巧钱钟书刚回到上海，一时半会儿找不到工作，没有了经济来源，一家人连吃饭都成了难题。

不得已，杨绛几经周折又找了一个离家很远的小学代课，业余时间，她还要写剧本赚钱。

钱钟书的堂弟钱钟鲁说过："大嫂像一个帐篷，把身边的人都罩在里面，外面的风雨由她来抵挡。"

前段时间，朋友打电话给我："我真的快熬不下去了，白天公司一堆事弄得我焦头烂额，晚上回家还得照顾老小，连喘口气的机会都没有……"

这样的境遇，相信每个成年人都遇到过。

杨绛的后半生，便历尽了无数的波澜坎坷。乌云蔽日的岁月，她体会过。年过六十的她，被下放干校，整日干各种粗活。被安排去挖井，她就脱下鞋袜，把四处乱淌的泥浆铲归一处，井打好那天，杨绛还特意打来一瓶烧酒，为大家办庆功宴。

被安排去洗厕所，她就用那双拿笔杆子的手，把厕所擦得焕然一新，还暗自庆幸有时间读书，无须低头谄媚。

面对人生的种种遭遇，她说："可作书读，可当戏看。"这份不卑不亢的态度和冷眼旁观的豁达，让她熬过了最难的那些年，更是让她在那段艰苦的日子里完成了八卷本《堂吉诃德》的翻译。

原以为终于苦尽甘来了，但没承想生离死别的绝望，又朝她袭来。年过八十的她，在丈夫和女儿病重期间，拖着羸弱的身体，往返北京医院和钱瑗所在的西山，照顾两个病人。而后目睹了女儿逝去，丈夫逝去。

接二连三的致命打击，她依旧熬过了。

杨绛说，每个人都会有一段异常艰难的时光，生活的压力，工作的失意，学业的压力，爱的惶惶不可终日。挺过来的，人生就会豁然开朗；挺不过来的，时间也会教你，怎么与它们握手言和，所以不必害怕。

人的一生，总有一些不如意的事，关键在于熬。熬得住拼搏的苦，生活才有回甘。

一见钟情其实是一"闻"钟情

□于梅君

电影《非诚勿扰》中有句台词:"一见钟情,不是你一眼看上了我,或者是我一眼看上了你。而是彼此被对方的气味吸引了,迷住了,气味相投。"

发表在《科学进展》上的一项新研究发现,"气味相投"确有道理,对某个人"来电"的感觉,不是来自眼睛,而是鼻子闻到的。

人的确会"臭味相投"

人们常说,一拍即合的人之间,往往存在着奇妙的"化学反应"。以色列魏茨曼研究所的科学家研究表明,气味带来的怦然心动,不只出现在异性之间,同性间也可能因为气味被吸引到一起,成为亲密伙伴。

研究人员招募了20对相同性别的人,他们对彼此一见如故,迅速成为朋友。

受试者连续两天穿研究人员提供的T恤,避免使用香水和香皂,避免吃辛辣食物,睡觉时远离伴侣。接着,受试者穿过的T恤被收集在密封袋中,并用"电子鼻"进行测试。

电子鼻又称气味扫描仪,是一种配备传感器的设备,用于分析气味中的化学成分。研究发现,一拍即合的朋友之间的气味特征,比非朋友之间的更加相似。

为评估电子鼻的结果是否准确反映了人们的感知,研究小组招募了"闻香师",并设计了一套测试来检查其结果的有效性。

"闻香师"尝试了三种气味,其中两种气味来自一对朋友,另一种来自与他们无关的人。"闻香师"成功辨识出那对朋友的气味,并排除了无关者的气味。这些结果证实了相似的气味可能会促进友谊的假设。

一见钟情只需0.3秒

你相信一见钟情吗?一见钟情需要多长时间?德国班贝格大学心理学教授研究发现,一见钟情只需要0.3秒,在眨眼的一瞬间,爱的火花便光芒四射。

其实,男女之间最初的吸引并不是来自相貌、谈吐、品位等看得见的信息,而是身体散发的看不见的气息,这就是费洛蒙。费洛蒙是一种与性有关的荷尔蒙,也叫信息素,它是一种无形又无所不在的化学分子,承载着独一无二的遗传学信息和各种欲望信号。所谓的一见钟情不过是人体中的"信息素"在起作用。

信息素也称外激素,是皮肤、汗腺所散发的高效化学信号,说得直白些,就是气味或味道。

根据《心理学前沿》上发表的报告,让两个人第一次见面就坠入爱河的,或许是他们的气味和声音,换句话说,是一"闻"钟情。

两人要看对眼,脸或许并不是最重要的,对方的气味合不合鼻子才是重点。

人类鼻子或可分辨出万亿种气味。其实,"气味相投"现象并不奇怪,因为人类刚出生时,"认妈妈"靠的不是视觉,而是嗅觉。

胎儿在妈妈的肚子里时，就能嗅到妈妈的气味，并把妈妈和其他人区别开。法国科学家发现，许多食物散发的气味分子可到达胎盘，胎儿还能闻到母亲喜欢吃的食物的气味。这样，小宝宝出生后，就会自然而然地熟悉并亲近妈妈。

每个人的气味独一无二。研究人员表示："通过气味，我们可知道一个人的性别、生活方式，知道他是否抽烟，晚上吃了什么，是不是受到很大的压力。"由于这种独特性，一些部门已开始考虑将气味作为与DNA和指纹一样的证据。此外，人体气味还可能被用于生物科技制作的身份证。

你知道人类的鼻子可以识别出多少种气味吗？洛克菲勒大学的研究人员在《科学》杂志上报告说，人类鼻子至少可分辨出1万亿种气味，远高于之前估计的仅1万种，研究者说："我们的鼻子其实很灵。"

所以，能闻出与自己相似气味的人，也就不足为怪了。

有网线真的比无网线快吗

□ A 君

从硬件到协议，从网络套餐到使用终端，直接对比有线网络和无线网络的速度谁快谁慢，有太多变量，很难严谨回答。所以这个问题的重点不在速度，而在稳定性上。

相比有线网络，影响无线网络速度的因素太多了，即使各项软硬件设置都正确，依然会因为路由器周围遮挡，信号干扰等问题造成Wi-Fi不稳定的情况。

通过同一个路由器使用有线或者无线的形式接入多个设备，使用的是同一个出口宽带，但网线没有设备之间的干扰，网络会更稳定。所以，虽然理论速度一样，更稳定的有线网络，会让我们拥有更快的实际速度。

但在生活中，像手机、平板电脑、智能家居等设备几乎没办法使用有线网络，一众笔记本电脑，也大多取消了有线网口。既然不能放弃，那"尽量让Wi-Fi变快"就成了我们要关注的问题。

如果各项设置都没有问题，但Wi-Fi依然不稳定，除了更换硬件和升级网络服务，你还可以通过以下几步进行排查：

第一，环境遮挡要注意。当路由器或者无线天线周围有墙壁、门窗、玻璃等物体遮挡时，就很容易造成无线信号的衰减，尤其是金属物，很有可能完全阻碍、反射掉无线信号的传播。在放置路由器时，要尽量清除周边的遮挡物或者干扰源，比如墙壁、金属物体、微波炉等。

第二，可能有人偷偷用你的Wi-Fi。如果你发现网络很慢，说不定和你的设置没有任何关系，只是一个邻居想用这种方式和你"保持友好"。换个Wi-Fi密码，网络问题就解决了。

第三，万能的重启依然有用。长时间的使用，会让路由器产生大量的缓存，重启可以释放缓存，回收资源，也能减少一些不知道什么原因引起的系统bug，散热卡顿。主流机型大多内置了计划重启的功能，可以在路由器的设置页调整。

除了上面这些简单的方法，你也可以尝试更改Wi-Fi信道，或者购买信号增强器来满足多个房间的网络需求。子母路由器、电力猫等也是不错的选择。

胖会传染，是真的

□罗小西 八 尺

也许你觉得，有一个胖朋友在身边很好，因为可以显瘦。

再也没有和"女神"合影的烦恼，你的胖友们完美衬托了你的身材。

每次站在一起合影，你的胖友们占据了画面的大部分，足以让你躲在后面扮演脸小的角色。

当大家讨论起各自的体重，你嘴上说着"哎呀，我也很胖啦"，心里早就阵阵窃喜：这些朋友都没有我瘦，嘻嘻嘻……

你还以为这是你的幸运，其实命运的礼物早已标好了价格：被胖朋友包围的你，很可能就是下一个胖子。

先胖带后胖容易，出胖人堆而不膨胀难。就算一个人本来不胖，也可能被身边的胖人带上发胖的道路。

有网友说：最好的友情就是陪你一起变胖。

好朋友，为什么总是容易变成好"胖友"？

因为胖，是一种"传染病"，还是控制不住的那种。

你最亲近的人，就是离你最近的"传染源"。

当你身边的人变胖了，恭喜你，你已经成了"感染"肥胖的高危人员。

如果你的朋友变胖了，那么你变胖的概率会增加57%；

如果你的兄弟姐妹变胖了，你变胖的概率增加了40%；

如果你的老婆或老公变胖了，那么你变胖的可能性会增加37%。

你的邻居同样能把胖"传染"给你。

我们都知道衡量人胖瘦的一个重要指标是BMI值，在中国，你所在的社区里人均BMI值上升1点，你的BMI值就会上0.3～0.7点。

甚至，即使只有一面之缘的陌生人，也能把胖"传染"给你。

虽然肥胖的"传染源"很多，但还是身边天天接触的最有威力。如果你最近突然胖了，那可能要怪你身边的胖友们。

肥胖的"传染"，靠的不是把病毒打入你的身体，而是通过你的胖友以身作则，改变你的生活习惯。

毕竟人类的本质就是复读机，朋友、同学之间要是流行吃夜宵，那你搞不好也会学他们天天加餐。

朋友间习惯的"传染"分为两种，一种是你看到朋友吃什么，自己也眼馋想试试。比如你刚从食堂里吃完饭出来，想去图书馆学习，但是看到朋友们都在便利店买冰淇淋，就忍不住也来上一份。

另一种是担心，心里嘀咕：如果不跟人家一样，我是不是会被排挤呀？

比如你本来已经下定决心减肥，结果你的朋友在群里发了一条拼单链接，"拼不拼奶茶？凑起送费！"你说你怎么好意思不下单呢？

这两种心理都会造成一种结果：你跟朋友的生活习惯越来越像。

胖友的影响力，在那些"社会人"身上尤其明显，他们更容易走上共同发胖的道路。今天吃顿烧烤，明天吃顿麻辣火锅，反正是为了友情干杯，在奔向肥胖的路上，谁也不要忘了谁。

6

圣人言：知人者智，自知者明

失而复得的达尔文笔记本

□ 吕 品

前段时间的一则新闻，让许多生物学家和图书管理员高兴不已：达尔文的两本笔记本，在丢失22年后，忽然物归原处。

这两本笔记本是达尔文在19世纪30年代后期，从东太平洋的加拉帕戈斯群岛考察归来后开始使用的。达尔文在那里考察了不同岛屿之间鸟类喙形的差异，在笔记本上记下了自己的思考过程。他认为，因为每座岛屿提供的食物种类不同，原属同类的鸟在不同的岛上进化出有明显差异的鸟喙。其中一本笔记本上，还有他在1837年画下的"生命之树"草图，展示生物进化的过程。

达尔文去世后，这两本笔记本成为剑桥大学图书馆的藏品。在2001年的一次例行检查中，管理员发现这两本笔记本不见了。刚开始，管理员还希望是有人把笔记本放错了地方，但是在多次搜寻无果后，不得不公开此事，承认笔记本丢失。

然而2022年4月初，这两本笔记本忽然被人还了回来。根据图书馆的说法，有人在图书馆办公区的某处留下了一个粉红色的礼品袋，内有一个大信封，上面简单地打印着几个字："图书管理员，复活节快乐"，后面还跟着一个大写字母X，表示送个吻。信封内的两本笔记本，经鉴定确实是真品，并且完好无损。

这两本笔记本的失而复得，给人留下了巨大的想象空间。它们是被"偷"了，还是被雅贼"借"了？这22年它们都在哪儿？是谁送回来的呢？这都足够写本悬疑小说了。

看多了盗宝片，我们会觉得博物馆或图书馆里的藏品都是安全的，偷盗这些珍品是高技术含量的活儿。其实，我们已经习惯于可以就近欣赏珍品，直到出事了才发现其实并没有那么多的安全保障措施。

曾经有一位游客，在剑桥的一家博物馆内因"踩到自己松开的鞋带"摔下楼梯，顺手砸碎了陈列在窗台上的三个清代瓷瓶。而在苏格兰，还发生过一幅达·芬奇的油画被盗贼在光天化日之下抢走的事件。

这幅名为《纺车边的圣母》的油画为巴克卢公爵拥有，一直陈列在他家的德拉姆兰雷格城堡里。城堡对外开放，花6英镑买门票就可入内欣赏这幅达·芬奇的作品。2003年两名盗贼假扮游客，制服了一名女工作人员，摘下这幅价值3000万英镑的油画，大摇大摆地出了门。

4年后，一名律师联系公爵，声称可安排归还这幅油画。

两名卧底警员与这名律师接头，称自己是公爵的代表，还拿出公爵亲笔签署的授权信，答应支付425万英镑。谈妥交换细节后，警方突袭了律师的办公室，拿回了这幅油画。

现在，这幅油画已被借给苏格兰国家美术馆以供长期陈列，剑桥博物馆里摔碎的瓷瓶也早已修复，失而复得的达尔文笔记本也于2022年7月在剑桥展出。

公众能够近距离欣赏这些珍品，得感谢有人愿意冒一些风险将珍品公开陈列，这些机会都是我们需要珍惜的。

欲念与反噬

□ 寒庐氏

有一个类似笑话的故事，说有一位阿婆，一生从来没有穿过合脚的鞋子，常穿着硕大的鞋子吃力地走来走去，每走一步，看上去都"步履维艰"。晚辈不明白原因问她，她总是说："大小鞋都是一样的价钱，为什么不买大的？"这位阿婆是聪明人吗？似乎是。她是想，花了一样的钱，自然要拿大的，不然，便是吃亏。但是，似乎又并不聪明，因为鞋子不合脚，走路不舒服，乃至行动不便，而她居然"乐此不疲"。

这个故事确实很像笑话。但是，又不能当笑话来看。鞋子最重要的是合脚。合脚，穿着才舒适，也才能走路、走长路。阿婆全然不考虑舒适与否，能否走路，只是为了所谓的不吃亏。如此，可谓舍本逐末。

现实中，有类似阿婆这样的想法的比较常见，可以说是一种比较普遍的心态。举个司空见惯的例子，有些人住宾馆吃自助早餐往往是要吃到肚子发胀的，哪怕一连几天下来，胃已经不胜负荷，看到美味佳肴，还是经不起"诱惑"，每每"吃到撑"。那想法，与阿婆有"异曲同工"之处。

坦率地说，那位阿婆的想法，还是朴素的，她终究是付出了钞票；其想法也无可厚非。

俗话说"良田万顷，日食一升；大厦千间，夜眠八尺"，人的需求，终究是有限的。然而，有些人是欲海无边。明知"日食一升"却希求"良田万顷"，"夜眠八尺"，却想占有"大厦千间"，那些无餍的追逐和占有欲，乃被欲望裹挟了。那些欲海无边的人，比之那位阿婆和那些住宿的旅客，更是等而下之、令人不齿。他们往往是没有付出，或者不想付出，只想得到。

不管买什么鞋子，合脚最重要。引申来说，不论追求什么，总要适可而止，否则，很可能会被"反噬"。

古代神话传说中，有个叫王妄的人，打柴度日，与母亲相依为命。在山上看到一条受伤的花斑蛇，便捧回家，给它疗伤，放在竹篓里饲养起来。他依旧以砍柴为生，没有任何渴求。其实这是条灵蛇，只要晒到太阳，瞬间就会变得如水桶般粗。为报恩，这蛇曾让王妄刮下自己的三片带肉的鳞片熬汤救了他昏迷的母亲。

某次，王妄看到一张皇榜，说谁若能献上一颗夜明珠就可封为士大夫，享受荣华富贵。王妄对此并不在意，回家只是跟母亲闲聊而已。蛇听到这话，便告诉王妄可以给他一颗夜明珠，即取下它的一只眼睛。王妄心疼蛇，说自己砍柴度日就行，花斑蛇再三恳求，王妄便挖掉了它的一只眼睛，如愿以偿地做起了士大夫，过上了富贵日子。

皇上的爱妃也想得到一颗夜明珠，便又开出条件："谁若再献上一颗夜明珠，立即封他为宰相。"这次，王妄没有犹豫就跟花斑蛇说："你再帮我一次，把另一只眼睛也送给我，我做了宰相，会更富有和荣耀。"蛇顿时无语。王妄再三催促，蛇便无奈地回答说："你已十分富裕，何必还要求宰相之位？再说依你的能力也做不了宰相，况且我把另一只眼睛挖了就没命了。"王妄仍然坚持，花斑蛇最后恳求临死前再晒晒太阳。王妄不假思索就答应了。

突然，那蛇变得水桶般粗壮，大嘴张开，一下把王妄吞进肚子。得陇望蜀、欲壑难填，吞噬王妄的其实不是蛇，而是他的欲望。

遇见自己的管仲

□陈思呈

与人的相处之道，并不是只要"有善意"就万事大吉。

出发点是好的却引起对方的不适，这样的事情有很多。

有一个朋友，我们刚认识时十分投缘，共同话题不少，本来可以成为不错的朋友。但阻止我们继续来往的，是几件因对方的"善意"而起的事。

这位朋友对"凉了的东西"包括凉水、凉菜、凉饭，都有恐惧感。比如有一次我们一起吃饭，我点了一杯冰水，她大为不满，说冰水会使人变得如何如何坏，建议我换一杯，或者不喝倒掉。全程下来，我感到自己喝下的是一杯毒液，甚至感觉自己是有罪的。

有一次我们和几个朋友一起开车去某处玩。当天中午我有事没有吃饭，朋友们给我打了包，然后我们开车继续走。我想着，等走到一个风景优美的小村停车后，再下车吃。

我这个朋友却急了，因为这意味着我会吃一顿凉了的饭菜。这违背了她的养生原则，是她无法接受的。她执意要我们在路边停车，让我在路边，坐在一块歪歪扭扭的石头上，先把饭吃完。如果我不这么做，恐怕一车的人都不得安宁，所以我妥协了。

这次妥协，过后想起来简直有几分屈辱。慢慢地，我就尽量避免和她共处，关系就这么淡下来。

疏远是一种本能。她不让我喝冰水、吃冷饭，是出于好意，出于对我健康的关心。但我感到恐惧，感到越界的控制欲。即使是父母对子女，这样的控制欲也是应该警惕的，何况只是朋友。

人们常说，这都是为了你好。这话说惯了，自己也不深究了，其实我是怀疑的。

一个成年人知道自己需要什么。我需要喝冰水，渴的需求大于冰水的伤害。其次，你认为不健康，却未必是真理。停车让全车人等着我吃饭，也是同样的道理。而且，似乎还陷我于不义。当然，这展示了她对我的关心。

是真的为对方好，还是只为了展示为对方好，这是值得怀疑的。

管仲和鲍叔牙合作做生意，管仲出资少，拿的分红却比鲍叔牙多，别人看不下去，鲍叔牙却说："这没什么啊，管仲家里穷，他比我更需要钱。"人们又去说管仲，管仲也一脸坦然："这没什么啊，我家里穷，比他更需要钱。"他和鲍叔牙一起去打仗。管仲每次上战场，进攻的时候都躲在后面，撤退的时候跑得最快，人们又看不下去了，鲍叔牙说："不是这样的，管仲他爸死得早，他怕他死了，老妈没人养。"

人们常常说在二人的友谊中，鲍叔牙很伟大，而我觉得，管仲也很伟大，他的伟大之处是他从不以客套对鲍叔牙解释，也不以客套和常规来要求自己，或要求对方。他相信友谊的默契，相信人性。和鲍叔牙相比，他更是一个对友情和人性乐观的人。

那位不让我喝冰水的朋友，我感到的是，解释好累。而她听不进去解释，因为她需要的是一个发挥她爱心的对象，她选择了我。我具体是怎么想的，又有什么重要呢？她需要的，既不是了解我，也不是接受我，更不可能是倾听我。

我们的一生中，遇到的热闹的友谊恐怕不少，但遇见自己的管仲就很不容易。想到这一点，我不禁有点难过。

女孩们，请勇敢离开钝刀割肉的关系

□陈大力

我有一个朋友最近分手了。我猜得到做出这个决定的艰难，也懂她现在的失落抑或绝望，但我为她开心——终究是迈出了这一步。

这段恋情中，她曾几次来跟我交流，都是询问我：对方的冷漠是否正常？比如，过段时间就期末了，男孩开始从早到晚不回消息。我很关注他回我消息的方式，这是"正确"的吗？是不是我太在意，他就觉得这些都是枷锁？

她的爱意在这段关系里，满怀希望地被主人送出去，却没有得到任何回应，最终下落不明。

恋爱是一场团队作战，你一个人想拿100分是没用的，你很努力地恋爱，对方却只想划水，你再怎样都无法力挽狂澜。我不是单纯告诉大家感情里的单线努力没有用。而是，正如我欣慰于这个朋友做的决定，我真的很希望，有越来越多的女孩，能勇敢地结束那些表面上没有大的问题，实际上千疮百孔的关系。

在一段对方处处用冷漠试图同化你，用"理性"的逻辑试图牵制你的关系中，你总是不断地压抑自我、模糊你的渴求，直到有一天开始怀疑，自己想要的那种正常、足量的爱，是否是奢望，是否不该得到。

18岁的时候我收不到恋人的消息，会反思自己是不是过于聒噪。27岁的时候我得不到及时的回应，可以直接告诉他，哪怕我仅仅是你的普通朋友，你也应该对我发的消息有一个回复，如果你不尊重我，我就没有必要跟你在一起。我在捍卫我所想要的那种爱，那当然是正当的。我不认为，因为爱你，我就要削减掉我的坚决和浪漫，抛开我的热情和纯粹，跟你一起在这段关系里划水。

我爱一个人就是满分。我爱人，从不划水。而我逃开那些钝刀割肉的关系，总是头也不回。

人生有很多姿势

□曹 林

网上有一句话，深刻概括了当下很多年轻人的焦虑：卷又卷不赢，躺又躺不平。很生动形象，心卷，但身体和意志又卷不动了；身躺，心又不平。我想到的是，人生可能有很多姿势，何必非要在"卷"和"躺"之中逼着自己做选择呢？为什么不可以蹲，不可以仰卧起坐，不可以俯卧撑，不可以留一半清醒留一半醉？

不是想灌心灵鸡汤，不是想用话语去麻醉，我想说的是，生活要有"修辞想象力"，你是你自己生活的编剧和导演，为什么要写那么难演的剧本？无论环境多么失序，多么"不可描述"，多么"无法预期"，保持着自己的秩序，保持强大的自律习惯、学习状态和行动意志，对抗各种困难和压力对人的精神损伤。

这种姿态不舒服，那就换一种，不要逼着自己选所谓的"标准答案"。

皇帝与医生之间两败俱伤的"攻防游戏"

□ 隋 林

司马迁在《史记·扁鹊仓公列传》里，记载了一段"扁鹊见齐桓侯"的故事。这个故事演变成一条成语，叫"讳疾忌医"。齐桓侯或者蔡桓公"讳疾忌医"的故事是假的。慈禧太后与光绪皇帝"讳疾忌医"的故事，却是真的。

杜钟骏是晚清时期的一名候补知县，因擅长医道被人举荐入宫给光绪皇帝看病。他后来留下了一篇回忆文字《德宗请脉记》，里面说，自己在诊病之前，已深知慈禧和光绪的忌讳："皇太后恶人说皇上肝郁，皇上恶人说自己肾亏，予故避之。"

按中国传统医学的说法，一个人"肝郁"，往往是因为他的心情长期不愉快；能让光绪皇帝不愉快的自然只会是慈禧，而慈禧绝不愿承认自己在迫害光绪。一个人"肾亏"，则往往意味着他不够男性、不够阳刚，有损皇帝的光辉形象。所以，当着慈禧的面给光绪诊病时，杜钟骏小心翼翼地避开了"肝郁"与"肾亏"这些名词。

在"给皇帝看病"这件事情上，讳疾忌医其实只是小事，最要紧的是如何保住自己的脑袋和前程。

唐朝的某些皇帝就很喜欢杀医生。最残暴的杀医事件，发生在公元868年，唐懿宗的爱女同昌公主病故，参与医治的韩宗绍、康仲殷等二十余名医官被杀，他们的宗族亲属三百多人也被株连。出面反对诛杀的大臣温璋，也因遭到了皇帝的革职贬窜而服毒自杀，死后还被皇帝唾骂"恶贯满盈，死有余辜"。明朝的皇帝也很喜欢杀医生。明仁宗朱高炽做太子时，其妃张氏长达十个月没有来月经，御医们会诊后一致认为张氏是怀孕了。只有一位叫作盛寅的医生说张氏没有身孕，而是患了某种疾病，并开了一服被众御医认为可能导致堕胎的"禁药"。后来，张氏病情加重，只好死马当作活马医，要试一试盛寅的药方。但在试药之前，朱高炽已命人将盛寅抓了起来，以致他的家人忧心如焚，担心全家会被"磔死"，也就是将肉一片片割下来处死。盛寅一共被关了三天，朱高炽见吃了药的张氏还没死，才放他回家。

杜钟骏入宫去给光绪治病，倒不必担心吓尿或被杀，因为时代已经走到1907年（次年光绪去世），杀御医成了一件公认的极不文明、极不体面的事情。御医们需要担忧的是自己的前程。之前同治皇帝死的时候，御医李德立等人均被"革职戴罪当差"；之后光绪与慈禧死去，御医张仲元、全顺等人，也都被革了职。

为了趋利避害、规避皇权的惩罚，历代御医们都练就了一套"不求有功，但求无过"的高超本领。他们热衷于开无风险的补药，而非治病之药；热衷于用"慢治"卸责，而讳言药到病除；热衷于"从众诊断"，随大流，绝不说和其他人不一样的话，绝不发表独到见解，如此就可以处在安全位置。

皇帝当然也不傻。为了反制御医们的这种手段，清末的紫禁城发明了一种"轮诊制度"，简单来说就是以若干天数（比如5天或者10天）为一个周期，每天让一名御医前来诊病，让他单独写出自己的诊断意见和药方，不许御医们彼此交流。最后由皇帝和大臣们来判断谁的诊断和药方是可信的。

这种"轮诊制度"的存在，乃是皇权为防备御医联合蒙蔽而专门设置；其结果往往是：诊断的虽是同一个病人，但有多少御医就会出现多少病名和药方，即众说纷纭、千人千方，继而使参与诊断的御医们陷入被动。

为求自保，杜钟骏去找了工部尚书陆润庠，对他说："6天才允许我进宫开一个药方，还不许我们这群医生互相交流，哪有这种治病的方法？我们这些人，从民间来到皇宫，本来想着治好了皇上的病，能够博取到名声与富贵。如今看起来，肯定是徒劳无功。如果将来治不好皇上的病，究竟是谁的过错？还要请陆尚书你出来说句公道话。"

陆润庠回复："你不要想太多，宫里的事一向就是这样的，你的这些意见，我也不方便去说。"

杜钟骏对"轮诊制度"的批评，其实也并非毫无道理。就常理而言，让御医每天诊视患者、让御医们互相交流意见，才是更好的办法。而且，"轮诊制度"走到最后，相当于将判断药方好坏的决定权交给了皇帝、太后及大臣等非专业人士。

这种对御医的不信任，和御医对专业决策权的甘愿让渡，发展到极致，往往就会变成皇帝自己出手更改药方。慈禧和光绪都干过这种事情。慈禧曾将名医薛宝田拟定药方里的"续断"擅自改为"当归"。光绪经常改动医生开的药方，比如擅自往里面加入乳香、紫花地丁、白芷，或圈掉药方里的杜仲和菟丝子，有时候还会直接下旨对御医进行业务指导，教他们怎么玩"君臣相佐"。

然而，若让皇帝撤去"轮诊制度"，听任御医们互相交流，其结果又大概率会变成一场糊弄。杜钟骏在《德宗请脉记》里，就不经意间记录下了一场这样的糊弄。

杜钟骏说，他们6位民间医生被举荐进京一段时间之后，光绪皇帝有一次下旨，让6人合作拟出一个"可以常服之方"，且给他们5天商议交流的时间。6人接旨后，推举了其中年龄最大的陈秉钧做主笔。陈秉钧拟出的药方"直抉太医前后方案矛盾之误"，会凸显出御医们之前开的药方有问题，众人都不赞成。杜钟骏还对另外5个人说：你们要是觉得自己能治好皇上的病，那就不妨批评太医们的药方；否则，还是不要说的好，会得罪人。然后，众人按照杜钟骏的主意，保留了陈秉钧的药方的头尾，将中间部分给改了，使人看不出是在"明言"太医们之前的药方有问题。而杜钟骏自己拟的药方，根本就没有拿出来给众人讨论。

对参与药方商议的杜钟骏来说，不得罪御医（以免遭报复）、不用自己的药方为底稿讨论（日后如果出了问题，自己不会成为主要责任人），比御医们的药方是否正确、自己的药方是否更好，要重要得多。

如此这般，皇帝与他的御医们就陷入一种漫长的死循环中。皇帝无法信任御医，御医也不敢给皇帝提供关于疾病的独立见解。双方不再是一种简单的医患关系，而更像是在玩一种两败俱伤的攻防游戏。

向学生请教的数学家

□ 宋春丹

1983年，张寿武考入中科院数学所攻读硕士学位。当时，他的导师、数学家王元认为自己研究的经典解析数论已难有出路，鼓励张寿武自由选择方向，他选择了当时国内少有人问津的算数代数几何问题。王元对这个领域并不熟悉，但是他给予了张寿武足够的自由和鼓励，只是告诉他该怎样做研究。

张寿武进行硕士论文答辩时，王元说："我也不知道你在说些什么，一个字也听不懂，但考虑到你每天很早就来办公室，很用功，这个硕士学位就送给你了。"

后来成为新一代华人领袖数学家的张寿武评价自己的导师王元是一位"极为开明"的老师，度量、气派了得。王元则说，其实后来张寿武是自己的老师，自己总是向他请教。因为如果不去关注、学习前沿的新东西，那名气再大也一钱不值。

点赞之交

□王国梁

老妈年近七十，用上了智能手机，学会了玩微信、刷抖音之类的。她有个习惯，无论看到什么内容，顺手就给人家点个赞。

我对老妈说："你这点赞有点敷衍啊，恐怕内容都没看，就给人家点赞了吧？知道这叫啥吗？叫点赞之交，就是比较不走心，缺乏真情实意，过于形式化的夸赞。"

老妈听我这样说，立刻就急了："谁说我不用心？我都认真看了，而且是真心实意给人家点赞的。就说那些拍抖音视频的吧，其实每条拍出来都不容易。我在公园看过拍抖音的，要录好多遍才能成。那次一群老太太在拍唱歌的视频，拍了一遍又一遍，特别认真。人家辛辛苦苦拍出来，我当然要真心实意给点个赞。"

老妈用了微信，她在朋友圈更是"点赞达人"。朋友圈无论谁发了动态，她都要点赞。我仔细观察过，老妈真的看过别人的微信，因为有些不适合点赞的内容，比如有些人喜欢吐槽什么的，她就发个"小花"的表情，以示安慰。

老妈认识的字不太多，还不会打字，但她把点赞和发小花运用得淋漓尽致。

因为老妈喜欢给别人点赞，自然有好人缘。有一次我的一篇文章在某网站发表后，编辑老师说需要提高点击量。我便让老妈转发在她的朋友圈，没想到那篇文章的点赞数短时间内"噌噌"上涨。我开心地说："妈，还是你人缘好！"老妈笑眯眯地对我说："其实呢，人与人之间交往，就应该多给别人点赞，多发现别人的优点，这样时间长了才会相处愉快呢。"

我这才意识到，老妈一直都善于给别人点赞。她性格外向乐观，喜欢交朋友。她的那些老朋友，有的交往了大半辈子，已经成了老闺蜜。记得她们说过，就喜欢跟老妈在一起聊天，她特别会夸人，经常夸得别人心花怒放。

不过，老妈的这种点赞不是恭维讨好，而是发自内心的。

多年来，老妈养成了一种很好的思维习惯，看人多看闪光点，看事多看积极面。老妈跟别人交往，总是能发现别人的优点。

以前我们在村北住着，邻居是李婶。李婶是个有些小气的农村妇女，爱计较，得理不饶人，别人都不爱跟她交往。老妈却说，你李婶过日子是把好手，会打算，我跟她学了不少东西呢。她还夸李婶聪明能干，脑子好使，里里外外一把手。李婶除了性格不大好，确实是个能干的人，老妈说得不假。李婶被老妈夸赞之后，总是眉开眼笑的。后来我们搬了家，老妈跟李婶也一直联系着，两个人感情很深厚。

我受老妈影响，也喜欢发现别人的优点。与人相处的过程中，我也经常真诚地给别人"点赞"。这些年里，我换了好几个工作单位。无论在哪里工作，我的人际关系都比较和谐，这对我的工作发展起到了积极的作用。

那天，我看到老妈正在给我儿子讲故事，"小刺猬为啥交不到好朋友？因为他只盯着别人的缺点，不会发现别人的优点。后来，小刺猬改变了，他发现小猪很热心，小狗很能干，小羊很爱帮助人。他真诚地跟别人交往，经常给别人点赞，收获了友谊……"老妈讲得头头是道，我儿子竖起耳朵听着。

我不由得笑了，看来老妈已经把她的交友之道传到第三代了。

霍金的笑容

□路 明

霍金，这个21岁时被确诊"渐冻症"，医生断言"只能活两年"的男人，活到了76岁。

他的成就毋庸置疑：创建弯曲时空中的量子场论，发展了黑洞理论，写下《时间简史》等一系列著作。

宇宙是一口幽深的矿井，那些在黑暗中闪耀的宝石，只留给最勇敢、最执着的人。同时，宇宙也索取它的报酬。对于那些泄露天机的人，命运的报复似乎来得酷烈无情。自患病以来，霍金的肌肉逐渐无力和萎缩，最后，他只剩下右眼珠能勉强转动，每分钟只能表达一个字母。

尽管如此，霍金并没有被身体的不便限制，相反，他总能以另一种方式吸引公众的眼球。他在卡通片《辛普森一家》中拯救女孩；他在《星际迷航》中扮演自己，和牛顿、爱因斯坦一起打桥牌。

有人说他是"轮椅上的图腾"，是"被缚的普罗米修斯"；也有人质疑他频繁作秀，利用媒体炒作自己。在我看来，霍金不过是在证明，他是一个正常的人。

霍金不需要怜悯。病魔打不垮他，也改变不了他。哪怕只剩下一只眼珠能转动，他也一样热烈地活着。

为了描述黑洞理论，霍金讲过一个故事。鲍勃和爱丽丝是一对宇航员情侣，在一次太空行走中，两个人接近一个黑洞。突然，爱丽丝的助推器失控了，她被黑洞的引力吸引，飞向黑洞的边缘（视界）。由于越接近视界，时间流逝得越慢，鲍勃看到，爱丽丝缓缓地转过头，朝着他微笑。那笑容又慢慢凝固，定格成一张照片。爱丽丝面临的却是另一番景象——在引力的作用下，她飞向黑洞的速度越来越快，最终被巨大的潮汐力（引力差）撕裂成基本粒子，消失在最深的黑暗中。这就是生死悖论。爱丽丝死了，可在鲍勃眼中，她永远活着。

有一次，我在课堂上讲起这段生死悖论，突然哽咽。我仿佛一下子明白了，爱丽丝不是别人，正是霍金自己。他见过最深的黑暗，经历过彻底的绝望，依然怀有巨大的勇气。在万劫不复到来之前，他转过头，用尽力气微笑。

聪明不值钱

□田晓菲

宇文所安的父亲是一位物理学家，他常告诫宇文所安：聪明不值钱。

我认可这句话，但是我不认为聪明的反面是勤奋。事实上我并不喜欢"勤奋"这个词，因为它听上去充满"吃苦"的回声。古今中外不乏"没有痛苦，就没有收获"这样的陈词滥调，因为咬牙吃苦才得来的"收获"总是相当平庸、微小、可怜。在我看来，真正的关键词是"热情"，如果对自己做的事情满怀热情，那么做起来就充满乐趣，而做这件事本身就已经是极大的收获，更不用说那些看得见摸得着的收获了。

《红楼梦》里的穷亲戚：
所有的识趣，底色都是善良

□瑾山月

蒋勋在《细说红楼梦》中写道："很多看起来很卑微，出场次数也不多的小人物，反而在《红楼梦》里占据了很重要的位置。"

比起豪门贵胄、才子佳人，每一个登场的穷亲戚，都像一面照妖镜，照出赤裸裸的世道人心。

识趣的人，给人台阶下

贾芸，可谓贾府草字辈子侄中，最倒霉的人。

他幼年丧父，家产田地被舅舅卜世仁侵吞了大半，只能与病恹恹的寡母，守着薄产艰难度日。

虽被人唤作"芸二爷"，可贾芸一无家世撑腰，二无长辈提携，混得还不如一般杂役小厮。

这年，贾府要建省亲别墅，贾芸动了心思，想求王熙凤给个差事。

他去卜世仁的香料铺子，想赊四两冰片麝香，好做人情打点一二。

没想到，他话没说完，卜世仁便冷笑道："再休提赊欠一事……你哪里有正经事，不过赊了去又是胡闹。你小人儿家很不知好歹，也到底立个主见，赚几个钱，弄得穿是穿吃是吃的，我看着也喜欢。"

卜世仁非但不帮忙，还奚落讽刺了贾芸一番，更可恶的是，他明知道贾芸找不到营生，还戳人痛处，伤口撒盐。

众人围观之下，贾芸被这几句话激得直跳脚，忙说："巧媳妇做不出没米的粥来，叫我怎么样呢？"

见他急了，卜世仁忽然打岔"吃了饭再走罢"，却不想舅母又扯着嗓子喊："家里可没米了，先去王奶奶家借个二三个……"

舅舅舅母步步紧逼，贾芸又羞又恼，只得匆匆离开。后来，多亏了邻居倪二仗义疏财，贾芸才买着上等香料进了贾府。

及至凤姐处，贾芸低头哈腰，奉承巴结，说明来意后，没想到凤姐并不为难他，客客气气寒暄几句，便收了礼，派了活。

见贾芸局促紧张，凤姐还夸了他几句："看着你这样知好歹，怪道你叔叔常提你，说你说话儿也明白，心里有见识。"

比起卜世仁的"狗眼看人低"，凤姐处事更圆融，能顺水推舟，解人之急。

聪明人不会把话说尽、把事做绝，他们懂得给别人留条出路，就是为自己种下善缘。

每个人都有难堪的时候，能引路搭桥渡人一程，就别落井下石看人笑话。

识趣的人，看破不说破

大观园的姹紫嫣红中，有一只"落难凤凰"，那就是邢岫烟。

她父母是邢夫人的兄嫂，家道艰难之下，想着贾府能"治房舍，帮盘缠"，便将女儿送了来。

但邢岫烟心性清高，为人有节，即使穷困潦

倒，也从不摇尾求食，乞哀告怜。

作为钗荆裙布的小姐，邢岫烟在满是富贵眼的贾府中，日子过得十分艰难。

凡闺阁需应之物，或有匮乏，均无人照管；凡打点下人，应酬之事，她也总是捉襟见肘。

关于她的尴尬，别人要么视而不见，要么当面嘲讽，唯有薛宝钗，总是暗中体贴接济。

这日，恰逢一场大雪过后，薛宝钗在园中巧遇邢岫烟，发现她竟无避雪之衣，只穿着夹袄。

她拉着邢岫烟走至一块石壁后，低声问道："这天还冷得很，你怎么倒全换了夹的？"

见邢岫烟低头不答，宝钗便知道了缘故，又笑着说："必定是这个月的月钱又没得，凤丫头也这样没心没计了。"

岫烟忙解释道："因一月二两银子不够使，前儿我悄悄地把绵衣服叫人当了几吊钱盘缠。"

听罢，宝钗安慰说："倘或短了什么，你别存那小家儿女气，只管找我去。便怕人闲话，你打发小丫头悄悄地和我说去就是了。"

之后，宝钗又嘱咐她把当票送来，可阴差阳错，当票竟被毫无心机的史湘云捡到。

那日在蘅芜苑，湘云举着当票，大家凑在一处看，宝钗便随口说："是一张死了没用的，不知哪年的勾当，拿来哄大伙玩的。"

巧妙周旋下，宝钗保住了邢岫烟的秘密，不至于让她颜面扫地，周全了一个女儿家的体面。

看破不说破，知人不评人，不逞口舌之快，是一种高级的善良。

所有的识趣，底色都是善良

要说《红楼梦》里的穷亲戚，刘姥姥算得上头号。

而一出"刘姥姥进大观园"更是透过她的眼睛，让我们看到了钟鸣鼎食之家隐藏在人性角落里的一丝善意。

为了进贾府，她先是投奔了王夫人的陪房周瑞家的。

周瑞家的一听刘姥姥要给太太们请安，猜明了来意，就先给老人家吃了颗定心丸："姥姥你放心，大远的诚心诚意来了，岂有个不教你见个真佛去的呢？"

没有敷衍，没有推托，明里暗里表示自己会帮忙到底。

等周瑞家的真把刘姥姥领到凤姐处，王熙凤的接待，也堪称教科书级别的。

凤姐先说了一通场面话，不等刘姥姥开口要钱，就主动给了她20两银子，不明说救济，亦不拿腔作势，只说"给孩子做件衣裳吧"。

后来刘姥姥二进荣国府，不爱言语的王夫人，直接送给刘姥姥100两银子，这可是她五个月的月例，她希望刘姥姥做点小买卖，以后"别再求亲靠友的了"。

刘姥姥要走的时候，平儿更是为她准备了半炕的东西，吃穿住用，一应俱全。

刘姥姥不好意思拿，平儿说："你放心收了罢，我还和你要东西呢。"

平儿不过是宽刘姥姥的心，向她要点庄户人自己种的瓜果梨桃、时令蔬菜而已。

处处帮忙，却不忘顾及别人颜面；明明是施恩，却不露痕迹，顺其自然。

有句话说得好："情商，不是八面玲珑的圆滑，而是德行具足后的虚心、包容、自信和格局。"

一个人越是见过世面，内心越是悲悯，待人越是和善。

推窗见雪

□付 炜

重要的不是雪，而是纯粹的消逝
在我眼前，猛然一闪
再也找不到相同的另一片
也许这就是我爱雪天的理由
我爱的——是一种朴素里裹藏的绝望
是辉映着沉默的镜子
是寂灭的安静
是推窗的瞬间，宇宙仍然安好
我仍然有看雪的心情

（节选，有删减）

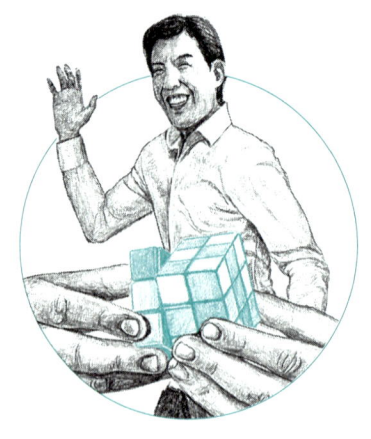

学着成为一个有趣的人

□ 刘 润

有趣，能给自己加分，能让人记住你，这道理大家都懂。朱老丝做了一个趣商测试的调研，结果显示：超过90%的人，都认为有趣对生活和工作很重要，但只有不到20%的人，认为自己是有趣的。有趣的人其实是少数。大部分人都觉得有趣重要，也都向往成为有趣的人，但他们往往面临一个最大的阻碍，那就是放不下自我。因为他总是在想，别人怎么看我、怎么评价我。

康奈尔大学的托马斯·吉洛维奇教授把这种现象叫作"聚光灯效应"。他做了一个著名的试验，让一些人穿上印着当红歌手头像的T恤，然后走进一个有很多人的房间。离开房间之后，穿着T恤的人认为，房间里大概有50%的人，注意到了他们的T恤。但调查结果是，只有20%的人注意到了。这就是"聚光灯效应"。我们总认为自己是被聚光灯照亮的那个，其实不是，别人并没有那么关注我们。

放下自我之后，再试着放大自己的缺点，你会发现"不完美"的魅力。朱老丝在刚开始做培训时，每次上课前，开场都会有自我介绍，总是想把自己说得特别牛。罗列一堆听起来很光鲜的履历。后来他发现，把自己说得牛其实没啥用。因为牛不牛，不是靠自己说出来的。于是，他改了一种方式，比如，他说："我这个人有一个特点，办事效率特别高。给大家举个例子，我花三个月，就把我们公司给干倒闭了。"结果听众立刻哄堂大笑。分享一些糗事，放大自己的缺点，有时候反而能让氛围更好。

有趣，需要不完美。

如何成为有趣的人？有趣的密码就是四个：内在系统、认知、表达和行事。如果把有趣的密码比喻成一棵大树，那么，内在系统就是树根。你内心的状态要非常放松。第二层是树干，也就是认知。如果一个人脑子里一点儿料都没有，那他也很难有趣。

丰富认知有一个"5分钟原则"。就是说，讲话时你能让别人在5分钟内不分神、认真倾听，说明你是一个认知有料的人，这需要不断拓宽你认知的广度和深度。

树干再往上是表达和行事，即"树冠"。在表达的态度上，可以自嘲。有一次，记者问《活着》的作者余华："你的文风很简练，怎么做到的？"余华回答说："因为我认识的字比较少。"余华这一自嘲，立刻拉近了彼此的距离。这是自嘲、调侃的魅力。自嘲，需要充分接纳自己。自嘲要注意不能影响别人，不要让别人觉得不舒服，需把握好"度"。

关于行事有趣，有一个叫"形式的魔方"的技巧，就是说如果你想让一件事情变好玩，就改变一个色块。类似于讲课这件事，由在什么教室、讲什么主题、用什么样的方式讲等元素组成。你可以改变其中的一个元素，把教室这个"色块"换成在大树底下，就会给人以新鲜感。比如，拍短视频，朱老丝本来要拍的是给学生讲课，结果他换了一个元素，把学生换成了老奶奶，变成了《给老奶奶讲逻辑》，效果立刻就不一样了，这也是转动的魔方。

当然，每一层里都有很多方法论。想让自己变得更有趣，最重要的是在底层心态上放下自我。因为有趣的表达，有时候不是装，也不是端着，而是真的把自己放下。

圣人言：知人者智，自知者明

安慰是个锔瓷匠

□李柏林

记得上学时在图书馆看到这样一则故事：

女孩的双亲去世了，家里办丧事来了很多人，那些人都怀着悲悯的心，说着她如何可怜，如何不幸。女孩坐在门口，看着人来人往，心里感到厌倦，一直都没有说话。

后来，来了一个男孩，女孩想，如果这个男孩也是来可怜她的不幸的，那她就装作听不见。男孩走到她面前，并没有提双亲去世的事，而是静静地坐在女孩身旁，说了一些生活中无关紧要的事情，提起了院子里的树，以及那晚的月亮。突然男孩说："不知道明年这个时候，我们还会不会一起看月亮？"说完男孩走了，没有一句安慰的话，但女孩每次想起，心里总是充满温暖。

有时候，安慰一个人并不是把他的伤疤揭开来，细数伤痕，而是让他产生对未来的期盼，哪怕是因为一缕月光。

我们习惯性地对于破碎的东西，不是修补，而是放弃，包括自己。而最好的安慰是什么？我想到了小时候的锔瓷匠。

小时候，物质贫乏，家里的瓷器有了裂痕，总要找锔瓷匠给补好。"没有金刚钻，别揽瓷器活"说的就是锔瓷匠。他们会让破碎的东西散发出更高级的美。我见过补碗的师傅，敲敲打打，不用胶水，单凭金刚钻和铁钉就把破碎的碗修补得滴水不漏。

在我眼里，锔瓷匠分为两种：一种是低级的锔瓷匠，他们做的都是粗活，用的工具也不是那么精细，修补瓷器就像打补丁一样，先把破碎的地方固定住，钻洞，用铁钉连接，碗便能再用了。他们只管实用，不管别的。

另一种是高级的锔瓷匠，他们把修补当成艺术。在行业里经常流传一句话：补花不补疤。在他们眼里，破碎的东西因为人类的珍惜反而更珍贵。他们利用裂纹的走势，用各种金钉、银钉、铜钉，在有裂纹的地方化腐朽为神奇，补上图案或花纹，使得修补好的东西反而身价倍增，具有艺术价值。

而我们的人生就像一件瓷器，身上有两道疤痕印迹再平常不过，可在那段愈合的时光里，我们到底经历了什么？

你把伤口缝合好，等着它慢慢愈合，让别人觉得你并没有什么不同。而总有人喜欢把自己对他人的怜悯当作善意馈赠于人，不管别人是否愿意接受。那些不礼貌的安慰像一个个射击健将，一遍又一遍地对准你溃烂的地方，次次击中靶心。为什么要去做言语的打靶者，而不做一个安静的锔瓷匠呢？

那些需要安慰的人渴望得到别人的认同，忌讳别人把他们放在一个过去的时态中，永远说着过去，细数破碎的痕迹，强调他们的不完整。而锔瓷匠不一样，他们做的第一件事就是把瓷器拼凑完整，他们懂得如何去规避和掩盖这些残缺，甚至为这些最脆弱的地方附上美丽的盔甲，让它们散发出独具匠心的美。

怜悯只有过去，而珍惜才是细水长流、来日方长。但愿我们面对别人失意时，不是言语的射击者，而是一个高级的锔瓷匠。但愿我们能把那些裂痕锤炼成独一无二的人生底色，而我们的身边，永远有一个未来可期的人。譬如，你只要想到那一缕月光，便觉得温暖了时光。

总说梦想遥不可及，可是你却从不早起

如何卖掉一头大象

□祁萝江

两个富翁朋友相遇，随意聊了几句。其中一个人问道："最近，你的家庭生活还好吧？"

另一个人回答："好得不能再好了。我买了一头大象。"对方震惊地看着他："大象？你疯了吗？"

这个人笑着回答："伙计，我跟你说，这是我这辈子做的最划算的买卖。它在草坪上吃草，把草坪修得漂亮又平坦。孩子们都很爱它，总是骑在它的背上玩，而不是整天坐在电视机前。我老婆也非常爱它，它超级强壮，我不在家的时候可以帮她搬东西。它温和又聪明。这是我拥有过的最好的宠物。"

另一个富翁抓抓下巴说："听起来真的挺吸引人的。你多少钱买的？"

这个人回答："一万美元。不过物有所值，这个价格太划得来了。"

另一个富翁说："两万美元卖给我，怎么样？"

"你说什么？把它卖了？它就像我的家人一样。"

"三万美元。"

"伙计，我们的友谊和它的用处是不能用钱来衡量的。"

"好吧。五万美元。"

"五万美元？好吧，伙计，我把它卖给你。不过，这真的是看在我们是朋友的分儿上。"

过了几个星期，两个富翁又见面了。买大象的那个人气得要死，一看到对方就开始大喊大叫："你卖给我的到底是什么东西？它不仅不在草坪上吃草，还把我所有的花圃和树木都给毁了。到处都是大象的粪便，在家里都能闻到味儿。还有，孩子们都害怕这个家伙，它庞大又有侵略性，很吓人。我根本睡不着觉，因为它一直在吹喇叭。太烦人了，这是我这辈子做过的最糟糕的买卖。"

另一个富翁看着他，说："好吧，伙计，我不知道该怎么说。但以你这种态度，是永远卖不掉一头大象的。"

最深的恐惧，是自己吓自己

□马　德

人生最美的感受，就是一觉醒来，能想到的第一件事只有上厕所。

千万不要笑。换一种情况，比如你想起的是自己身染沉疴，将不久于人世；或者，上午得去面对一个恶心的人，且要与之周旋和争斗。你想，这将是多么糟糕的一个早上。

一辈子，忙活到最后，你会发现，真正的幸福和逍遥，不是拥富贵掌权柄，而是身体没病，心底没事。

当然了，谁活着都会有点事。只是，活得累的人，心里装着不喜欢的事。更累的人，是今天装了明天的事。还有些不可救药的人，装了好多不该装的事。譬如，原本没事，却总幻想着有事。

人生最深的恐惧，来自自己吓自己。这种深，不是深重，而是深不见底。无休止地自设困境，带来的只会是无休止的自我折磨。世上本无事，庸人自扰之。

卖辣椒者的智慧

□鸥 鸟

卖辣椒的人，恐怕经常会碰到这样一个问题，那就是不断会有买主问："你这辣椒辣吗？"不好回答。答"辣"吧，也许买辣椒的人怕辣，会立马走人；答"不辣"吧，也许买辣椒的人喜吃辣，生意还是做不成。当然解决的办法也经典，那就是把辣椒分成两堆，吃辣与不吃辣的各选所需。这是书上说的。

一天我没事，站在一个卖辣椒的妇女的三轮车旁，看她怎样解决这个二律背反难题。趁着眼前没有买主，我自作聪明地对她说："你把辣椒分成两堆吧，有人要辣的你就跟他说这堆是，要不辣的你就给他说那堆是。"没想到卖辣椒的妇女只是笑了笑，轻声说："用不着！"

说着就来了一个买主，问的果然是："辣椒辣吗？"卖辣椒的妇女很肯定地告诉他："颜色深的辣，颜色浅的不辣！"买主信以为真，挑好辣椒付过钱，满意地走了。也不知今天是怎么回事，大部分人都是买不辣的。不一会儿，颜色浅的辣椒就所剩无几了。

我又说："把剩下的辣椒分成两堆吧！不然就不好卖了！"然而，卖辣椒的妇女仍是笑着摇摇头，说："用不着！"又一个买主来了，问："辣椒辣吗？"卖辣椒的妇女看了一眼自己的辣椒，信口答道："长的辣，短的不辣！"果然，买主就按照她的分类标准开始挑起来。这一轮的结果是，长辣椒很快告罄。

看着剩下的都是深颜色的短辣椒，我没有再说话，心想：这回看你还有什么说法。没想到，当又一个买主问"辣椒辣吗"的时候，卖辣椒的妇女信心十足地回答："硬皮的辣，软皮的不辣！"我暗暗佩服：可不是嘛，被太阳晒了半天，确实有很多辣椒因失水变软了。

卖辣椒的妇女卖完辣椒，临走前对我说："你说的那个办法卖辣椒的人都知道，而我的办法只有我自己知道！"我忽然有所顿悟：生活中的智慧可以被写成书，但不能简单地照着书上写的智慧去生活，因为生活是鲜活而灵动的。

意大利的"奇葩"规定

□高荣伟

在米兰，公共场合禁止皱眉。除了在医院或者参加葬礼，在其余公共场合皱眉将被罚款。所以，如果去米兰旅游，请保持微笑。

撒丁岛禁止带走沙滩上的沙子。撒丁岛最为人称道的是它的原始沙滩，但每年海滩上的沙子都会被游客拿走几吨，这在一定程度上影响了海滩的风貌。更出格的是，一些被盗走的沙子被放在互联网上出售了，如果再不加以保护，撒丁岛的海滩就会消失。

在都灵市，狗要散步，否则罚款。狗主人如果不能做到每周带着狗外出散步3次，他们将被罚款650美元。为了防止狗疲劳，狗主人不能骑车或者开车带狗散步，必须步行。

瓦伦达心态与蝜蝂

□ 齐世明

瓦伦达心态是心理学的一个术语。探究其源，却翻到一页令人泪目的史实。

1978年，波多黎各海滨城市圣胡安，以高超而稳健的演技闻名于世的美国钢索表演艺术家瓦伦达（又译瓦尔登），以73岁高龄在这里最后一次走钢丝，作为几十年艺术生涯的"谢幕之作"，并宣布退休。当晚，现场群情沸腾，似一口热气腾腾的大锅。可猝然间，从未出过任何差错的瓦伦达却于这大锅之顶栽了下来，当他刚走到钢索中间，仅做了两个平常动作，竟从近70米高的钢索上一下跌落，成千古之恨。

事后，他的妻子噙泪道："这次表演对他而言太重要了，他就给自己加了许多重担，出场前就不停嘀咕，'不能失败，不能失败'"……由此，在做某件事前，总是患得患失，越在意，却越容易失去——"瓦伦达心态"，又称"瓦伦达效应"，由是而生。

无疑，"瓦伦达心态"会导致一幕幕悲剧。笔者在叹息之际，油然想到唐人柳宗元的寓言小品《蝜蝂传》。蝜蝂（fùbǎn），是作者杜撰的小虫。它善于背东西，在爬行中一遇到东西，就将其抓取过来，背在身上。由此，它背负的东西越来越重，即使疲乏至极也不止步。人们可怜它，替它除去背上的物体。可是，如果它还能爬行，仍会不停地抓取物体，负重爬行。而且，它又喜欢往高处爬，用尽力气也不停止——所以，蝜蝂最终都会落个从高处跌落摔死的下场。

柳宗元为何杜撰出蝜蝂这样的小动物呢？柳宗元于公元805年被贬官至永州，一困十年，如置身于一铁屋，远亲友，身孱弱。面对糜烂的官场，他就塑造了一个贪梦、愚顽的蝜蝂形象，借以讽刺吏治的黑暗和官场的腐败，一抒胸中块垒。柳宗元妙笔生花，通过描写蝜蝂善负物、喜爬高这两大特性，讽刺"今世之嗜取者"敛财无厌、追求名位、贪梦成性、至死不悟的心态与丑行，批判的矛头直指时弊："遇货不避，以厚其室，不知为己之累。"柳宗元以蝜蝂为寓，发出感叹：世上那些贪得无厌的人，见到一点钱财也不放过，却不知道财货会成为累赘；他们即使面临着从高处摔下来的危险，看到前人由于极力求官贪财而自取灭亡也不知引以为戒。

从瓦伦达心态到柳宗元笔下的蝜蝂，鲜活地描绘出这类悲剧的主因：欲望太盛，背上的包袱太重。这包袱是名欲，是利欲，是情色欲，是长寿欲……欲望种种，包袱多多。其实，有心皆有欲，欲望无错，而人一旦欲望无极限，就会跌进欲壑的深渊。《史记》出语干脆："欲而不知止，失其所以欲；有而不知足，失其所以有。"嗜欲者，逐祸之马也。

牵 引

□ 李松山

车子被牵引着在两座山的夹道里行驶，
"我们被生活牵着鼻子走。"
四个人陷入沉默。
雨刮器分开雨点。
我们又能说什么？
关于洪水和隐疾，月亮和花朵。

往里"装"还是往外"装"

□米丽宏

装,意味着心空、心大。或许有"麻袋"一样的空间,需要装满;或许有虚拟的人设,渴望接近。问题是,你往里装还是往外装?

一种"装",是往里装,这个装,有"装载"之意。为了弥补差距,刻苦学习、不断发奋,追求成长,尽量向高手看齐。这种修炼,是为了内在,为了打底子。底子有了,内在充实了,"麻袋"自会站立起来,底子撑起了面子。

有一部话剧叫《泥萝卜》,讲的是一个小姑娘因一副丑陋的面孔被村里顽皮的孩子们嘲笑为"泥萝卜",这个总被人欺负的小姑娘最后却变成"像佛陀一样美丽的孩子"。她为什么能变美?因为旅人爷爷教给她三件事。她日复一日地修炼,最终成就了美丽。这三件事是:总是面带微笑,站在他人的角度想问题,不因自己的面孔而感到羞耻。

其实,践行这三句忠告,就是在打底子,拓格局,是往自己的灵魂里"装载"一种人格魅力。

而往外装的"装",是装饰,是假扮,目的就是粉饰出一个漂亮的"面子"。要面子,无可厚非,天下人个个要面子。但没底子,这面子,就不好撑起来;纵然一时撑得漂亮,也搁不住人家捅,一捅就会破碎掉下。

这时候,面子其实是面具,就如一个壳,美化了你,可也限制了你。活在伪装与虚幻中,别人看着假,自己也扮得累。

张岱在《夜航船》中讲,一位僧人与一士子,同宿夜航船。士子高谈阔论,僧以为遇到了大儒,很敬畏,就默默蜷足而卧,给他留出更多的空间。

后来,听其语有破绽,便问:"请问相公,澹台灭明,是一个人还是两个人?"士子说:"是两个人。"僧又问:"尧舜是一个人,还是两个人?"士子说:"自然是一个人!"僧人笑了:"这等说来,且待小僧伸伸脚。"那士子的"高",眨眼委地,光鲜的面具"哗啦啦"碎了一地。

是真名士自风流。这个"真",是一种沉甸甸的人格力量。当代画家刘海粟评价张伯驹:"是当代文化高原上的一座峻峰。从他那广袤的心胸涌出四条河流,那便是书画鉴藏、诗词、戏曲和书法。"人如峰峻,是靠一点点的底子垒起来的。周汝昌说他为人超拔是因为时间坐标系特异,一般人时间坐标系三年五年,顶多十年八年,而张伯驹的坐标系大约有千年。

别以为,底子装在底下,别人看不到;也别以为,光在表面装装样子,整个人就漂亮了。往里"装",还是往外"装",格局差远了。

铜钱草

□柳 柳

暗处的光,围出一簇铜钱草
一顶顶寂静的小圆帽,绿得起伏
安于角落,让出身旁广阔的空
呼唤谁出场,谁一直没来
他们在它虚构的一面,忙着寻找它的本体

一分钟与一辈子

□吴礼鑫

一个年轻人去拜访一位德高望重的智者，向其请教成功的奥秘。

智者带着年轻人来到自己的书房，指着书桌上一件美妙神奇的雕刻品说道："你能否在一分钟内看清这件雕刻品呢？"

年轻人仔细看了看那件雕刻品，说道："我已在一分钟内看清了这件雕刻品，它真是美妙无比。"

智者说道："这是一位民间雕刻家用一生的心血雕刻而成的，这是他最得意的一件雕刻品，他临死前拜托我为他保存这件心血之作。"

随后智者指着墙上的一幅世界名画说道："你能否在一分钟内看清这幅世界名画呢？"

年轻人仔细看了看那幅世界名画，说道："我已一分钟内看清了这幅世界名画，它真是神奇绝妙。"

智者说道："这是一位著名画家的经典之作，他一生不知创作了多少幅画，然而只有这幅画才使他成为了世界上著名的画家，这是他的生命之作。"

而后，智者指着书房窗台上一盆盛开的鲜花，问道："你能否在一分钟内看清这盆鲜花？"

年轻人仔细看了看那盆鲜花，说道："我已在一分钟内看清了这盆鲜花，它真是美丽独特。"

智者说道："这种花一生只开一次，它凋谢后就结成种子，然后发芽生长，所以它相当珍惜自己生命的每一分钟，它开放时才呈现出非同寻常的美丽独特。"

年轻人说道："前辈，我向您请教成功的奥秘，你为何让我一分钟、一分钟又一分钟地观看雕刻品、名画、奇花呢？"

智者说道："我不是已经告诉你了吗？"

年轻人说道："您告诉了我什么呢？"

智者说道："你一分钟就能欣赏到的美好，往往需要一辈子的努力奋斗才能成就，这就是成功的奥秘。"

年轻人问道："前辈，您能否再说明白点呢？"

智者说道："珍惜生命中的每一分钟，抓住生命中的每一分钟，努力生命中的每一分钟，一辈子努力奋斗，就能成就自己生命的辉煌，这就是我要告诉你的成功的奥秘。"

欢喜易，不厌难

□郭华悦

遇见光鲜的人，容易心生好感。碰到新奇的事物，也难免欢喜雀跃。

一个人，或者一样事物，要令人有乍见之欢，固然不是件太容易的事儿，但也算不得难。乍见之欢就像一道菜肴，要在第一口就俘获食客的心，靠的大多是浓烈的味道。人亦如此。

比起乍见欢喜，久处不厌就难多了。首先得淡，其次还得有趣。这样的趣，与淡相结合，才能让人的心一直不远不近地跟随着。

乍见的欢喜，要经得起时光的消磨，才能成为长长久久的两相不厌。